マクスウェル方程式
から始める

電磁気学

小宮山　進・竹川　敦 共著

裳 華 房

ELECTROMAGNETICS

by

Susumu KOMIYAMA

Atsushi TAKEKAWA

SHOKABO

TOKYO

まえがき

我々は普段，家電製品や携帯電話など，電気や磁気の性質を利用した様々な装置や機械に取り囲まれて生活しています．我々が日常的に経験する力のほとんどすべては電気や磁気の力であり，電磁気学とは，この電気や磁気の本質を扱う学問です．そして，電磁気学の基本法則は，「マクスウェル方程式」とよばれる4つの方程式で与えられます．

本書は，私がおよそ30年間にわたって，東京大学の1年生に対して行ってきた「電磁気学」の講義内容をもとにしています．この本の最大の特徴は，まず最初の数章でマクスウェル方程式を微分形まで含めて完全な形で示し，その後で，電磁気学の様々な現象を，マクスウェル方程式から導出した上で説明する構成をとっている点にあります．この方法は，例えば「力学」の教科書が，まず原理となるニュートンの運動の3法則を説明した後に，運動方程式を土台にして話を展開するのと同様であり，電磁気学の全体像を首尾一貫した体系として学ぶ最も自然な方法だと思います．

電磁気学の初学者のための教科書には，すぐれたものが数多くありますが，そのほとんどは本書と異なり，クーロンの法則に始まる様々な現象をまず学んだ後に，ようやく最後の方になってマクスウェル方程式が顔を出す，という順番になっています．その理由は，おそらく，「マクスウェル方程式から出発するのは，初学者には敷居が高すぎる」という配慮だと思われます．しかし私には，その考えにはあまり根拠がないように思えます．

確かに，マクスウェル方程式を理解するためには，ダイバージェンス（発散）やローテーション（回転）といった幾何学的な概念や，ベクトルの演算の知識が必要となり，それは大学1年生には不慣れなことではありましょう．しかし，電磁気学を学ぶ以上，どこかの段階で必ず，ダイバージェンスやローテーションの概念，および，ある程度のベクトルの演算の理解が必要となります．その際の理解の障壁は，それらが本当に難しいからではなく，むしろ，不慣れからくる心理的問題から生じるのです．どうせ必要なら，早い段階で習得するのが１番良いのです．それによって電磁気学をより効率的に学ぶことができるし，最も重要なことは，そうすることではじめて，個々の現象を，電磁気学の全体像の中に位置づけて理解できる（つまり，全体像を把握できる）ということです．マクスウェル方程式を避けて電磁気学を理解することはできないし，また，マクスウェル方程式を避けたからといって，電磁気学が簡単になるわけでもないのです．

このような構成をとる場合，ベクトルの微分や積分の概念を，困難なくきちんと理解できることが成否の分かれ目になります．そのため本書では，第３章までをそれらの詳しい説明に当て，マクスウェル方程式が最初に現れるときには，読者が無理なく自然にその意味を理解できるように配慮しました．もし，それでもなお難しさが残るとすれば，それはマクスウェル方程式ゆえの難しさではなく，電磁気学が本来もつ難しさです．その難しさから逃れることはできませんし，それらを１つ１つ乗り越えていくことが，まさしく，電磁気学の理解を１歩１歩深めていくことを意味します．

実際に私が大学で行った講義では，毎回の授業終了後に，学生から感想や質問を提出してもらいました．そこには物理系や数学系だけではなく，生物・医学・薬学系のクラスもありましたが，「マクスウェル方程式の理解が困難である」という指摘を受けたことは一度もありません．むしろ，「別のクラスの友人は，授業が各論的でわかりにくいといっている．なぜ，すべての授業がこの方式で教えないのか．」といった意見をしばしばもらいました．そうした経験から，私は，初学者が電磁気学を学ぶ最善の方法は，本書のように，マクスウェル方程式から始めることだと確信しています．

上で述べた私自身の経験と，本書の共著者である竹川 敦氏の熱心な協力と支持が，この本を執筆する契機となりました．竹川氏は，自身が東京大学大学院で物性理論を学び，その後，現在は高校生の物理教育に携わり，大学初年級における物理教育に強い関心と高い意識をもっています．彼が学生時代の私の講義を覚えていて，私の授業を再度受講した上で，内容を本にまとめるように強く薦めてくれました．同氏の強力な説得と献身的な協力がなければ，この本は生まれませんでした．本書の原稿の作成は，すべて竹川氏との共同作業によるものです．

なお，出版に当たっては，裳華房の小野達也氏に大変お世話になりました．ここに深く感謝を表したいと思います．

2015年10月

小宮山 進

日々高校生に接していますと，多くの高校生が大学での勉学に大きな夢を託しているのを感じます.「大学生になったら学問を極めたい」,「大学の勉強の準備として，いまから何をしたらよいか」といった話や相談をよく受けるからです．ところが，大学に入学して3ヶ月も経つと，残念なことに，その希望とやる気が急速にしぼんでいることを数多くみてきました．

もちろん，これには周囲からの誘惑の多さや本人の怠惰さにも原因はあるのでしょうが，実際，「大学の授業が全く面白くない」といった不満や，そもそも「何を言っているのか聞き取れない」といった，教える側の基本的なプレゼンテーション技術に対する愚痴もしばしば聞きます．そのため，優秀な学生たちを大学で落胆させず，学問への夢をさらに発展させるには，大学での熱意のこもった良い授業と，授業を補完する適切な教科書が非常に重要だと私は考えています．そして，その思いが，本書を生み出す原動力になりました．

大学時代の私は，他の多くの学生に比べれば，大変幸運であったと思います．

身を乗り出して聞いた面白い授業，面白い先生に数えきれないほど多く出会えました．本書の著者である小宮山先生は，その中でも特に面白い授業をして頂いた方の一人です．電磁気学の授業を受けたときには，バラバラだった多くの関係式が，基本法則から意味をもって体系的につながっていくことに感動したことを覚えています．私が小宮山先生の授業を通じて感じた電磁気学の壮大さ，美しさや面白さが，本書によってなるべく多くの人たちに伝わることを願っています．

本書を執筆するに当たり，裳華房の小野達也氏から貴重な見解を数多く頂きました．ありがとうございました．また，この場を借りて，私をいつも支えてくれている家族，親族と，両親である竹川昭文，瑠美子に感謝します．

2015年10月

竹川 敦

著者からのメッセージ

本文中で文字の肩に [補足] とある部分については，本書に関する裳華房のWebページ

https://www.shokabo.co.jp/mybooks/ISBN978-4-7853-2249-6.htm

に詳しい解説を補足事項として用意しました．読者は是非とも，本文と同様に読んで，理解の深化に役立ててください．

目　　次

第7章　静電エネルギー

第8章　誘 電 体

第9章　静 磁 気

第10章　磁 性 体

第11章　物質中の電磁気学

第12章　変動する電磁場

第13章　電 磁 波

第 1 章

電磁気学の法則

電磁気学は電荷と電流，電場と磁場の 4 つの物理量の互いの関連を記述する理論であり，すべての現象は**マクスウェル方程式**とよばれる 4 つの基本的な方程式によって支配されている．これは，ニュートン力学が力と運動量という 2 つの物理量の間の関係を記述する理論であって，それが運動の 3 法則（慣性の法則，運動方程式，作用・反作用の法則）によって支配されることに似ているが，電磁気学の方がより完成度が高いといえる．ニュートン力学は光速に比べてずっと低速で運動する物体に対する近似的理論であり，光速に近い物体を扱う場合は，より一般的な特殊相対性理論を考慮して理論を修正する必要がある．これに対して，電磁気学を記述するマクスウェル方程式は，特殊相対性理論を考慮しても修正すべき箇所はなく，また，真空中でも物質中でも完全に正しい理論である．

本章では，まず電磁気学の構成を理解するための基本要素である**電荷**と**電荷密度**，**電流**と**電流密度**，**電場**，**磁場**について解説する．

1.1 電磁気学とは

我々の身の回りの装置や機械は，ほとんどが電気や磁気の性質を利用している．照明器具・家庭電化製品・携帯電話・電車など，数え出したらきりがない．実は，そのような装置や機械の例を持ち出すまでもなく，我々を取り巻く環境はその隅々に至るまで，これから学ぶ電磁気の影響を受けているといっても過言ではない．

普段，我々は電荷の存在を意識しないが，それは物質が原子核による正電荷と電子による負電荷を同量含んでいて，全体で正負の電荷が互いに打ち消し合い，通常は電気的に中性になっているからである．ただし，常に完全に正味の電荷がゼロになっているわけではない．物質同士をこすると，一方の物質から他方に電子が移動して電荷のバランスが崩れることがある．我々が歩いているとき，靴の底と床板がこすれても同様なことが起こり，身体が時によってわずかに正または負に帯電する．金属製のドアノブに触れたり，誰かと握手したときに，指先でパチッと音がして火花が飛ぶのを，誰でも経験したことがあるだろう．それは，帯電した我々の身体を電気的中性に戻すために，余分な（または不足した）電子が指先を通して飛び出ていく（または飛び込んでくる）際に，空気分子にぶつかって光と音が発生したものである．

電磁気的な力として，電動モーター，釘を引き付ける磁石の力，箔検電器の箔を開く力等が思い浮かぶが，それらに限らず，我々が日常で経験する力のほとんどは，電磁気的な力である．我々は「物質は空間を隙間なく埋めていて互いに侵入できない」というように感じているが，その感覚は，実は電気的な力が我々にもたらしている効果である．物質は，原子や分子が集まった構造体で，荒っぽくいって，それは正電荷をもつ陽子を含む直径 10^{-15} m 程度の原子核が 10^{-8} m 程度の間隔で並んでおり，その隙間を負電荷をもつ電子が飛び回るという構造をしている[1)]．正電荷をもつ原子核が，その周りに負電荷の電子を引き付けているため，物質は平均すれば中性だが，表面には必ず負電荷の電子がごくわずかに露出している．したがって，異なる物質を接触させると，表面の負電荷（電子）同士が近づく．物体同士がぶつかって生じる力は，そのことによって生じるクーロン力によるといってよい．一般に，我々がある場所に「物体がある」と判断するのは，そこに力がはたらくからであり，我々が物質を認識するのは，電磁気的な作用のお陰である．例えば，私たちが床に立つとき，身体は重力（万有引力）によって地球に引っ張られるが，我々の体が床にめり込んで地球の中心に向かって落下する，ということは起こらない．それは，我々の靴の底の表面を覆う電子が，床の表面を

1) 原子核や電子は古典的な粒子としては扱えない．量子力学によれば，電子は物質中に確率的に分布して存在するのだが，それでも，あえて古典的な言葉で表現するなら，物質が隙間だらけであるといわざるを得ない．電子がどこにいるかを決定する際の原理的な限界が電子の大きさを与えるが，その大きさはわかっておらず，原子核の大きさ程度か，それより小さいと想像されている．

覆う電子とクーロン力によって反発し，我々の身体を支えてくれるからである．

クーロン力はとても強い力である．正電荷と負電荷の間は引力で，同一符号の電荷の間は斥力であり，その強さは電荷間の距離の2乗に反比例する．距離に対する依存性は万有引力と同じだが，その大きさが圧倒的である．例えば同じ2個の電子にはたらくクーロン力と万有引力の大きさを同じ距離で比べると，クーロン力の方がざっと 4.2×10^{42} 倍だけ大きい．(1億倍を5回繰り返し，さらにその420倍も大きいのだ！) 陽子の間にはたらく万有引力は電子より400万倍ほど大きいが，10^{42} 倍に比べればたいした違いではない．とにかく，電気的な力が圧倒的に強いのである．

最後に，電磁波について触れよう．電荷が振動すると，その周波数に応じて周囲の空間に電磁波とよばれる形でエネルギーが放出される．逆に，電磁波が電荷に入射すると，電荷はその振動数で揺すられて振動し，その振動によって電磁波が吸収されて熱になったり，または再度放出されて新たに空間を伝播していく(反射波，透過波，散乱波などとよばれる)．特に，振動数が $4 \times 10^{14} \sim 8 \times 10^{14}$ Hz 程度の範囲の電磁波を我々の目は感知することができ，これを「(可視) 光」とよんでいる．

我々が目にする光景や物質の形態は，光に対する場所ごとの電子の応答がつくり出すパターンである．ある領域に入射した光に対して，その場所の電子はある位相[2)]をもってある振幅で振動し，別の場所の電子は別の位相と別の振幅で振動する．その空間パターンは，さらに光の振動数 (色) によっても異なる．それらすべての特性を反映した光が我々の目に入射し，我々はその情報を総合することで，周囲の環境の有り様や物質の形態を把握しているのである．

このように，視覚を通じた我々の物質認識は，光に対する電子 (広くいえ

2) 一般に，物理量 x が t を時間として $x(t) = A\sin(\omega t + \theta_0)$ のように変化するとき，A を振動の振幅，$\theta = \omega t + \theta_0$ を位相，ω を角振動数，θ_0 を初期位相とよぶ．

ば電荷）の応答（振幅と位相）が基礎をなしており，それは電磁気的な作用である．

ここまで述べてきたように，物質の形成や物質間の力，さらには目に映る物質の形態など，我々が認識できるほとんどすべての現象は電磁気に深く関わっているのだが，驚くべきことに，その多彩な電磁気現象のすべてが，**マクスウェル方程式**とよばれるたった4つの基本的な方程式と，**ローレンツ力**とよばれる電磁気的な力によって支配されている．

本書は，多岐に亘る現象を網羅的に個別に説明することを意図してはいない．むしろ，すべてを理解するために必要な基礎を，なるべく完全な形で示し，それを丁寧に説明して，読者に十分深く理解してもらうことが狙いである．すべての事柄がそうであるように，基礎こそ本質を含むゆえに正しく理解することが最も難しい．その代わり，基礎をいったん理解すれば，広い視野が開け，そのことで，あらゆる応用への道筋も見えてくるのである．

1.2　電磁気学に現れる量

(a)　電荷と電荷密度

一般に**電荷**は記号 Q で表し，特に，体積を無視できる小さな領域にある電荷を**点電荷**とよんで，記号 q で表す．また，電荷が空間に連続的に分布している場合には，位置 $\boldsymbol{r}$ における微小体積 $\varDelta V$ が含む電荷 $\varDelta Q$ と体積 $\varDelta V$ の比 $\rho = \varDelta Q/\varDelta V$ が位置 $\boldsymbol{r}$ での**電荷密度**である．電荷密度では $\varDelta V$ がゼロに限りなく近い極限を考えるので，$\displaystyle\lim_{\varDelta V\to 0}$ を付けて

$$\boxed{\rho(\boldsymbol{r},\, t) = \lim_{\varDelta V\to 0}\frac{\varDelta Q}{\varDelta V}} \qquad (1.1)$$

と表す．なお，ρ は一般に時間 t によっても変化するので，位置 $\boldsymbol{r}$ だけでなく，時間 t の関数にもなる．

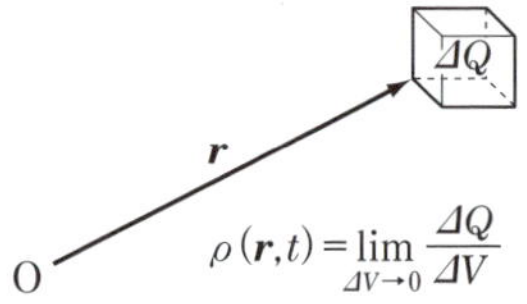

図 1.1　電荷密度 $\rho(\boldsymbol{r},t)$

(b) 電流と電流密度

ある断面を貫いて電荷 $\varDelta Q$ が微小時間 $\varDelta t$ の間に運ばれるとき，$\varDelta Q/\varDelta t$ がその断面を通る**電流** I であり，$\varDelta t$ がゼロに限りなく近い極限を考えて，

$$I = \lim_{\varDelta t \to 0} \frac{\varDelta Q}{\varDelta t}$$

と表す．

空間に連続的に分布する電荷（密度）が移動すると，電流が空間に広がって流れる．このとき，(1.1) の電荷密度に位置 $\boldsymbol{r}$ での（微小体積中の）電荷の速度 $\boldsymbol{v}$ を掛けた量，

$$\boxed{\boldsymbol{j}(\boldsymbol{r},\ t) = \rho(\boldsymbol{r},\ t)\boldsymbol{v}(\boldsymbol{r},\ t)} \tag{1.2}$$

を**電流密度**とよぶ．電流密度 $\boldsymbol{j}$ も，一般に位置 $\boldsymbol{r}$ とともに時間 t の関数である．

図 1.2(a) のように，位置 $\boldsymbol{r}$ での電荷の速度 $\boldsymbol{v}$ に対して垂直な微小断面（面積 $\varDelta S$）を貫いて微小時間 $\varDelta t$ に運ばれる電荷 $\varDelta Q$ を考えよう．微小時間 $\varDelta t$ に電荷は距離 $v\,\varDelta t$（ただし $v = |\boldsymbol{v}|$）だけ移動するので，$\varDelta Q$ は（断面積 $\varDelta S$）×（長さ $v\,\varDelta t$）の微小な円筒が含む電荷に等しく，

$$\varDelta Q = \rho\,\varDelta S\,v\,\varDelta t \qquad （ただし，v = |\boldsymbol{v}|）$$

で与えられる．したがって，微小面積 $\varDelta S$ を貫く電流は，図 1.2(b) のように，

$$\varDelta I = \lim_{\varDelta t \to 0} \frac{\varDelta Q}{\varDelta t} = \rho v\,\varDelta S = j\,\varDelta S \qquad (j = |\boldsymbol{j}|) \tag{1.3}$$

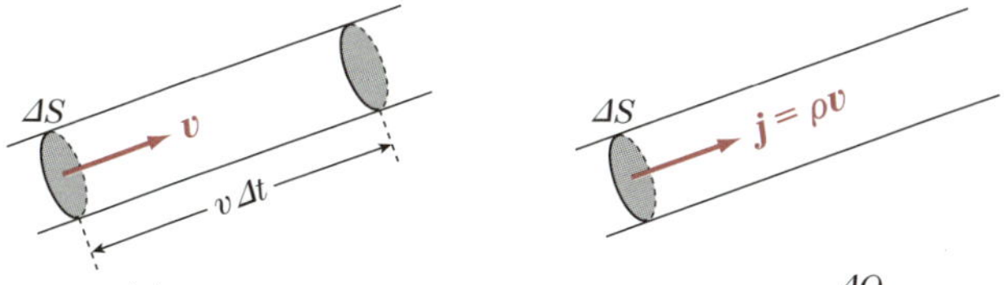

(a) $\varDelta Q = \rho\,\varDelta S\ v\varDelta t$　　(b) $\varDelta I = \lim_{\varDelta t \to 0} \frac{\varDelta Q}{\varDelta t} = j\,\varDelta S$

図 1.2 $\boldsymbol{v}$（または $\boldsymbol{j}$）に垂直な面 $\varDelta S$ を貫く電荷と電流

で与えられる．(1.3) は微小面積 ΔS を貫く電流を表すので，I ではなく ΔI と記す．なお，図 1.2(a) と (b) では $\boldsymbol{j}$ と $\boldsymbol{v}$ が同じ向きに描かれているが，電荷密度 ρ が負の場合は，当然ながら $\boldsymbol{j}$ と $\boldsymbol{v}$ は逆向きである．

また，$\Delta Q = \rho\,\Delta S\,v\,\Delta t$ と $j = \rho v$ から，微小時間 Δt に微小面積 ΔS を貫く電荷 ΔQ が

$$\Delta Q = j\,\Delta S\,\Delta t$$

で与えられることがわかる．

(c) 電場および磁場

点電荷 q を空間のある位置 $\boldsymbol{r}_1$ に置くと，通常，ある向きに電荷 q に比例した力 $\boldsymbol{F}_1$ を受ける．この電荷を別の位置 $\boldsymbol{r}_2$ に置くと，また別の力 $\boldsymbol{F}_2$ を受ける．このようにして，空間のあらゆる位置 $\boldsymbol{r}$ で電荷 q が受ける力を調べることで，空間にくまなく存在する力 $\boldsymbol{F}(\boldsymbol{r})$ の分布が得られる[3]．これが，例えば図 1.3 のようになったとしよう．

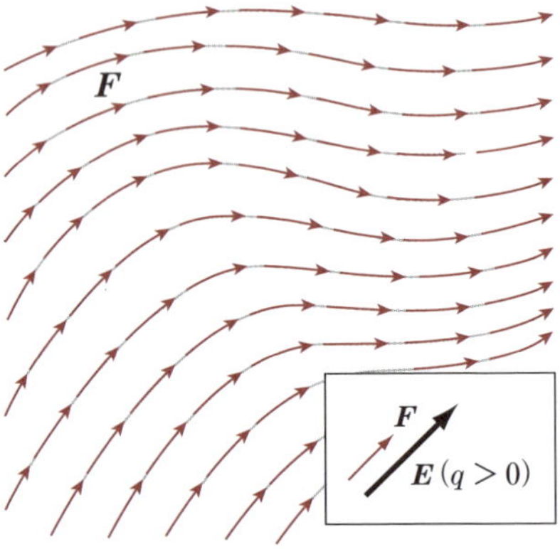

図 1.3 電場 $\boldsymbol{E}(\boldsymbol{r})$
赤茶の矢印は力 $\boldsymbol{F}$ の向きを表す．

空間の各点に電荷を置くと力を受けるということは，たとえ電荷をそこに置かなくても，空間には各点ごとに潜在的な性質が備わっていて，そこには何かが存在していることを示している．それが**電場**であり，力 $\boldsymbol{F}(\boldsymbol{r})$ を電荷 q で割ったベクトル量

3) 力の分布を調べるために電荷 q をある場所に置くと，電荷の存在自体が一般に周囲の別の電荷や電流の分布に影響を与えて，その場所にもともとあった電場や磁場を変化させてしまう可能性がある．そこで，電場や磁場の分布を調べるためには，そのような影響が無視できるように，十分小さな電荷 q を用いなければならない．通常，無限小の電荷を想定するが，それを特にテストチャージまたは試験電荷とよぶ．

$$\boldsymbol{E}(\boldsymbol{r},\,t) = \frac{\boldsymbol{F}(\boldsymbol{r},\,t)}{q}$$

で定義する．一般に力は時間によって変化することもあるので，$\boldsymbol{F}(\boldsymbol{r},\,t)$，$\boldsymbol{E}(\boldsymbol{r},\,t)$ と書く．

このように，電場は空間に連続的に分布し，空間の場所ごとの性質を決める．その意味で，「電場はベクトル場である」という．

上記の説明では注意しなかったが，電場による力は，実は静止した電荷 q によって測らなければいけない．というのは，電場による力は電荷の動きに無関係なのだが，電荷が動くときだけはたらく別の力が存在するからである．静止した電荷が力を受けないとすれば，その点での電場はゼロである．しかしその場合でも，電荷が動くと一般に力 $\boldsymbol{F}$ がはたらくのである．つまり，空間の各点には，電場とは異なるさらにもう1つの何かが存在すると考えなければならない．それが，もう1つのベクトル場の**磁場** $\boldsymbol{B}(\boldsymbol{r},\,t)$[4]である．

動く電荷が受ける力 $\boldsymbol{F}$ を詳しく調べると，電荷がどの向きに動くかによって，力の向きや大きさも変化することがわかる．したがって，磁場による力 $\boldsymbol{F}$ は，電場による力（図1.3）のように，空間の各位置 $\boldsymbol{r}$（と時間 t）で向きと大きさの定まるベクトル場として図に描くことはできない．しかし，その原因となる磁場を，各位置 $\boldsymbol{r}$（と時間 t）で定まるベクトル場 $\boldsymbol{B}(\boldsymbol{r},\,t)$ として，例えば図1.4のように表すことができ，この磁場を使うことで，

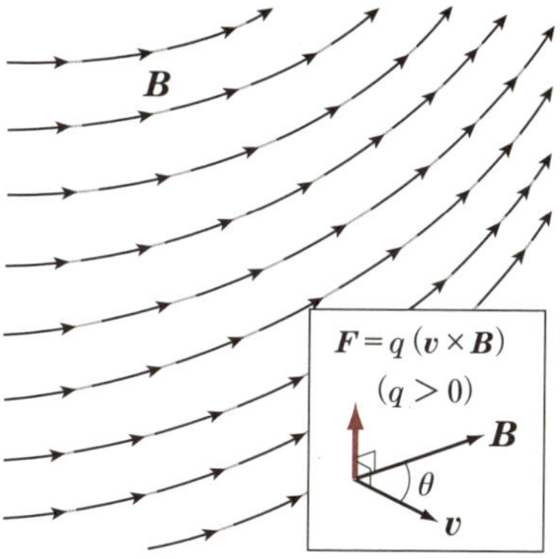

図 1.4　磁場 $\boldsymbol{B}(\boldsymbol{r})$
黒い矢印は磁場 $\boldsymbol{B}$ の向きを表す．

4)　ここで定義する $\boldsymbol{B}$ はしばしば**磁束密度**とよばれる量だが，本書では**磁場**とよぶ．

各位置 $\boldsymbol{r}$ で電荷 q が受ける力が

$$\boldsymbol{F}(\boldsymbol{r},\, t) = q\boldsymbol{v} \times \boldsymbol{B}(\boldsymbol{r},\, t)$$

として完全に記述できるのである．ただし，$\boldsymbol{v}$ は位置 $\boldsymbol{r}$ にある電荷 q の速度である．

この式で明らかなように，力 $\boldsymbol{F}$ は位置 $\boldsymbol{r}$ だけでは定まらず，電荷の速度 $\boldsymbol{v}$ にも依存する（ただし，あえて $\boldsymbol{v}$ を記さず $\boldsymbol{F}(\boldsymbol{r},\, t)$ と表記している）．図 1.4 の囲み部分では，電荷が正の場合の力を実線の赤茶の矢印で表している．

この力の表式が示すベクトル $\boldsymbol{v} \times \boldsymbol{B}$ は速度 $\boldsymbol{v}$ と磁場 $\boldsymbol{B}$ の外積であり，$\boldsymbol{v}$ と $\boldsymbol{B}$ の両方に直角で，$\boldsymbol{v}$ の向きから $\boldsymbol{B}$ の向きに右ネジを回したときにネジが進む方向を向き，その大きさは $\boldsymbol{v}$ と $\boldsymbol{B}$ のなす角を θ として $|\boldsymbol{v} \times \boldsymbol{B}| = vB\sin\theta$ で与えられる（章末問題 1.3 を参照）．

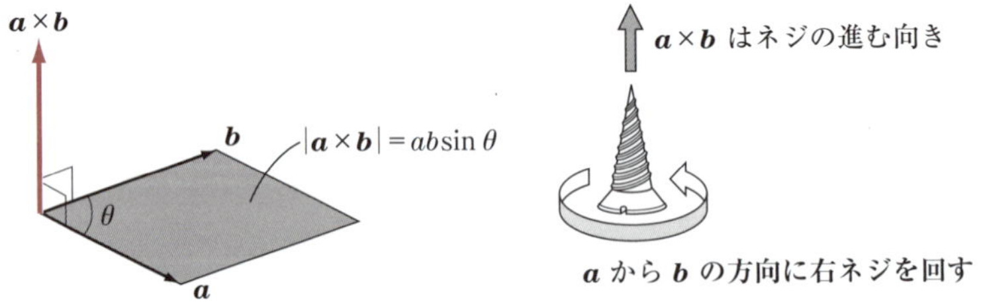

図 1.5　ベクトル $\boldsymbol{a}$ と $\boldsymbol{b}$ の外積：$\boldsymbol{a} \times \boldsymbol{b}$

電場 $\boldsymbol{E}$ と磁場 $\boldsymbol{B}$ が共存するときは，電場 $\boldsymbol{E}$ による力と磁場 $\boldsymbol{B}$ による力をベクトル的に加え合わせた

$$\boxed{\boldsymbol{F} = q(\boldsymbol{E} + \boldsymbol{v} \times \boldsymbol{B})} \tag{1.4}$$

の力がはたらく．この力は**ローレンツ力**とよばれ，マクスウェル方程式とは独立の，電場と磁場を力に結び付ける関係式である．

ちなみに，以上の議論では，電場と磁場が抽象的な量に感じられるかもしれないが，第 7 章と第 12 章で述べるように，電場と磁場はそれぞれエネルギーをともなうので，単なる数式上の概念ではなく物理的な実体と考えなければならない．

この章の冒頭で述べたように，マクスウェル方程式は，電荷密度 ρ，電流密度 $\boldsymbol{j}$，電場 $\boldsymbol{E}$，磁場 $\boldsymbol{B}$ の 4 つの物理量の間の関係を与える．例えば，電荷密度 ρ と電流密度 $\boldsymbol{j}$ が与えられる条件下では，マクスウェル方程式から電場と磁場を求めることができ，さらにローレンツ力によって，求められた電場と磁場が電荷と電流にどんな影響を与えるかがわかり，ここで力学と結び付くことで，電磁気現象を解明する枠組が完成するのである．

$\rho(\boldsymbol{r}, t)$,　$\boldsymbol{E}(\boldsymbol{r}, t)$
$\boldsymbol{j}(\boldsymbol{r}, t)$,　$\boldsymbol{B}(\boldsymbol{r}, t)$
この 4 つの物理量の関係を
記述するのが電磁気学

コ　ラ　ム

電子の制御 ── エレクトロニクスの源 ──

電子間にはたらくクーロン力と万有引力を比べると，前者の方が圧倒的に大きい（章末問題 2.6 を参照）．つまり，万有引力定数を G，電子の質量を m として，

$$\frac{\text{クーロン力}}{\text{万有引力}} = \frac{e^2/4\pi\varepsilon_0 r^2}{Gm^2/r^2} = \frac{1}{4\pi\varepsilon_0 G}\left(\frac{e}{m}\right)^2 \gg 1$$

である．その理由は，電子の電荷と質量の比 e/m（この量は**比電荷**とよばれる）が非常に大きい（$e/m \fallingdotseq 1.8 \times 10^{11}$ C/kg）ためなのだが，まさにそのことが，現代のエレクトロニクス技術の大発展を可能にした最重要の土台である．それを以下で説明しよう．

電場によって電子の運動を制御しようとするとき，電子に対する力は e に比例する一方，電子に生じる加速度は，ニュートンの運動の第 2 法則によって電子の質量 m に反比例する．したがって，比電荷 e/m が，電子の制御のしやすさの目安となる．

具体的に，$E = 1.0$ V/cm の電場で電子を加速することを考えてみよう．

$E = 1.0$ V/cm はとても小さい電場であり，この程度の電場ではたいしたことは起こらないと思われる．（例えば，家庭用コンセントは約 1 cm の端子間に交流 100 V が供給されていて，ずっと強い電場，$E \fallingdotseq 100$ V/cm が生じている.）電子の質量，電荷をそれぞれ m，q とすると，電子は (1.4) より力 $F = qE$ を受け，運動方程式 ($m\boldsymbol{a} = \boldsymbol{F}$) によって加速度 $a = qE/m$ を生じ，時間 t が経過すると $v = (qE/m)t$ の速さを獲得する.

さて，1秒間の加速で，電子はどの程度の速さになるだろうか（この間，加速は妨げられないとする）. $t = 1.0$ s，$E = 1.0$ V/cm とし，電子の質量と電荷の値 ($m = 9.1 \times 10^{-31}$ kg，$q = -e = -1.6 \times 10^{-19}$ C) を代入すると，$v = (eE/m)t = 1.7 \times 10^{13}$ m/s という途方もない速さになる．これは実に光速の約5万倍の速さであり，実際には相対論的効果によって，この速さに達することなく光速に飽和してしまう.

$E = 1.0$ V/cm という小さな電場ですら，このような猛烈な加速を生じるのである．地球の全質量に起因する地表での重力加速度が，1秒間に 9.8 m/s の速さしか与えないことを考えると，電子に対する電気的な力がいかに強力かがわかる．この事実は，電子の運動が電場によっていかに強く影響されるか，逆にいえば，電場によって電子の運動をいかに容易に制御できるかを示している．現代のエレクトロニクス技術の多くは，もっぱらこの特性を活用している．実際には電子を光速まで加速する必要はない．しかし，加速度が大きいことは，電子に必要な動きをさせるために電場をかける時間が，ごく短時間で済むことを意味している．これはさらに，電場を短時間で変化させることによって，電子に極めて高速の動作をさせることができることも意味する.

以上でみてきたように，電場が電子に与える加速度の大きさは比電荷 e/m で決まり，電子の制御性は比電荷が非常に大きいことに起因する.

電場によって電子を加速したり減速したり，電子をある場所から別の場所に移動したり，ある領域から電子を遠ざけたり引き付けたり，時間的に振動する電場で電子を振動させたりといったことを自由自在に行うのがエレクトロニクスだが，そのほとんどは，電子の非常に大きな比電荷 e/m のおかげである．そして，これらの現象の舞台は，半導体トランジスタ・記憶素子・それらを複合した LSI (Large Scale Integration) 等でのナノメートルオーダーの微細な領域から，発電機から発電所，そして何百 km に及ぶ送電網システムに至るまで広範囲に及ぶ.

このように，J.J. トムソンによる電子の発見以来，百年余りで人類が築き上げた現代文明の主たる土台が，(1.4) による力と，電子の非常に大きな比電荷 e/m にあるのである.

章末問題

1.1 面積 S の微小面を面の法線ベクトルと角度 θ をなして電流が貫くとき，単位時間当たりに微小面を通過する電気量を電流密度 $\boldsymbol{j}$ と面積 S と角度 θ を用いて表せ．

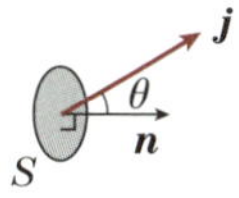

1.2 断面積 S の導線中にある個数密度（単位体積当たりの数）n の電荷 q の粒子が平均速度 $\boldsymbol{v}$ で導線に沿って流れるとき，電荷密度 ρ，電流密度 $\boldsymbol{j}$，電流 I をそれぞれ書き下せ．

1.3 (x, y, z) の成分の表示で，$\boldsymbol{A} = (A_x, A_y, A_z)$ と $\boldsymbol{B} = (B_x, B_y, B_z)$ の外積は $\boldsymbol{A} \times \boldsymbol{B} = (A_yB_z - A_zB_y, A_zB_x - A_xB_z, A_xB_y - A_yB_x)$ で表される．$\boldsymbol{A} \times \boldsymbol{B}$ が，$\boldsymbol{A}$ から $\boldsymbol{B}$ に右ネジを回したときにネジが進む方向を向き，大きさは $\boldsymbol{A}$ と $\boldsymbol{B}$ が張る平行四辺形の面積（$\boldsymbol{A}$ と $\boldsymbol{B}$ のなす角を θ として $|\boldsymbol{A} \times \boldsymbol{B}| = AB\sin\theta$）で与えられることを示せ．$\boldsymbol{A}$ の向きに x 軸をとり，$\boldsymbol{B}$ が xy 面上にあるように x, y, z の座標軸を選ぶとよい．

1.4 $\boldsymbol{A} \cdot (\boldsymbol{B} \times \boldsymbol{C})$ の大きさが，$\boldsymbol{A}$，$\boldsymbol{B}$，$\boldsymbol{C}$ が張る平行 6 面体の体積に等しいことを示せ．このことから，$\boldsymbol{A} \cdot (\boldsymbol{B} \times \boldsymbol{C}) = \boldsymbol{C} \cdot (\boldsymbol{A} \times \boldsymbol{B}) = \boldsymbol{B} \cdot (\boldsymbol{C} \times \boldsymbol{A})$ がいえる．

1.5 (x, y, z) の成分の表示を用いて，ベクトル $\boldsymbol{A}$，$\boldsymbol{B}$，$\boldsymbol{C}$ の以下の関係式を示せ．ただし，a は定数である．

(1) $\boldsymbol{A} \times \boldsymbol{B} = -\boldsymbol{B} \times \boldsymbol{A}$

(2) $\boldsymbol{A} \times \boldsymbol{A} = \boldsymbol{0}$

(3) $(\boldsymbol{A} + \boldsymbol{B}) \times \boldsymbol{C} = \boldsymbol{A} \times \boldsymbol{C} + \boldsymbol{B} \times \boldsymbol{C}$

(4) $\boldsymbol{A} \times (\boldsymbol{B} + \boldsymbol{C}) = \boldsymbol{A} \times \boldsymbol{B} + \boldsymbol{A} \times \boldsymbol{C}$

(5) $\boldsymbol{A} \times (a\boldsymbol{B}) = a(\boldsymbol{A} \times \boldsymbol{B})$

(6) $\dfrac{d}{dt}(\boldsymbol{A} \times \boldsymbol{B}) = \dfrac{d\boldsymbol{A}}{dt} \times \boldsymbol{B} + \boldsymbol{A} \times \dfrac{d\boldsymbol{B}}{dt}$

(7) $\boldsymbol{A} \cdot (\boldsymbol{B} \times \boldsymbol{C}) = (\boldsymbol{A} \times \boldsymbol{B}) \cdot \boldsymbol{C}$

(8) $\boldsymbol{A} \times (\boldsymbol{B} \times \boldsymbol{C}) = (\boldsymbol{A} \cdot \boldsymbol{C})\boldsymbol{B} - (\boldsymbol{A} \cdot \boldsymbol{B})\boldsymbol{C}$

第2章

マクスウェル方程式（積分形）

電磁気学の基本法則である4つのマクスウェル方程式を本章で記述する．電磁気学のあらゆる法則はマクスウェル方程式とローレンツ力から導出され，すべての電磁気現象が説明される．ちなみに，マクスウェル方程式がなぜ正しいのかを電磁気学で問うことはない．それは，ニュートンの運動の3法則がなぜ正しいのかを，ニュートン力学で問わないのと同じである．多くの先達の努力によって，マクスウェル方程式が電磁気学のすべてを尽くすことが見出されたのであり，我々はそれをこれから学ぶのである．

2.1　ベクトル場の流束と循環

マクスウェル方程式は，ベクトル場の**流束**と**循環**とよばれる量を用いて記述される．読者のほとんどは，これらの量になじみが薄いと思われるので，以下で丁寧に解説する．読者は納得するまで何度でも読み返して理解してほしい．決して理解するのに難しい概念ではない．

マクスウェル方程式に現れる4つの量の中で，電荷密度 ρ は**スカラー場**とよばれ，空間の各点で定義され，向きをもたずに空間の各点に応じて1つの数値だけが決まる量である．例えば部屋の温度分布は，この場所では25.4℃，この場所では25.6℃というように，場所ごとにその値が異なり，一般に時間によっても変化する．このように，空間の1つの位置 $\boldsymbol{r}$ と時間 t に対応して1個の数値が対応するのが**スカラー場**である．

スカラー場の例

温度分布 $T(\boldsymbol{r}, t)$，　　電荷密度 $\rho(\boldsymbol{r}, t)$

一方，電流密度 $\boldsymbol{j}$，電場 $\boldsymbol{E}$，磁場 $\boldsymbol{B}$ は**ベクトル場**とよばれ，空間の各点で大

きさとともに向きをもつ量である．空間に連続的にベクトルが分布しているとき，それを**ベクトル場**という[1]．

ベクトル場の例

速度分布 $\boldsymbol{v}(\boldsymbol{r}, t)$，　熱流分布 $\boldsymbol{H}(\boldsymbol{r}, t)$，　電流密度 $\boldsymbol{j}(\boldsymbol{r}, t)$，
電場 $\boldsymbol{E}(\boldsymbol{r}, t)$，　磁場 $\boldsymbol{B}(\boldsymbol{r}, t)$

(a)　流　束

電流密度 $\boldsymbol{j}(\boldsymbol{r}, t)$ は電荷の流れ（電流）の空間的な分布を表しており，(1.3) で示したように，$\boldsymbol{j}$ に垂直な微小面積 ΔS を貫いて流れる電流の大きさが

$$\Delta I = j\,\Delta S \qquad (j = |\boldsymbol{j}|)$$

で与えられる．これは，電荷

$$\Delta Q = j\,\Delta S\,\Delta t$$

が微小面積 ΔS を微小時間 Δt に貫いて流れることを意味する．

一般のベクトル場 $\boldsymbol{h}(\boldsymbol{r}, t)$ は必ずしも電荷のような物理的な実体の現実の流れを表すわけではないが，電流密度 $\boldsymbol{j}$ がそうであるように，$\boldsymbol{h}$ が何かの流れを表すと想像することはできる．そして，$\Delta I = j\,\Delta S$ に類似した量として，図 2.1 のように，$\boldsymbol{h}$ に垂直な微小面積 ΔS に対して，$\boldsymbol{h}$ の大きさに面積を掛けた量 $h\Delta S\,(h = |\boldsymbol{h}|)$ を考え，これを**微小面積 ΔS を貫く $\boldsymbol{h}$ の流束**とよぶのである．

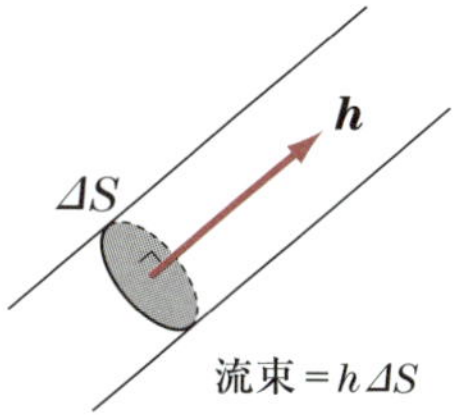

図 2.1　微小面積 ΔS を（垂直に）貫く $\boldsymbol{h}$ の流束

$$\text{微小面積}\ \Delta S\ \text{を貫く}\ \boldsymbol{h}\ \text{の流束} = h\Delta S \qquad (h = |\boldsymbol{h}|)$$

1)　スカラー場やベクトル場は，それぞれ座標の各点に対する 1 つの数値，および 3 つの数値の組として与えられる．ただし，ある座標 (x, y, z) の各点で数値が 1 つまたは 3 つ定まるからといって，それらが必ずしもスカラー場やベクトル場を表すとは限らない．なぜなら，スカラー場やベクトル場は，異なる座標 (x', y', z') で表す際に結果が同じでならなければいけないからである[補足 A.1]．

流束を，より一般的に定義する．図2.2のようなベクトル場 $\boldsymbol{h}(\boldsymbol{r}, t)$ があるとする．各場所での矢印の大きさはその場所のベクトル $\boldsymbol{h}$ の大きさを表し，矢印の向きが $\boldsymbol{h}$ の向きを表す．ここで，任意の場所に任意の大きさと形をもつ曲面Sを任意の向きに挿入することを考え，その曲面Sを貫く流束を定義しよう．なお，曲面Sは図2.2のように縁（ふち）Cをもつ任意の曲面であり，一般に平面ではなく湾曲していてもよい．

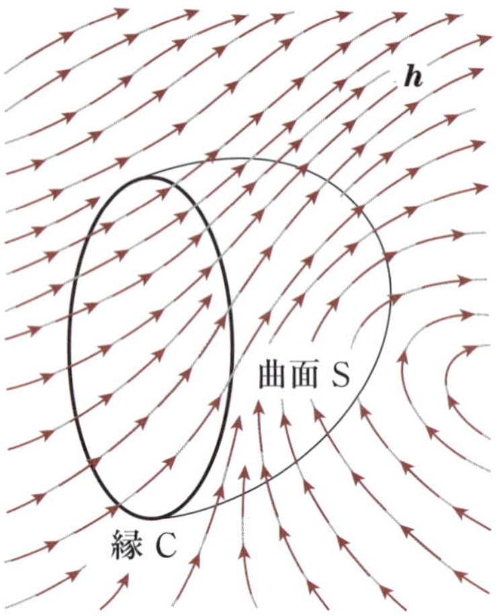

図2.2　ベクトル場 $\boldsymbol{h}$ の中の曲面S

図2.1の流束 $h\Delta S$ を考えた際には，面 ΔS は $\boldsymbol{h}$ に垂直な微小面だったが，図2.2のような，自由な大きさと形状をもつ一般の曲面Sでは $\boldsymbol{h}$ の大きさも向きも曲面上で変化する．したがって，曲面S上の任意の場所における $\boldsymbol{h}$ は，図2.3のように，一般に面に対して垂直ではなく傾いており，また，大きさも場所によって異なる．

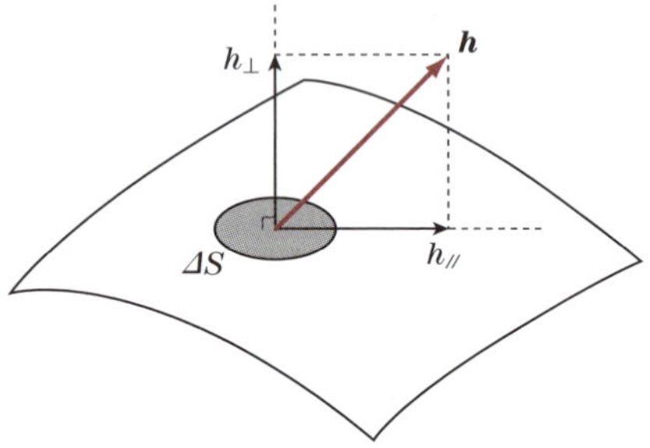

ΔS を貫く流束 $= h_\perp \Delta S$

図2.3　微小面積 ΔS を貫く流束

ここで，ベクトル $\boldsymbol{h}$ を分解して，面に平行な成分（接線成分）$h_{/\!/}$ と垂直な成分（法線成分）$h_\perp$ に分けて考えよう．流束は「$\boldsymbol{h}$ が曲面を貫く量」であり，接線成分 $h_{/\!/}$ はそれには寄与しないので，$\boldsymbol{h}$ の法線成分 $h_\perp$ だけ流束に寄与する．したがって，面上の任意の場所において，微小面積 ΔS を貫く $\boldsymbol{h}$ の流束は，

$$\text{微小面積 } \Delta S \text{ を貫く } \boldsymbol{h} \text{ の流束} = h_\perp \Delta S \tag{2.1}$$

となる．ただし，$h_\perp$ は曲面上の場所ごとに異なる値をとる．

曲面 S 全体を貫く流束を求めるには，図 2.4 のように曲面 S を多数（N 個）の微小な面（**面積要素**という）に分割し，各面積要素を貫く流束 (2.1) の和を求めればよい．

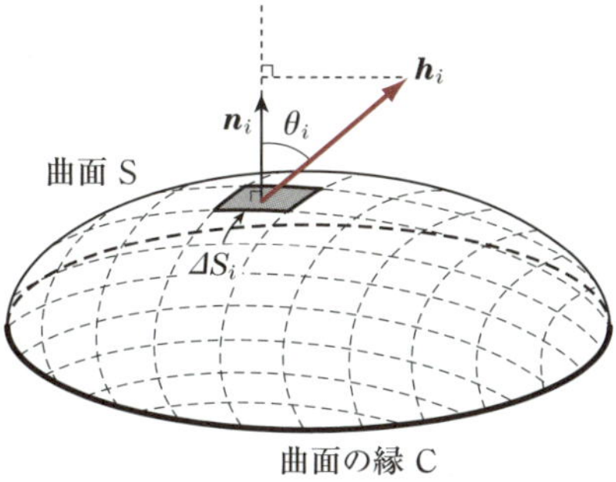

図 2.4　曲面 S を貫く流束

i 番目 ($i = 1, 2, \cdots, N$) の面積要素の面積を ΔS_i，そこでのベクトルを $\boldsymbol{h}_i$，その法線成分を $h_{i\perp}$ と書くと，**曲面 S を貫く $\boldsymbol{h}$ の流束**は

$$流束 = \lim_{N\to\infty} \sum_{i=1}^{N} h_{i\perp} \Delta S_i$$

で与えられる．ただし，曲面 S を無限に細かく分割する ($N \to \infty$) ことを考えるので，各面積要素 ΔS_i の湾曲は無視でき，ΔS_i 内で $\boldsymbol{h}_i$ の値は 1 つの値をとればよい．

ここで i 番目の面積要素の単位法線ベクトル（面積要素に垂直で大きさ 1 のベクトル）を $\boldsymbol{n}_i$ とし，$\boldsymbol{n}_i$ と $\boldsymbol{h}_i$ のなす角度を θ_i とすると，$h_{i\perp} = h_i \cos\theta_i = |\boldsymbol{h}_i||\boldsymbol{n}_i| \cos\theta_i = \boldsymbol{h}_i \cdot \boldsymbol{n}_i$ ($|\boldsymbol{h}_i| = h_i$) と書けるので，流束はさらに

$$流束 = \lim_{N\to\infty} \sum_{i=1}^{N} (\boldsymbol{h}_i \cdot \boldsymbol{n}_i) \Delta S_i \tag{2.2}$$

と書け，また，積分記号を用いて

$$流束 = \int_{\mathrm{S}} \boldsymbol{h} \cdot \boldsymbol{n}\, dS = \int_{\mathrm{S}} \boldsymbol{h} \cdot d\boldsymbol{S} \tag{2.2$'$}$$

と表してもよい．(2.2)′ は**面積積分**とよばれ，曲面 S 上で $\boldsymbol{h} \cdot \boldsymbol{n}\, dS$ という量を加え合わせることを意味する．(2.2)′ の一番右の式は，$\boldsymbol{n}\, dS$ をまとめて $d\boldsymbol{S}$ と簡略に書いたもので，内容は同一である．また，(2.2)，(2.2)′ は

流束 ＝ 法線成分の平均値 × 表面積

を意味するといってもよい．

このように，ベクトル場 $\boldsymbol{h}$ に対して任意の曲面を選ぶと，選んだ曲面に応じて，その面を貫く流束が定まる．ちなみに，曲面上の $\boldsymbol{h}$ の法線成分の符号のとり方は任意であり，例えば図2.4では，曲面Sの下から上に向けて法線成分を正にとっているが，逆向きにとってもよい．流束の正の向きをどう定義するかの問題である．

なお，電流密度 $\boldsymbol{j}$ の流束は電流 I であり，

$$\text{電流}\ I = \lim_{N\to\infty}\sum_{i=1}^{N}(\boldsymbol{j}_i\cdot\boldsymbol{n}_i)\Delta S_i = \int_{\mathrm{S}}\boldsymbol{j}\cdot\boldsymbol{n}\,dS$$

と書け，電場 $\boldsymbol{E}$ と磁場 $\boldsymbol{B}$ の流束は，

$$\text{電場}\ \boldsymbol{E}\ \text{の流束} = \lim_{N\to\infty}\sum_{i=1}^{N}(\boldsymbol{E}_i\cdot\boldsymbol{n}_i)\Delta S_i = \int_{\mathrm{S}}\boldsymbol{E}\cdot\boldsymbol{n}\,dS$$

$$\text{磁場}\ \boldsymbol{B}\ \text{の流束} = \lim_{N\to\infty}\sum_{i=1}^{N}(\boldsymbol{B}_i\cdot\boldsymbol{n}_i)\Delta S_i = \int_{\mathrm{S}}\boldsymbol{B}\cdot\boldsymbol{n}\,dS$$

と書ける．この「電場の流束」や「磁場の流束」は，より簡潔に**電束**や**磁束**とよばれることもある[2)]．

（例1）　電　流

電流密度のベクトル場は $\boldsymbol{j}(\boldsymbol{r},\ t) = \rho\boldsymbol{v}$ で与えられる．図2.5のように一様な電流密度 $\boldsymbol{j}$ が面積 S の断面Sに対して垂直に貫く場合には，その流束は $\boldsymbol{j}$ と $\boldsymbol{n}$ が同じ向きなので，

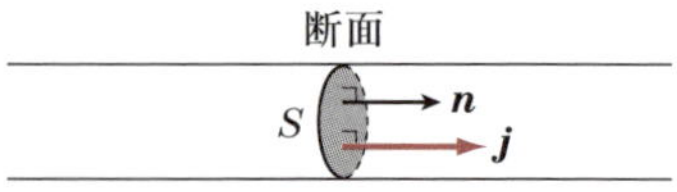

図2.5　電流

$$I = \int_{\mathrm{S}}\boldsymbol{j}\cdot\boldsymbol{n}\,dS = \int_{\mathrm{S}}|\boldsymbol{j}|\,|\boldsymbol{n}|\cos 0^\circ\ dS = \int_{\mathrm{S}} j\,dS = jS$$

で与えられ，これが面Sを通る電流を与える．

2)　電場の流束が「電束」とよばれることは実際にはなく，電場の流束に誘電率を掛けた量が「電束」とよばれることがある．

（例 2）　磁　束

磁場の流束は曲面Sを貫く磁束 Φ とよばれ，

$$\Phi = \int_S \boldsymbol{B} \cdot \boldsymbol{n}\, dS$$

で表される．図 2.6 のように一様な磁場 $\boldsymbol{B}$ が面積 S の平面Sに対して垂直に貫く場合には，$\boldsymbol{B}$ と $\boldsymbol{n}$ は同じ向きなので

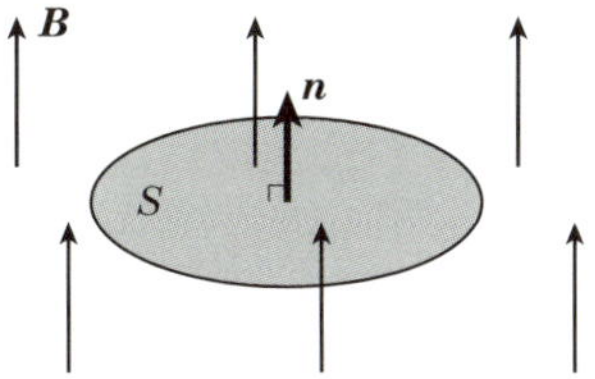

図 2.6　磁束

$$\Phi = \int_S \boldsymbol{B} \cdot \boldsymbol{n}\, dS = \int_S |\boldsymbol{B}|\,|\boldsymbol{n}| \cos 0^\circ\ dS = \int_S B\, dS = BS$$

となる．

ここまでは縁（ふち）をもつ曲面について考えてきたが，例えば球のように縁のない閉曲面についても全く同様に，(2.2) や (2.2)′ によって流束を定義することができる．閉曲面を貫く流束は特に**発散**とよばれ，それはベクトル場の閉曲面の内から外への“湧き出し”，または外から内へ“吸い込み”を表す．流束の符号の選び方は任意だと上で述べたが，閉曲面を貫く流束については，“湧き出し”を正（“吸い込み”を負）に選ぶ．

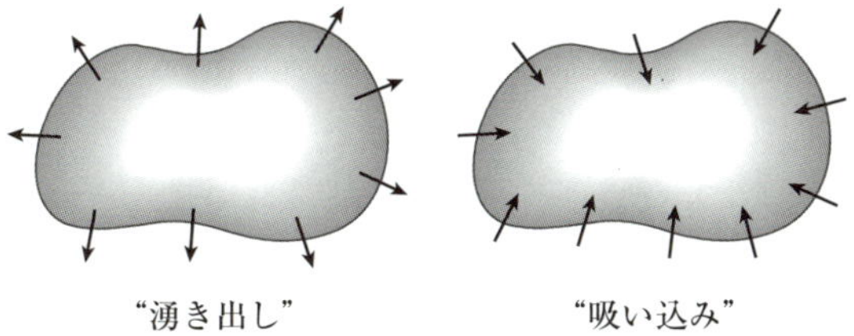

図 2.7　閉曲面を貫く流束（発散）

熱流（熱の流れ）の場合，閉曲面の内部に発熱体があるなら，熱流が外に向かって出ていくので，熱の流束（発散）は正で“湧き出し”が起こる．一方，周囲の環境より冷たい物体を閉曲面が内部に含むなら，熱が曲面内部に流入するため，流束は負で“吸い込み”が起こる．ちなみに，非圧縮性で，かつ生

成消滅しない流体（例えば，水流は近似的にその例を与える）が空間を満たしている場合は，湧き出しも吸い込みも存在しない．なぜなら，閉曲面のどこかの部分から流体が入ってくれば，必ず別の部分から等しい量が出ていき，任意の閉曲面に対する流出と流入が差し引き必ずゼロになるからである．

(b)　循　環

図2.8のようなベクトル場 $\boldsymbol{h}$ があるとしよう．図の左側の領域では，$\boldsymbol{h}$ が（紙面手前から見て）時計回りに渦を巻いており，右側の領域では反時計回りに渦を巻いていることがみてとれる．ベクトル場の“渦巻き”の具合いを空間の各場所に対して定量的に表すのが，ベクトル場の**循環**（または**回転**）とよばれる量である．

渦巻きの具合いを定量的に表すためにはどうしたらよいだろうか．まず，ベクトル場 $\boldsymbol{h}(\boldsymbol{r}, t)$ に対して任意の閉曲線Cを考え，その閉曲線に沿った $\boldsymbol{h}$ の成分（接線成分）$h_{//}$ を，閉曲線で足し合わせた量を考える．これを“$\boldsymbol{h}$ の閉曲線Cに沿う循環”とよぶことにする．

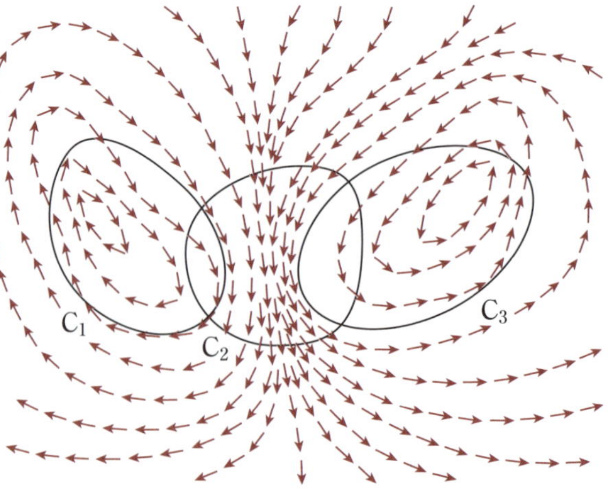

図2.8　ベクトル場 $\boldsymbol{h}$ の循環

例えば，図 2.8 の左側の領域に描いてある閉曲線 C_1 に沿って，$\boldsymbol{h}$ が（紙面手前から見て）時計回りの成分をもっていることがわかる．右側の領域の閉曲線 C_3 に沿う $\boldsymbol{h}$ の成分は，逆に，反時計回りである．ただし，中央領域の閉曲線 C_2 に沿う成分は時計回りと反時計回りが拮抗していて，どちらが優勢かは見ただけではわからない．

図 2.9 を使って，“$\boldsymbol{h}$ の閉曲線 C に沿う循環”を式の形で表そう．閉曲線 C を多数（N 個）の微小な線分 $\varDelta r_i$ に分割し，i 番目（$i = 1, 2, \cdots, N$）の微小線分からの循環への寄与を，そこにおけるベクトル $\boldsymbol{h}_i$ の接線成分 $h_{i/\!/}$ と微小線分の長さ $\varDelta r_i$ を掛けた

$$h_{i/\!/}\,\varDelta r_i$$

で与える．ただし，接線成分 $h_{i/\!/}$ の符号は，閉曲線の循環の正の向きを定めておき，その向きに沿う場合を正にとる．（循環の正の向きは何でもよいが，図 2.9 では，紙面手前から見て時計回りを正の向きにとっている．）

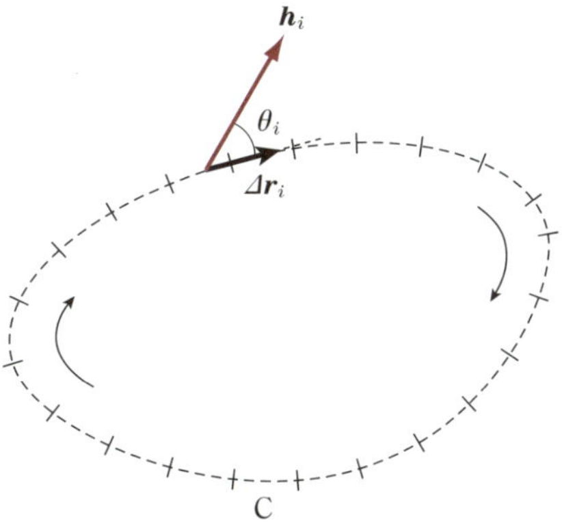

図 2.9 閉曲線 C に沿う $\boldsymbol{h}$ の循環

閉曲線 C に沿う $\boldsymbol{h}$ の循環を，すべての微小線分からの寄与の和，

$$\text{循環} = \lim_{N\to\infty} \sum_{i=1}^{N} h_{i/\!/}\,\varDelta r_i$$

で定義する．閉曲線の微小線分ベクトルを $\varDelta \boldsymbol{r}_i$ とし，$\varDelta \boldsymbol{r}_i$ と $\boldsymbol{h}_i$ のなす角度を θ_i，$\boldsymbol{h}_i$ の大きさを h_i とすると，$h_{i/\!/}\,\varDelta r_i = h_i \cos\theta_i\,\varDelta r_i = \boldsymbol{h}_i \cdot \varDelta \boldsymbol{r}_i$ と書け，

$$\text{循環} = \lim_{N\to\infty} \sum_{i=1}^{N} h_{i/\!/}\,\varDelta r_i = \lim_{N\to\infty} \sum_{i=1}^{N} (h_i\,\varDelta r_i \cos\theta_i) = \lim_{N\to\infty} \sum_{i=1}^{N} (\boldsymbol{h}_i \cdot \varDelta \boldsymbol{r}_i) \qquad (2.3)$$

と表すことができる．当然のことながら，(2.3) の値が正なら，$\boldsymbol{h}$ が C の選んだ向きの循環をもち，負なら逆回りの循環をもつことを意味する．

また，(2.3) は線積分の記号を用いて

$$\text{循環} = \oint_{\mathrm{C}} \boldsymbol{h} \cdot d\boldsymbol{r} \tag{2.3$'$}$$

と表してもよい．（閉曲線Cに沿う線積分であることを忘れないために，積分記号を $\oint_{\mathrm{C}}$ と表記する．このような積分は周回積分または1周線積分とよばれる.）なお，(2.3)，(2.3)′ から，循環は

$$\boxed{\text{循環} = \text{接線成分の平均値} \times \text{周の長さ}}$$

の意味をもつともいえる．

流束と循環

$$\text{曲面Sを貫く流束} = \lim_{N\to\infty}\sum_{i=1}^{N}(\boldsymbol{h}_i \cdot \boldsymbol{n}_i)\,\Delta S_i = \int_{\mathrm{S}} \boldsymbol{h} \cdot \boldsymbol{n}\,dS$$

$$= \text{法線成分の平均値} \times \text{表面積}$$

$$\text{閉曲線Cに沿う循環} = \lim_{N\to\infty}\sum_{i=1}^{N}(\boldsymbol{h}_i \cdot \Delta\boldsymbol{r}_i) = \oint_{\mathrm{C}} \boldsymbol{h} \cdot d\boldsymbol{r}$$

$$= \text{接線成分の平均値} \times \text{周の長さ}$$

2.2 電磁気学の法則のすべて

電場 $\boldsymbol{E}$ が電荷に力を及ぼし，磁場 $\boldsymbol{B}$ が動く電荷に力を及ぼすことを第1章で述べたが，その電場 $\boldsymbol{E}$ や磁場 $\boldsymbol{B}$ はどのようにして生じるのだろうか．実は，電場 $\boldsymbol{E}$ は電荷によってつくられ，磁場 $\boldsymbol{B}$ は動く電荷（電流）によってつくられる．さらにまた，電場 $\boldsymbol{E}$ と磁場 $\boldsymbol{B}$ のどちらか一方が時間変化すれば，そのことで他方が生じる．つまり，電場が時間変化すると磁場がつくられ，磁場が時間変化すると電場がつくられる．これが電磁誘導とよばれる現象を引き起こし，また，真空中を伝わる電磁波を発生する原因となる．

これら一切の内容が，電荷密度 ρ，電流密度 $\boldsymbol{j}$，電場 $\boldsymbol{E}$，磁場 $\boldsymbol{B}$ の間の関係を与える，以下のマクスウェル方程式①～④で記述される．なお，マクスウェル方程式は，これから複数の章に繰り返し現れるので，式番号として①，②，③，④を採用し，異なる章を通して共通に用いることにする．

(a) 1番目のマクスウェル方程式［ガウスの法則］

電荷が存在すると，その周りの空間に電場がつくられる．これが**ガウスの法則**とよばれる1番目のマクスウェル方程式で記述され，

$$\begin{pmatrix}\text{閉曲面 S を貫く}\\ \text{電場 }\boldsymbol{E}\text{ の流束}\end{pmatrix} = \frac{(\text{閉曲面 S 内の総電荷 }Q)}{\varepsilon_0} \qquad ①$$

と表される．

この式は，任意の閉曲面Sを貫く電場の流束が，その閉曲面内に含まれる電荷 Q に比例することを示しており，図2.10のように，正電荷 $(Q>0)$ なら電場 $\boldsymbol{E}$ の湧き出しが生じ，負電荷 $(Q<0)$ なら電場 $\boldsymbol{E}$ の吸い込みが生じる．ここで電場 $\boldsymbol{E}$ は単位長さ当たりの電圧 V/m（ボルト・パー・メートル），電荷 Q はC（クーロン）を単位として測られる．比例定数を与える ε_0 は**真空の誘電率**とよばれ，その値は $\varepsilon_0 = 8.854\cdots \times 10^{-12}\,\mathrm{C/(V\,m)}$ である[3]．

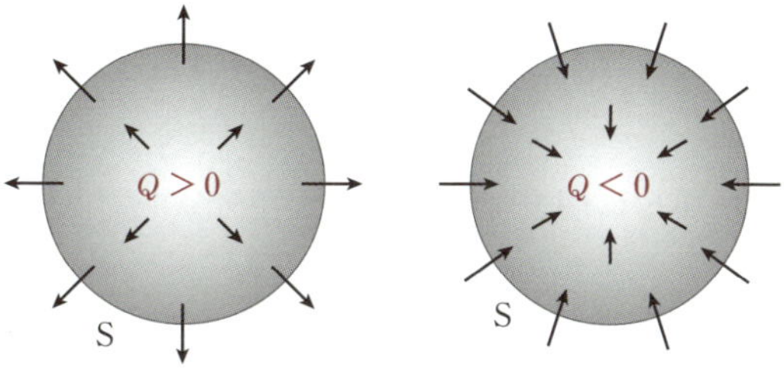

図2.10 ガウスの法則

上記の言葉による式を数式で表そう．ただし，電荷の空間分布が電荷密度 $\rho(\boldsymbol{r})$ で与えられるとする．左辺は流束の定義式(2.2)より，$\int_{\mathrm{S}} \boldsymbol{E}\cdot\boldsymbol{n}\,dS$ と書ける．右辺については，図2.11のように閉曲面Sで囲まれる立体を N 個の微小な体積要

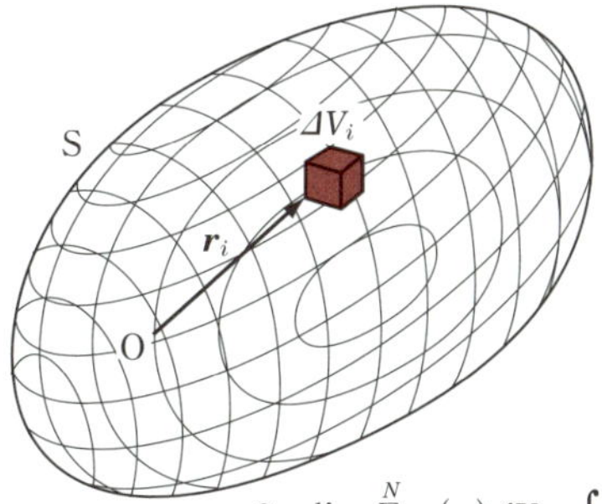

$$Q = \lim_{N\to\infty}\sum_{i=1}^{N} \rho(\boldsymbol{r}_i)\Delta V_i = \int_{\mathrm{V}} \rho\, dV$$

図2.11 閉曲面S内の電荷 Q

3) 真空の誘電率 ε_0 の単位は，6.1節(d)で扱うコンデンサーの電気容量の単位の F = C/V（ファラッド）を用いて F/m と表記されることもある．

素に分割し，i 番目 $(i=1, 2, \cdots, N)$ の微小体積要素の位置を $\boldsymbol{r}_i$，体積を ΔV_i とすることで，閉曲面 S 内の電荷 Q は，各微小体積要素内の電荷 $\rho(\boldsymbol{r}_i)\,\Delta V_i$ の和として，$Q=\lim_{N\to\infty}\sum_{i=1}^{N}\rho(\boldsymbol{r}_i)\,\Delta V_i$ によって表すことができる．したがって，右辺は

$$\frac{(\text{閉曲面 S 内の総電荷 } Q)}{\varepsilon_0}=\frac{1}{\varepsilon_0}\lim_{N\to\infty}\sum_{i=1}^{N}\rho(\boldsymbol{r}_i)\,\Delta V_i=\frac{1}{\varepsilon_0}\int_{\mathrm{V}}\rho\,dV$$

で与えられる．（最右辺の式は，**体積積分**とよばれる積分記号を用いた簡単な表記法であり，その内容は2番目の式で与えられる．積分記号に添えた V は，閉曲面 S に囲まれた体積 V が積分領域であることを意味する．）

以上により，1番目のマクスウェル方程式は

$$\boxed{\int_{\mathrm{S}}\boldsymbol{E}\cdot\boldsymbol{n}\,dS=\frac{1}{\varepsilon_0}\int_{\mathrm{V}}\rho\,dV}\qquad ①$$

と表せる．

(b)　2番目のマクスウェル方程式［ファラデーの法則］

電場は電荷によって生じるだけでなく，磁場の流束が時間変化することによってもつくられる．それを記述するのが**ファラデーの法則**とよばれる2番目のマクスウェル方程式であり，

$$\begin{pmatrix}\text{閉曲線 C の周りの}\\ \text{電場 } \boldsymbol{E} \text{ の循環}\end{pmatrix}=-\frac{d}{dt}\begin{pmatrix}\text{閉曲線 C を縁にもつ曲面 S を貫く}\\ \text{磁場 } \boldsymbol{B} \text{ の流束}\end{pmatrix}\qquad ②$$

で与えられる．この内容は，流束と循環の式 (2.2) と (2.3) を用いて

$$\boxed{\oint_{\mathrm{C}}\boldsymbol{E}\cdot d\boldsymbol{r}=-\frac{d}{dt}\int_{\mathrm{S}}\boldsymbol{B}\cdot\boldsymbol{n}\,dS}\qquad ②$$

と書き表すことができる．

ここで循環と流束の向きは，図 2.12 のように右ネジの関係になるように選ぶ．すなわち，C の循環の向きに右ネジを回したとき，ネジが進む向きを流束の正の向きとする．

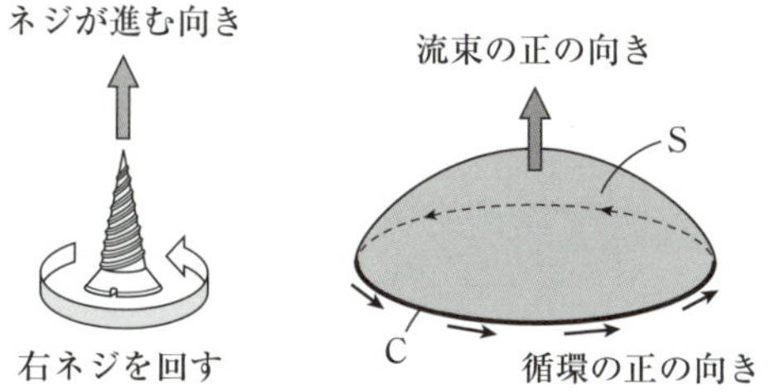

図 2.12　流束の正の向きと循環の正の向きの関係

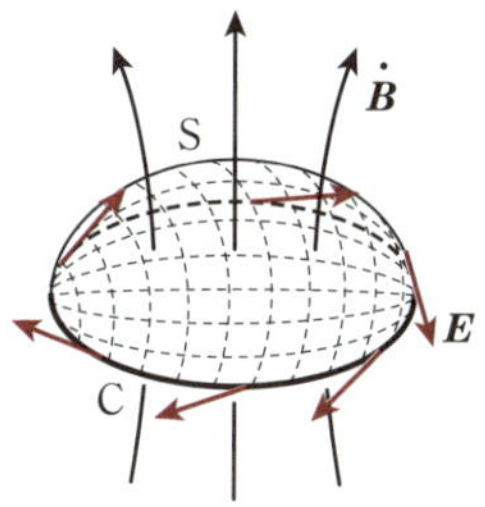

図 2.13　ファラデーの法則

②の右辺にはマイナス符号が付いているため，図 2.13 のように時間とともに上向きの磁場が増大すると，C に（上から見て）時計回りの電場が生じることになる．

このように，②は，磁場 $\boldsymbol{B}$ が時間変化するとその磁場を取り囲む閉曲線 C に沿って電場 $\boldsymbol{E}$ の循環が生じることを示している．なお，②から明らかなように，磁場 $\boldsymbol{B}$ は $\mathrm{sV/m^2}$ の次元をもち，慣用的には T（テスラ）という単位で表される．1 T は $1\,\mathrm{sV/m^2}$ に等しい．

なお，磁場が時間的に変化しない場合でも，閉曲線 C が時間的に移動したり変形したりすれば磁場の流束が時間変化する．しかし，マクスウェル方程式②は閉曲線 C が時間変化しないと仮定していることに注意しておく[補足 A.6]．

(c)　3 番目のマクスウェル方程式［磁場に対するガウスの法則］

磁場 $\boldsymbol{B}$ は，ベクトル場として特別な性質をもっていて，それが**磁場に対するガウスの法則**とよばれる 3 番目のマクスウェル方程式であり，

$$\begin{pmatrix}\text{任意の閉曲面 S を貫く}\\ \text{磁場 }\boldsymbol{B}\text{ の流束}\end{pmatrix} = 0 \qquad ③$$

と表される．この内容は流束の式 (2.2) を用いて

$$\boxed{\int_S \boldsymbol{B} \cdot \boldsymbol{n}\, dS = 0} \qquad ③$$

と書ける．これは，どんな閉曲面に対しても磁場の流束がゼロであり，磁場 $\boldsymbol{B}$ には湧き出しも吸い込みも存在しないことを示している．もし閉曲面のある個所から磁場 $\boldsymbol{B}$ が内部に入っていくなら，別の個所から同じ量が出ていき，必ず流入と流出の総量がキャンセルして正味がゼロになるのである．

③の意味をもう少し考えてみよう．ガウスの法則①では，電荷が電場の湧き出しや吸い込みの原因となった．もし③の右辺にゼロでない項が存在するなら，それは磁場の湧き出しや吸い込みの原因となるものが存在することを意味し，電場に対する電荷のように，“磁荷”とよぶべきものが存在することになる．しかし，③はそうでないこと，つまり磁荷が存在しないことを示している．これは，磁石が必ずN極とS極を対として現れ，N極やS極だけの単独の磁荷（モノポール）が存在しないことに対応している．

＜余談＞ モノポール

N極やS極だけの単独な磁荷は**モノポール**または**磁気単極子**とよばれる．もしこのような粒子が見つかれば，マクスウェル方程式が変更を受けることになり，物理学にとって一大事だが，そのような粒子は今まで見つかっていない．

(d) 4番目のマクスウェル方程式（アンペール - マクスウェルの法則）

磁場は電流によって生成されるとともに，電場の時間変化によっても生成する．これら2つの効果が**アンペール - マクスウェルの法則**とよばれる4番目のマクスウェル方程式，

$$c^2\begin{pmatrix}\text{閉曲線 C の周りの}\\ \text{磁場 } \boldsymbol{B} \text{ の循環}\end{pmatrix} = \frac{(\text{閉曲線 C を縁にもつ曲面 S を貫く電流})}{\varepsilon_0} + \frac{d}{dt}\begin{pmatrix}\text{曲面 S を貫く}\\ \text{電場 } \boldsymbol{E} \text{ の流束}\end{pmatrix} \qquad ④$$

で表される．この式は，流束と循環の式 (2.2)，(2.3) を用いて

$$c^2\oint_C \boldsymbol{B}\cdot d\boldsymbol{r} = \frac{1}{\varepsilon_0}\int_S \boldsymbol{j}\cdot\boldsymbol{n}\,dS + \frac{d}{dt}\int_S \boldsymbol{E}\cdot\boldsymbol{n}\,dS \qquad ④$$

と書ける．循環と流束の向きは，図 2.12 ですでに示したように，右ネジの関係を満たすように選ぶ．

④の右辺第 1 項は，電流によって磁場の循環が現れることを示し，**アンペールの法則**として知られる．図 2.14 のように，電流が曲面 S を上向きに貫くなら，C に（上から見て）反時計回りの磁場が生じる．

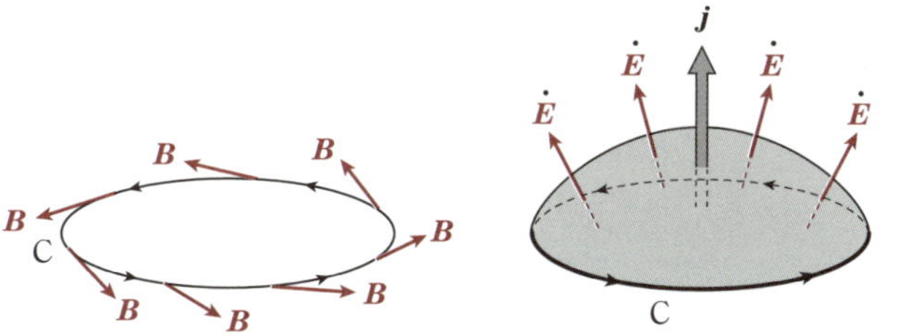

図 2.14　アンペール－マクスウェルの法則

また第 2 項は，電場が時間変化すると，磁場の循環が生じることを示す．これはマクスウェルが見出した項であり，②と類似している．ただし符号がプラスであるため，図 2.14 のように，時間とともに上向きの電場が増大すると，閉曲線 C に（上から見て）反時計回りの磁場が生じることになる．

このように，④は電流，または電場 $\boldsymbol{E}$ の時間変化によって磁場 $\boldsymbol{B}$ の循環が生じることを示している．なお，c は $c = 2.99792458 \times 10^8$ m/s で与えられる**光速**（普遍定数）である．

マクスウェル方程式を書き下す際，ここでは普遍定数 c と真空の誘電率 ε_0 を用いたが，実は**真空の透磁率** $\mu_0 = 4\pi \times 10^{-7}$ Vs^2/(C m) とよばれる定数がもう 1 つあり[4)]，c，ε_0，μ_0 が

$$c^2\varepsilon_0\mu_0 = 1 \qquad (2.4)$$

4)　μ_0 の単位は，第 12 章で扱うコイルのインダクタンスの単位 H ＝ Vs^2/C（ヘンリー）を用いて H/m と表記されることも多い．なお，2019 年に μ_0 の定義は改定された．

の関係を満たしている．ε_0 と μ_0 は同等な定数であり，マクスウェル方程式を書き下す際に，3つの内のどの2つを用いてもよい．

以下の枠内に電磁気学のすべてをまとめておこう．

マクスウェル方程式（積分形）とローレンツ力

$$\int_{\mathrm{S}} \boldsymbol{E}\cdot\boldsymbol{n}\,dS = \frac{1}{\varepsilon_0}\int_{\mathrm{V}} \rho\,dV \quad ①$$

$$\begin{pmatrix}\text{閉曲面 S を貫く}\\ \text{電場 }\boldsymbol{E}\text{ の流束}\end{pmatrix} = \frac{(\text{閉曲面 S 内の総電荷 }Q)}{\varepsilon_0}$$

$$\oint_{\mathrm{C}} \boldsymbol{E}\cdot d\boldsymbol{r} = -\frac{d}{dt}\int_{\mathrm{S}} \boldsymbol{B}\cdot\boldsymbol{n}\,dS \quad ②$$

$$\begin{pmatrix}\text{閉曲線 C の周りの}\\ \text{電場 }\boldsymbol{E}\text{ の循環}\end{pmatrix} = -\frac{d}{dt}\begin{pmatrix}\text{閉曲線 C を縁にもつ曲面 S を貫く}\\ \text{磁場 }\boldsymbol{B}\text{ の流束}\end{pmatrix}$$

$$\int_{\mathrm{S}} \boldsymbol{B}\cdot\boldsymbol{n}\,dS = 0 \quad ③$$

$$\begin{pmatrix}\text{閉曲面 S を貫く}\\ \text{磁場 }\boldsymbol{B}\text{ の流束}\end{pmatrix} = 0$$

$$c^2\oint_{\mathrm{C}} \boldsymbol{B}\cdot d\boldsymbol{r} = \frac{1}{\varepsilon_0}\int_{\mathrm{S}} \boldsymbol{j}\cdot\boldsymbol{n}\,dS + \frac{d}{dt}\int_{\mathrm{S}} \boldsymbol{E}\cdot\boldsymbol{n}\,dS \quad ④$$

$$c^2\begin{pmatrix}\text{閉曲線 C の周りの}\\ \text{磁場 }\boldsymbol{B}\text{ の循環}\end{pmatrix} = \frac{(\text{閉曲線 C を縁にもつ曲面 S を貫く電流})}{\varepsilon_0} + \frac{d}{dt}\begin{pmatrix}\text{曲面 S を貫く}\\ \text{電場 }\boldsymbol{E}\text{ の流束}\end{pmatrix}$$

$$\boldsymbol{F} = q(\boldsymbol{E} + \boldsymbol{v}\times\boldsymbol{B})$$

2.3　電磁気学の概観

上記の① ～ ④は積分の形で書かれているので，**積分形**のマクスウェル方程式とよばれる．第3章以後で，これらの方程式をさらに応用に便利な**微分形**とよばれる形に変形した上で，本格的に電磁気学の問題を探究していくが，その準備を始める前に，現段階ですでに，積分形の① ～ ④から電磁気学の全体像について見通しを得ることができる．

まず，電荷密度 ρ，電流密度 $\boldsymbol{j}$，電場 $\boldsymbol{E}$，磁場 $\boldsymbol{B}$ のどれもが時間変化しない場合を考えよう．この場合には，②の右辺と，④の右辺第2項の時間で微分する項がゼロとなり，それらの式を新たにそれぞれ②$_{\rm s}$，④$_{\rm s}$として，マクスウェル方程式は以下のようになる（s は static の意味である）．

時間変化がない場合のマクスウェル方程式

静電気

$$\int_{\rm S} \boldsymbol{E} \cdot \boldsymbol{n}\, dS = \frac{1}{\varepsilon_0} \int_{\rm V} \rho\, dV \qquad ①$$

$$\oint_{\rm C} \boldsymbol{E} \cdot d\boldsymbol{r} = 0 \qquad ②_{\rm s}$$

静磁気

$$\int_{\rm S} \boldsymbol{B} \cdot \boldsymbol{n}\, dS = 0 \qquad ③$$

$$c^2 \oint_{\rm C} \boldsymbol{B} \cdot d\boldsymbol{r} = \frac{1}{\varepsilon_0} \int_{\rm S} \boldsymbol{j} \cdot \boldsymbol{n}\, dS \qquad ④_{\rm s}$$

これら4つの式から何をくみとればよいだろうか．重要なことは電場 $\boldsymbol{E}$ が①と②$_{\rm s}$だけに，磁場 $\boldsymbol{B}$ が③と④$_{\rm s}$だけに現れていて，互いに影響しないことである．①と②$_{\rm s}$によって，電場 $\boldsymbol{E}$ が電荷密度 ρ によってどのように生じるかが決まり，**静電気**とよばれる分野をなす．また，③と④$_{\rm s}$によって磁場 $\boldsymbol{B}$ が電流密度 $\boldsymbol{j}$ からどのように生じるかが決まり，**静磁気**とよばれる分野をなす．このように時間変化がない場合，「電荷と電場」がつくる電気の世界と，

「電流と磁場」がつくる磁気の世界が，完全に分離され，無関係に存在するのである．

時間変化がある場合は，電場 $\boldsymbol{E}$ と磁場 $\boldsymbol{B}$ が相互に影響し合う．その場合で単純なのは，真空である．真空では電荷密度 ρ も電流密度 $\boldsymbol{j}$ もゼロなので，①の右辺と④の右辺第1項がゼロとなるので，それらの式番号を新たにそれぞれ①$_\mathrm{v}$，④$_\mathrm{v}$としてマクスウェル方程式をまとめると次のようになる（v は vacuum の意味である）．

真空中（$\rho=0$，$\boldsymbol{j}=\boldsymbol{0}$）のマクスウェル方程式

$$\int_\mathrm{S}\boldsymbol{E}\cdot\boldsymbol{n}\,dS=0 \qquad ①_\mathrm{v}$$

$$\oint_\mathrm{C}\boldsymbol{E}\cdot d\boldsymbol{r}=-\frac{d}{dt}\int_\mathrm{S}\boldsymbol{B}\cdot\boldsymbol{n}\,dS \qquad ②$$

$$\int_\mathrm{S}\boldsymbol{B}\cdot\boldsymbol{n}\,dS=0 \qquad ③$$

$$c^2\oint_\mathrm{C}\boldsymbol{B}\cdot d\boldsymbol{r}=\frac{d}{dt}\int_\mathrm{S}\boldsymbol{E}\cdot\boldsymbol{n}\,dS \qquad ④_\mathrm{v}$$

これらの方程式からすぐにわかることは，磁場 $\boldsymbol{B}$ が時間変化すると電場 $\boldsymbol{E}$ が生じること（②），逆に $\boldsymbol{E}$ が時間変化すると $\boldsymbol{B}$ が生じること（④$_\mathrm{v}$）である．つまり，電荷密度 ρ や電流密度 $\boldsymbol{j}$ が存在しなくても，$\boldsymbol{E}$ と $\boldsymbol{B}$ は互いに関連し合って相手をつくり出し得る[5)]．これが 2.2 節の冒頭で述べた電磁波が伝播する機構であり，第 13 章で実際にこの真空中のマクスウェル方程式を解いて詳しく論じる．

一般の場合，つまり電荷密度 ρ，電流密度 $\boldsymbol{j}$，電場 $\boldsymbol{E}$，磁場 $\boldsymbol{B}$ のすべてが存在し，かつ時間変化もある場合は，当然ながらどの項も無視することなく，マクスウェル方程式を解く必要がある．

5）必ずしも $\boldsymbol{E}$ と $\boldsymbol{B}$ の厳密な因果関係を意味するものではない．13.5 節の「発展」を参照せよ．

ここで，マクスウェル方程式には一般に複数の数学的な解が存在することを注意しておこう．数学的に可能な複数の解の中から，考えている物理的状況に合う１つの解を，空間の等方性と一様性，対称性や適切な境界条件を考慮して選ぶことが必要になるのである[補足 A.3]．そのような付加的な条件を付けることで解が唯一に定まるのだが，これはマクスウェル方程式が不完全なためではない．それはちょうど，力学の運動方程式の解が任意のパラメータを含み，１つに定まらないのだが，初期条件を与えることでただ１つの解が定まるという構造に似ている．

なお，空間の「等方性と一様性」と「対称性」については，以下の「発展」で説明する．境界条件とは，例えば「無限遠方で電場がゼロとなる解を探す」といったことである．どのような付加的な条件を設定すべきかは，マクスウェル方程式とは独立の問題だが，考えている物理的状況に応じて自ずと明らかな場合が多い．いずれにしても，これから具体例で学んでいこう．

発展　空間の「等方性と一様性」および「対称性」について

本書では今後，空間の「等方性と一様性」とか「対称性」という言葉が何度か出てくるので，ここで意味を説明しておく．

「等方性と一様性」は，空間が本来もっている性質である．電荷も電流も存在しない空間は，東西南北のような特別な方向をもたないはずであり，これが空間の**等方性**である．また，空間の異なる場所はどこも同等であり，同じ性質をもつべきである．これが空間の**一様性**である．

電荷や電流が存在すると，それらがつくる電場や磁場を通して空間の等方性と一様性を乱す．もともとの空間の等方性と一様性が，電荷や電流の存在によって制限されて生じるのが**対称性**である．例えば，次節で扱う点電荷の周りの電場は球対称性をもたなければならない．また，直線電流の周りの磁場は軸対称性をもたなければいけない．これらの対称性は，もともと等方性と一様性をもっている空間に，点や線という特異性をもち込むことで生じる．当然ながら，空間の等方性や一様性，および対称性といった性質は，マクスウェル方程式とは独立の，基本的な物理的要請である[補足 A.2, A.3]．

2.4 マクスウェル方程式から導かれるよく知られた法則

すでに述べたように，マクスウェル方程式から電磁気のすべての法則を導くことができるが，以下では手始めに，(a) クーロンの法則，(b) 直線電流による磁場，および (c) ファラデーの電磁誘導の法則を導いておこう．

(a) クーロンの法則

点電荷 q のつくる電場について考えよう．静電気の問題なので，マクスウェル方程式①と②$_\mathrm{s}$ を使って解を求めればよい．まず，①の

$$\int_\mathrm{S} \boldsymbol{E}\cdot\boldsymbol{n}\,dS = \frac{1}{\varepsilon_0}\int_\mathrm{V}\rho\,dV$$

において，点電荷を中心とする半径 r の球面を閉曲面 S として選ぶと，球面を外向きに貫く電場 $\boldsymbol{E}$ の流束（湧き出し）が q/ε_0 に等しいことがわかる．つまり，球面上の電場 $\boldsymbol{E}$ の外向き法線成分の平均値 $\overline{E_\perp}$ が

$$\overline{E_\perp}\cdot 4\pi r^2 = \frac{q}{\varepsilon_0}$$

で与えられることがわかる．ここで電場は点電荷を中心とする球対称性をもつはずなので，球面上のあらゆる点で $\overline{E_\perp}$ は同じ値 $\overline{E_\perp} = E_\perp$ をとり，接線成分はゼロでなければならない[補足 A.2]．

したがって，電場は図 2.15 のように点電荷 q を中心として放射状をなし，その大きさは $E = \dfrac{q}{4\pi\varepsilon_0 r^2}$ で与えられ，電荷からの距離 r の 2 乗に反比例して減少する．点電荷を原点とする位置ベクトル $\boldsymbol{r}$ と，その単位ベクトル $\boldsymbol{e}_r = \boldsymbol{r}/r$ を用いれば，向きも含めてベクトル

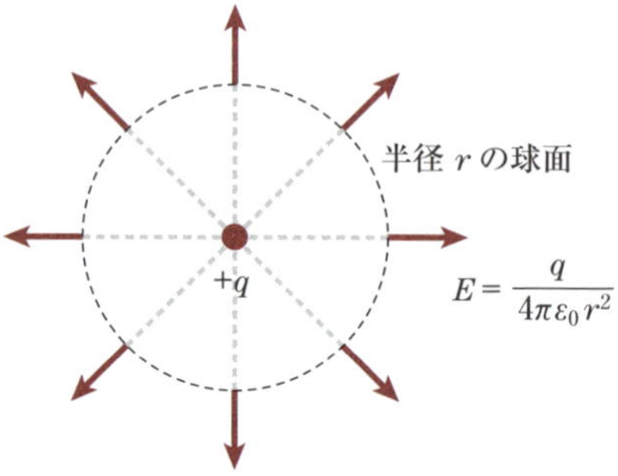

図 2.15　点電荷のつくる電場

$$\boldsymbol{E} = \frac{q}{4\pi\varepsilon_0 r^2}\boldsymbol{e}_r \tag{2.5}$$

として表される．なお，図 2.15 では球面から外向きの電場を示しているが，これは正電荷 $(q > 0)$ の場合であり，負電荷 $(q < 0)$ の場合の電場は逆向きである．

以上の導出の過程では②を考慮しなかったが，第 5 章で，(2.5) は任意の閉曲線に対して②$_\mathrm{s}$ を満たすことが示される．また，①については電荷を中心とする球面だけしか考えなかったが，同じく第 5 章で述べるように，(2.5) はあらゆる閉曲面に対して①を満たすことが示される．

(2.5) から，互いに距離 r にある 2 つの点電荷 q_1, q_2 の間にはたらく力を導くことができる．点電荷 q_1 から測った q_2 の位置ベクトルを $\boldsymbol{r}$ とすると，q_1 が q_2 の位置につくる電場は (2.5) より $\boldsymbol{E}_1(\boldsymbol{r}) = \dfrac{q_1}{4\pi\varepsilon_0 r^2}\boldsymbol{e}_r$ なので，ローレンツ力

$$\boldsymbol{F} = q(\boldsymbol{E} + \boldsymbol{v} \times \boldsymbol{B})$$

より q_2 が受ける力は

$$\boldsymbol{F}_{21} = q_2\boldsymbol{E}_1 = \frac{q_1 q_2}{4\pi\varepsilon_0 r^2}\boldsymbol{e}_r \tag{2.6}$$

となる．同様に，点電荷 q_2 がつくる電場によって q_1 が受ける力は

$$\boldsymbol{F}_{12} = -\boldsymbol{F}_{21}$$

である．

このように，2 つの電荷にはたらく力は距離 r の 2 乗に反比例し，2 つの電荷の積 q_1q_2 に比例する．力の向きは，図 2.16 のように電荷が同符号の場合 $(q_1q_2 > 0)$ は斥力，異符号の場合 $(q_1q_2 < 0)$ は引力となる．

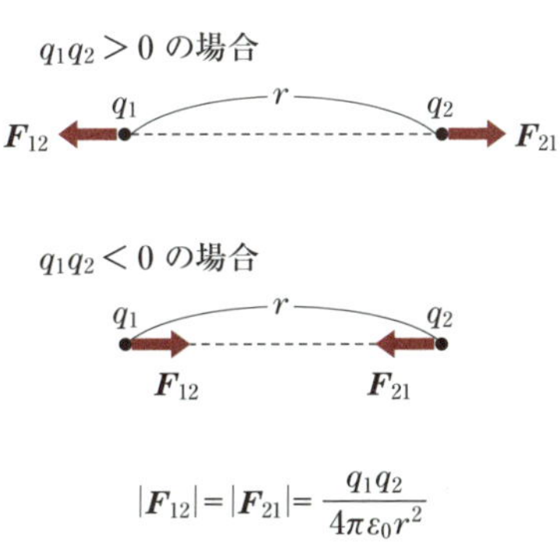

図 2.16 クーロンの法則とクーロン力

この法則を**クーロンの法則**，この力を**クーロン力**とよぶ．

(b) 直線電流による磁場

十分長い直線状（z 方向）の導線に流れる一定電流 I がつくる磁場 $\boldsymbol{B}$ を考えよう．一定の大きさで流れる電流がつくる磁場なので，磁場の大きさも変化しない．静磁場の問題なので，③と④$_s$ から求めることができる．

まず，④$_s$ の

$$c^2 \oint_C \boldsymbol{B} \cdot d\boldsymbol{r} = \frac{1}{\varepsilon_0} \int_S \boldsymbol{j} \cdot \boldsymbol{n}\, dS$$

の閉曲線Cとして，図2.17のように，導線に垂直な平面上の，導線を中心とする半径 r の円環を考えよう．

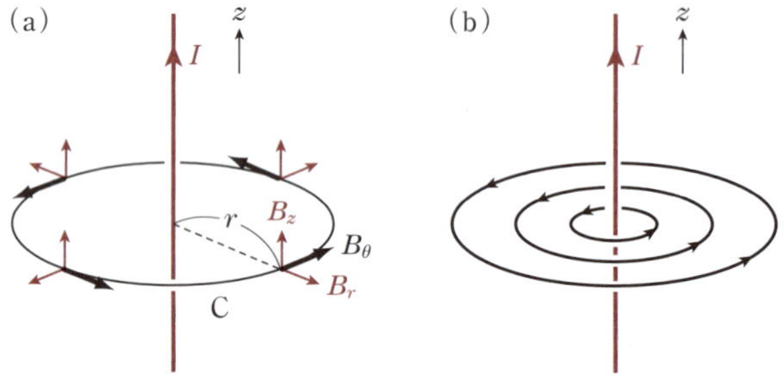

図2.17 直線電流による磁場

閉曲線Cを縁とする曲面Sを貫く電流密度 $\boldsymbol{j}$ の流束は I であり，④$_s$ は閉曲線Cに沿う磁場 $\boldsymbol{B}$ の周回積分 $\oint_C \boldsymbol{B} \cdot d\boldsymbol{r}$ に c^2 を掛けたものが I/ε_0 に等しいことを意味する．図2.17(a)のように，磁場 $\boldsymbol{B}$ の円周に沿う接線成分を B_θ とすれば，磁場は導線を中心として対称的に分布する（導線の周りの回転対称性をもつ）はずであり，そのため，円周上のあらゆる点で B_θ の値は同一でなければならない．したがって，$c^2 B_\theta \cdot 2\pi r = I/\varepsilon_0$ より，

$$B_\theta = \frac{I}{2\pi\varepsilon_0 c^2 r}$$

が得られる．なお，(2.4) に記した真空の透磁率 μ_0 を用いて

$$B_\theta = \frac{\mu_0 I}{2\pi r} \tag{2.7}$$

と書いてもよい．

ここまでは④$_S$ だけを考慮したが，③を考えることで，図 2.17 (b) のように磁場が (2.7) の円周方向の成分 B_θ だけをもち，半径方向成分 B_r が存在しないこと ($B_r = 0$) を示すことができる．

もし円環上のどこかで B_r がゼロと異なる値をとるとすると，導線の周りの回転対称性から，図 2.18 に示すように，円環上のあらゆる点で B_r は同じ値をもち，また導線は十分長いので，z 方向に平行移動した円環 C′ の上でも同じ値をもつことになる．しかし，円環 C と円環 C′ が張る円板をそれぞれ上面と底面とする円筒を閉曲面 S と考えると，

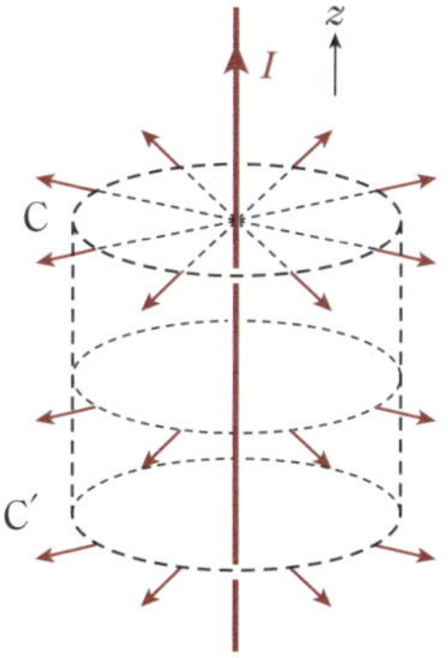

図 2.18　円筒の側面を貫く B_r

$$\int_S \boldsymbol{B} \cdot \boldsymbol{n}\, dS = 0 \qquad ③$$

より，(円筒を貫く磁場の流束) はゼロにならなくてはならない．

ここで底面と上面を貫く流束は $B_z = 0$ なら双方ともゼロであり，たとえ $B_z = 0$ でないとしても，底面と上面で磁場の分布が同一なので流束は打ち消し合う．したがって (円筒を貫く磁場の流束) は (円筒の側壁を貫く流束) に等しく，$B_r \times$ (円筒側壁の面積) $= 0$ でなければならない．このことから $B_r = 0$ が結論される．z 方向の成分 B_z もゼロであることが示される[補足 A.2]．

(c)　ファラデーの電磁誘導の法則

磁場 $\boldsymbol{B}$ が時間変化すると，

$$\oint_C \boldsymbol{E}\cdot d\boldsymbol{r} = -\frac{d}{dt}\int_S \boldsymbol{B}\cdot\boldsymbol{n}\,dS \qquad ②$$

によって，閉曲線Cを貫く磁場の流束（磁束）$\Phi = \int_S \boldsymbol{B}\cdot\boldsymbol{n}\,dS$ が時間変化し，その時間変化率に比例して電場 $\boldsymbol{E}$ の循環が発生する．図2.19の矢印のように，もし上向きに磁束が増大するなら，②の右辺にマイナス符号が付くため，発生する電場は閉曲線Cを上から見て時計回りを向く．

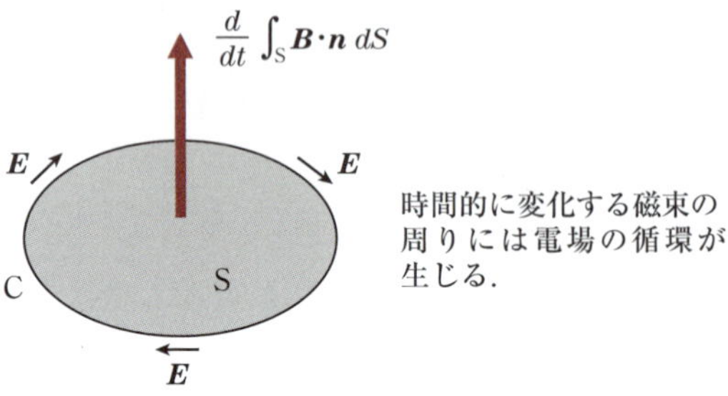

図2.19　ファラデーの電磁誘導の法則

電場は定義から単位電荷が受ける力に等しいので，電場が発生するということは，磁束を囲む円周に沿って電荷を動かそうとする力が生じることを意味する．一般に，単位電荷が受ける力を経路に沿って線積分した値をその経路に生じる**起電力**（emf）[6] とよぶ．②の左辺 $\oint_C \boldsymbol{E}\cdot d\boldsymbol{r}$ は閉曲線Cに生じる起電力であり，これを特に**誘導起電力**とよんで $\mathcal{E}$ で表すと，右辺の磁束は $\Phi = \int_S \boldsymbol{B}\cdot\boldsymbol{n}\,dS$ より，

$$\mathcal{E} = -\frac{d\Phi}{dt} \qquad (2.8)$$

と書くことができる．これが**ファラデーの電磁誘導の法則**とよばれるものである[7]．なお，起電力は単位電荷が経路に沿って移動するときになされる仕事に等しく，単位はV（ボルト）である．

6）　誘導起電力の計算には，①から発生する電場による力（クーロン力）は含めない．emf は electro-motive force の略である．

7）　ここでは，閉曲線Cは時間変化せずに磁場が変化する場合を考えている．一方，一定の磁場のもとで閉曲線が時間変化し，そのことで磁束が変化する場合もある．その場合にも(2.8)に従って誘導起電力が生じる．後者も含めてファラデーの電磁誘導の法則とよばれるが，このことについては第12章で詳しく述べる[補足A.6]．

章末問題

2.1 ベクトル $\boldsymbol{F}=(kxy,\ 2kxy,\ 0)$ に対して，以下を求めよ．ただし，k は定数とする．

(1) $\displaystyle\int_{\Gamma_1}\boldsymbol{F}\cdot d\boldsymbol{r}$ （経路 Γ_1：P→Q）

(2) $\displaystyle\int_{\Gamma_2}\boldsymbol{F}\cdot d\boldsymbol{r}$ （経路 Γ_2：Q→R）

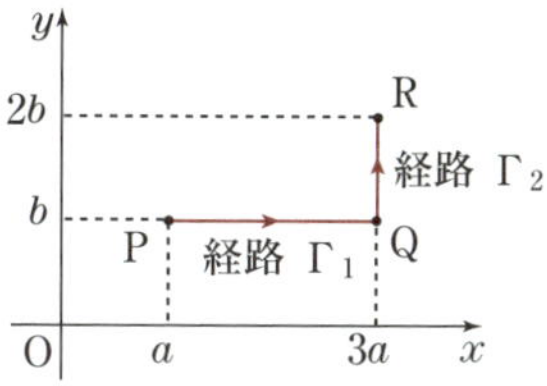

2.2 半径 R の円周 C に沿う，以下 (1)，(2) のベクトル $\boldsymbol{h}$ の循環を求めよ．ただし，紙面手前からみて反時計回りを正の循環とする．

(1) 円周に沿って反時計回りの向きをもつ，大きさ一定のベクトル $\boldsymbol{h}$.

(2) 円周の時計回りで，接線方向から外向きに角度 θ の，大きさ一定のベクトル $\boldsymbol{h}$.

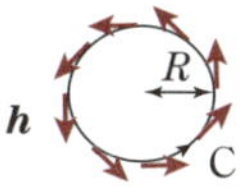

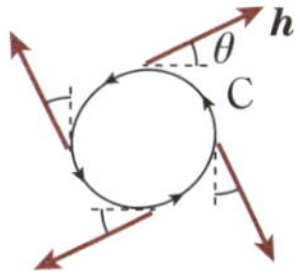

2.3 半径 R の円を，面 S の法線ベクトルと角度 θ をなしてベクトル $\boldsymbol{h}$ が貫くとき，$\boldsymbol{h}$ の S を貫く流束を書き下せ．面 S 内で h は一定とする．

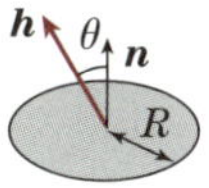

2.4 ベクトル $\boldsymbol{h}=(2kxyz,\ kx^2z,\ kx^2y)$ (k：定数) の，図の閉曲面 S 内からの発散 $\displaystyle\int_{S}\boldsymbol{h}\cdot\boldsymbol{n}\,dS$ を求めよ．

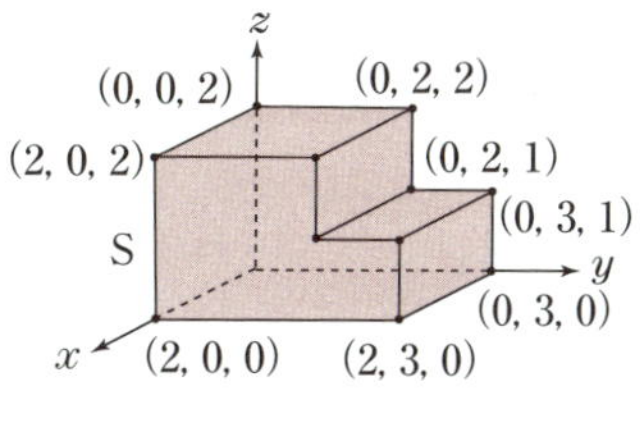

2.5 ベクトル $\boldsymbol{h}=(2kxyz,\ kx^2z,\ kx^2y)$ (k：定数) の図の閉曲線 C に沿う循環 $\displaystyle\oint_{C}\boldsymbol{h}\cdot d\boldsymbol{r}$ を求めよ．

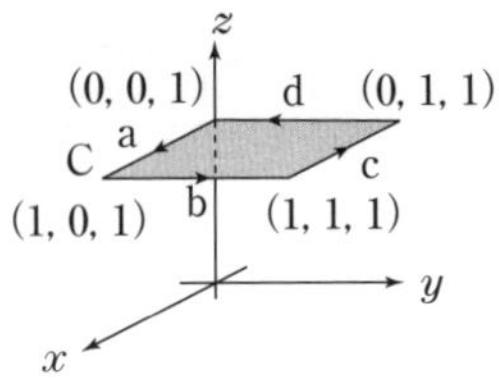

2.6　2個の電子が互いに及ぼし合うクーロン力と万有引力の大きさの比 $\dfrac{e^2}{4\pi\varepsilon_0 r^2} \bigg/ \dfrac{Gm^2}{r^2}$ を有効数字2桁で求めよ．重力定数（万有引力定数）を $G = 6.67 \times 10^{-11}\,\mathrm{m^3/(kg\,s^2)}$，電子の質量を $m = 9.11 \times 10^{-31}\,\mathrm{kg}$ とする．

第 3 章

ベクトル場とスカラー場の微分と積分

第２章で，４つのマクスウェル方程式とローレンツ力の式という，電磁気学の完全な法則を知ったので，これからは，それらを様々な具体的問題に適用していけばよい．山道を徐々に登って山頂へと向かう登山者のように，一段一段階段を上って電磁気学の理解を深めていけば，だんだん見晴らしがよくなってくるだろう．そして，登山の苦労だけではなく，そのことで喜びと充実感が生じるはずである．

第２章に記した積分形のマクスウェル方程式は完全な内容を尽くしているのだが，電磁気学の個々の問題に適用する際，数学的な取り扱いがより便利な微分形のマクスウェル方程式とよばれる形式がある．そこで，その微分形のマクスウェル方程式を導出したいのだが，そのために必要な数学的準備を本章で行うことにする．これは，電磁気学という山を征服するために，いわばふもとのキャンプで，一段の体力アップを図ってさらなる基礎トレーニングを行うことに相当する．

3.1 スカラー場とベクトル場の微分

(a) グラディエント

任意のスカラー関数 $T = T(x, y, z)$ をその３つの変数 x, y, z で偏微分[1)]して得られる３つの数値の組

$$\left(\frac{\partial T}{\partial x}, \frac{\partial T}{\partial y}, \frac{\partial T}{\partial z}\right)$$

はベクトルであり，∇T または grad T と表記する[補足 A.1]．

1) 多変数関数を１つの変数のみで微分すること．例えば $T = T(x, y, z)$ の x による偏微分は，

$$\frac{\partial T}{\partial x} = \lim_{\Delta x \to 0} \frac{T(x + \Delta x, y, z) - T(x, y, z)}{\Delta x}$$

で定義される．

$$\boxed{\nabla T = \mathrm{grad}\ T = \left(\frac{\partial T}{\partial x}, \frac{\partial T}{\partial y}, \frac{\partial T}{\partial z}\right)} \tag{3.1}$$

これを**グラディエント** T，T の**勾配**または**デル** T などと読む．また，∇ という記号自身は**ナブラ**とよばれ，

$$\nabla = \left(\frac{\partial}{\partial x}, \frac{\partial}{\partial y}, \frac{\partial}{\partial z}\right) \tag{3.2}$$

を表しており，この記号の右に関数をおく（関数を微分する）ことで初めて意味をもち，**ベクトル演算子**とよばれるものである．

(3.1) の ∇T の幾何学的な意味を述べておこう．近接した2点PとQの間の T の値の差 ΔT は，点Pと点Qの位置をそれぞれ $\boldsymbol{r} = (x, y, z)$ と $\boldsymbol{r} + \Delta\boldsymbol{r} = (x + \Delta x, y + \Delta y, z + \Delta z)$ として

$$\begin{aligned}
\Delta T &= T(\boldsymbol{r} + \Delta\boldsymbol{r}) - T(\boldsymbol{r}) \\
&= T(x + \Delta x, y + \Delta y, z + \Delta z) - T(x, y, z) \\
&= \frac{\partial T}{\partial x}\Delta x + \frac{\partial T}{\partial y}\Delta y + \frac{\partial T}{\partial z}\Delta z \\
&= \nabla T \cdot \Delta\boldsymbol{r}
\end{aligned} \tag{3.3}$$

と表せる[2)]．ここから $\Delta T = 0$ となるとき，∇T と $\Delta\boldsymbol{r}$ が常に垂直になることがわかる．つまり，T の値が変化しない2点間を結ぶ位置ベクトルの方向に対して，∇T は垂直である．

例えば，T が x と y の2変数の関数なら，T が一定値をとる（$\Delta T = 0$ となる）点を結ぶと曲線になり，図3.1に示すように，∇T は $T =$ 一定 の曲

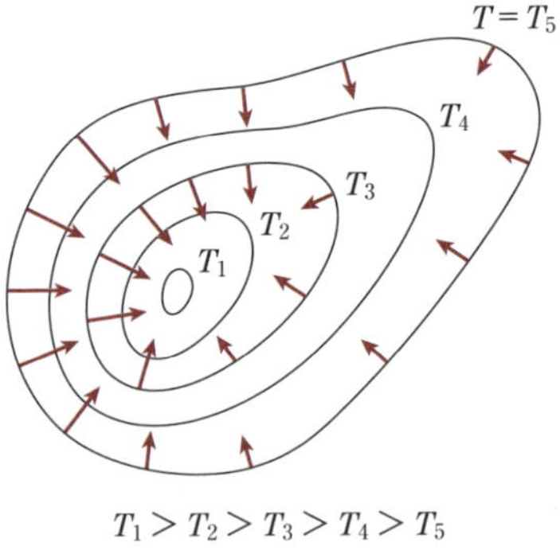

図3.1 $T =$ 一定 の等高線に垂直な勾配 ∇T

2) この式については，例えば拙著：「大学生のための 力学入門」第6章を参照のこと．

線に垂直なベクトルを表す．特に，T が地点 (x, y) における標高を表すなら，$T=$ 一定 となる曲線は等高線を表し，∇T はその向きが斜面の勾配の最も急な向きで，大きさが勾配の大きさを表す．また，T が x, y, z の 3 変数の関数なら，∇T は $T=$ 一定 の面に垂直なベクトルを表す．

例題 3.1

$T = a(x^2 + y^2)$ の ∇T が $T=$ 一定 の曲線に垂直であることを示せ．a は正の定数とする．

【解】 $\nabla T = (2ax, 2ay)$ となるが，この ∇T は原点を通る直線上にあり，$T=$ 一定 の曲線（原点を中心とする円）に対して垂直である．

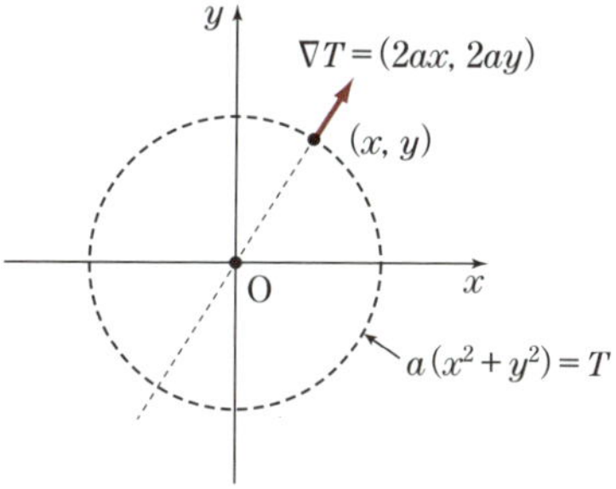

図 3.2 $T = a(x^2 + y^2)$ と ∇T

(b) ダイバージェンス

任意のベクトル場 $\boldsymbol{h}(x, y, z) = (h_x, h_y, h_z)$ の各成分のそれぞれ x, y, z による偏微分係数を加え合わせた

$$\frac{\partial h_x}{\partial x} + \frac{\partial h_y}{\partial y} + \frac{\partial h_z}{\partial z}$$

は，スカラー関数となる[補足 A.1]．これを $\nabla \cdot \boldsymbol{h}$ または $\mathrm{div}\, \boldsymbol{h}$ と表記し，これを**ダイバージェンス $\boldsymbol{h}$** とよぶ．

$$\nabla \cdot \boldsymbol{h} = \mathrm{div}\, \boldsymbol{h} = \frac{\partial h_x}{\partial x} + \frac{\partial h_y}{\partial y} + \frac{\partial h_z}{\partial z} \tag{3.4}$$

$\nabla \cdot \boldsymbol{h}$ という表記は，ベクトル演算子 ∇（ナブラ）と $\boldsymbol{h}$ との内積に対応する．$\nabla \cdot \boldsymbol{h}$ は第2章で述べた流束に密接に関係し，そのため，後の節で詳しく述べるように，マクスウェル方程式の記述に重要な役割を果たす．

例題 3.2

ベクトル場が $\boldsymbol{h} = (h_x, h_y, h_z) = (kx, ky, 0)$ で与えられるとき，$\nabla \cdot \boldsymbol{h}$ を求めよ．k は正の定数とする．

【解】

$$\nabla \cdot \boldsymbol{h} = \frac{\partial h_x}{\partial x} + \frac{\partial h_y}{\partial y} + \frac{\partial h_z}{\partial z} = \frac{\partial (kx)}{\partial x} + \frac{\partial (ky)}{\partial y} + \frac{\partial 0}{\partial z} = 2k$$

この例のように，ある1点から湧き出るようなベクトル場 $\boldsymbol{h}$ では $\nabla \cdot \boldsymbol{h}$ は正の値をとり，逆に，吸い込むようなベクトル場では負の値をとる．

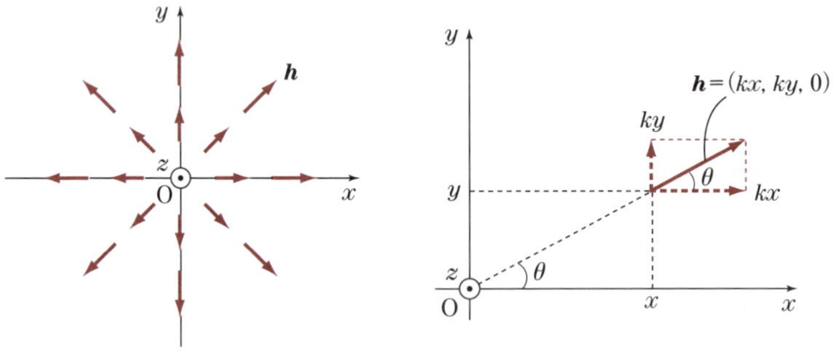

図 3.3　$\boldsymbol{h} = (kx, ky, 0)$ のベクトル場

(c) ローテーション

ベクトル場 $\boldsymbol{h} = (h_x, h_y, h_z)$ の各成分の x, y, z による偏微分係数を組み合わせてつくった3つの数値の組

$$\left(\frac{\partial h_z}{\partial y}-\frac{\partial h_y}{\partial z},\ \frac{\partial h_x}{\partial z}-\frac{\partial h_z}{\partial x},\ \frac{\partial h_y}{\partial x}-\frac{\partial h_x}{\partial y}\right)$$

は，ベクトル場をつくる[補足 A.1]．このベクトル場を $\nabla\times\boldsymbol{h}$, $\mathrm{rot}\,\boldsymbol{h}$, $\mathrm{curl}\,\boldsymbol{h}$ などで表し，これを**ローテーション $\boldsymbol{h}$** とよぶが，**回転 $\boldsymbol{h}$** または**カール $\boldsymbol{h}$** とよぶ場合もある．

$$\nabla\times\boldsymbol{h}=\mathrm{rot}\,\boldsymbol{h}=\left(\frac{\partial h_z}{\partial y}-\frac{\partial h_y}{\partial z},\ \frac{\partial h_x}{\partial z}-\frac{\partial h_z}{\partial x},\ \frac{\partial h_y}{\partial x}-\frac{\partial h_x}{\partial y}\right) \tag{3.5}$$

$\nabla\times\boldsymbol{h}$ は，(3.2) のベクトル演算子 ∇（ナブラ）と $\boldsymbol{h}$ とのベクトルの外積

$$\nabla\times\boldsymbol{h}=\left(\frac{\partial}{\partial x},\ \frac{\partial}{\partial y},\ \frac{\partial}{\partial z}\right)\times(h_x,\ h_y,\ h_z) \tag{3.6}$$

に対応する．$\nabla\times\boldsymbol{h}$ は第 2 章で述べた循環に密接に関係し，そのため，後の節で詳しく記すように，$\nabla\cdot\boldsymbol{h}$ とともにマクスウェル方程式の記述に重要な役割を果たす．

例題 3.3

ベクトル場が $\boldsymbol{h}=(h_x,\ h_y,\ h_z)=(-ky,\ kx,\ 0)$ で与えられるとき，$\nabla\times\boldsymbol{h}$ を求めよ．また，$\nabla\cdot\boldsymbol{h}$ を求めよ．k は正の定数とする．

【解】

$$\nabla\times\boldsymbol{h}=\left(\frac{\partial h_z}{\partial y}-\frac{\partial h_y}{\partial z},\ \frac{\partial h_x}{\partial z}-\frac{\partial h_z}{\partial x},\ \frac{\partial h_y}{\partial x}-\frac{\partial h_x}{\partial y}\right)=(0,\ 0,\ 2k)$$

$$\nabla\cdot\boldsymbol{h}=\frac{\partial h_x}{\partial x}+\frac{\partial h_y}{\partial y}+\frac{\partial h_z}{\partial z}=\frac{\partial(-ky)}{\partial x}+\frac{\partial(kx)}{\partial y}+\frac{\partial 0}{\partial z}=0$$

この例のように，ベクトル場 $\boldsymbol{h}$ がある軸の周りで回転する場合，$\nabla\times\boldsymbol{h}$ はその軸方向を向くベクトルを表し，その向きは右ネジの関係にある．なお，この例でいうと，$\nabla\times\boldsymbol{h}$ の向きは図の z 軸の正の向きに対応する．

また，ベクトル場 $\boldsymbol{h}$ には湧き出しも吸い込みも存在せず，$\nabla\cdot\boldsymbol{h}$ はすべての点でゼロとなる．

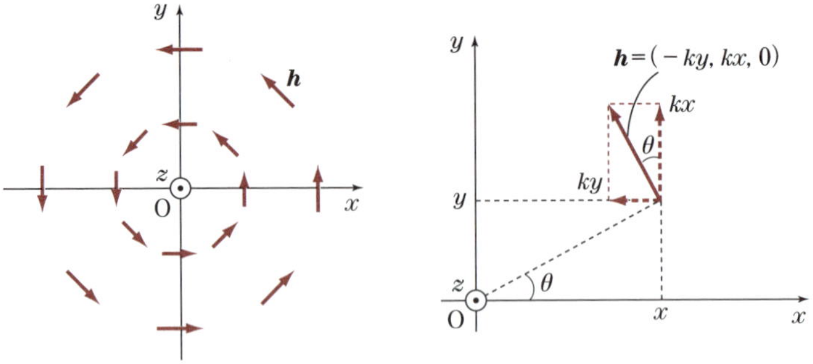

図 3.4　$\boldsymbol{h} = (-ky,\ kx,\ 0)$ のベクトル場

以上でみてきたように，演算子 ∇（ナブラ）による微分演算によって，スカラー場からベクトル場，ベクトル場からスカラー場，さらにベクトル場から別のベクトル場を導出することができる．

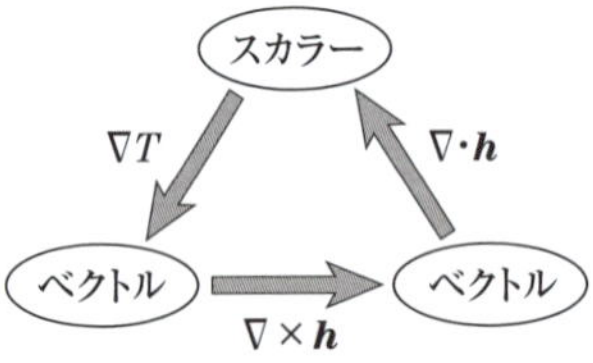

図 3.5　∇T，$\nabla\cdot\boldsymbol{h}$，$\nabla\times\boldsymbol{h}$ の関係

3.2　ベクトル場の積分

ベクトル場のダイバージェンスやローテーションがマクスウェル方程式①〜④と密接に関連することを明らかにするために，ベクトル場の積分について考える．

(a)　∇T の積分

スカラー場 $T(\boldsymbol{r})$ の任意の異なる2点 $\boldsymbol{r}_{\mathrm{a}}$，$\boldsymbol{r}_{\mathrm{b}}$ の間の差 $T(\boldsymbol{r}_{\mathrm{b}}) - T(\boldsymbol{r}_{\mathrm{a}})$ を ∇T から求めることができる．

図3.6のように，$\boldsymbol{r}_{\mathrm{a}}$ から $\boldsymbol{r}_{\mathrm{b}}$ に至る任意の経路をとり，その経路を N 分割して $T(\boldsymbol{r}_{\mathrm{b}}) - T(\boldsymbol{r}_{\mathrm{a}}) = \sum_{i=1}^{N}(\Delta T_i)$ と表す．ただし，$\Delta T_i = T(\boldsymbol{r}_{i+1}) - T(\boldsymbol{r}_i)$ $(i = 1, 2, 3, \cdots, N)$ である．(3.3) より，$\Delta\boldsymbol{r}_i = \boldsymbol{r}_{i+1} - \boldsymbol{r}_i$ として $\Delta T_i = \nabla T\cdot\Delta\boldsymbol{r}_i$ と書ける．分割を無限に細かく行う $(N\to\infty)$ ことで，

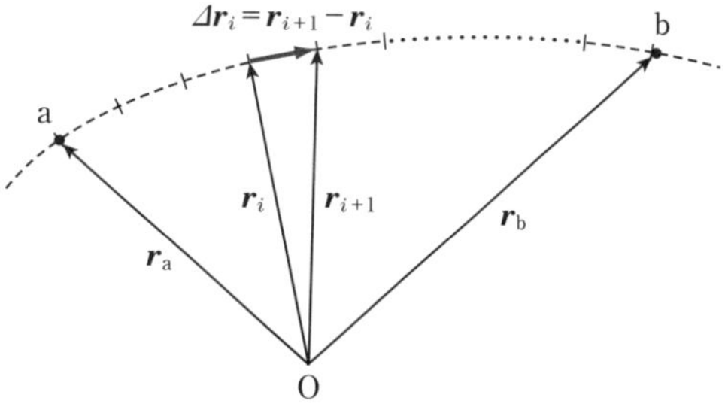

図3.6　$\boldsymbol{r}_{\mathrm{a}}$ から $\boldsymbol{r}_{\mathrm{b}}$ に至る経路の分割

$$T(\boldsymbol{r}_{\mathrm{b}}) - T(\boldsymbol{r}_{\mathrm{a}}) = \lim_{N\to\infty}\sum_{i=1}^{N}(\Delta T_i) = \lim_{N\to\infty}\sum_{i=1}^{N}(\nabla T\cdot\Delta\boldsymbol{r}_i)$$

が得られる（和の中の i 番目に現れる ∇T は $\boldsymbol{r} = \boldsymbol{r}_i$ での値を表す）．この式は $\boldsymbol{r}_{\mathrm{a}}$ から $\boldsymbol{r}_{\mathrm{b}}$ までの ∇T の線積分を意味するので

$$\boxed{T(\boldsymbol{r}_{\mathrm{b}}) - T(\boldsymbol{r}_{\mathrm{a}}) = \int_{\boldsymbol{r}_{\mathrm{a}}}^{\boldsymbol{r}_{\mathrm{b}}}\nabla T\cdot d\boldsymbol{r}} \qquad (3.7)$$

と書ける．右辺の ∇T は，積分経路に沿う各位置での値を表すことに注意しておく．

一般のベクトルの線積分では，その値が経路に依存する．しかし，∇T という特別なベクトルの線積分の場合は，(3.7) が示すように，経路に依存せず，積分の始点と終点だけで線積分の値が決まることに注意しよう．また，(3.7) で $\boldsymbol{r}_{\mathrm{a}} = \boldsymbol{r}_{\mathrm{b}}$ とすれば

$$0 = \oint\nabla T\cdot d\boldsymbol{r} \qquad (3.8)$$

が得られる．つまり，ベクトル場 ∇T を任意の閉曲線に沿って周回積分すると，その値は必ずゼロになることがわかる．

(b)　流束と $\nabla\cdot\boldsymbol{h}$（ガウスの定理）

任意の閉曲面Sを貫くベクトル場 $\boldsymbol{h}$ の流束の式 (2.2)

$$\int_S \boldsymbol{h}\cdot\boldsymbol{n}\,dS$$

について考えよう．図3.7のように，閉曲面Sを任意の切り口で2つの曲面 S_a と S_b に分割 $(S = S_a + S_b)$ すると，分割された曲面 S_a, S_b は，それぞれ切り口をもつので閉曲面ではないが，切り口を縁とする境界面 S_{ab} を付け加えて蓋（ふた）をすることで，それぞれを閉曲面 $S_1 = S_a + S_{ab}$, $S_2 = S_b + S_{ab}$ にすることができる．

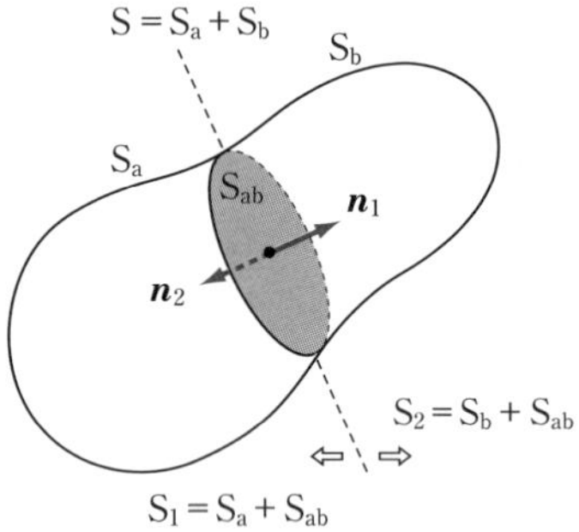

図3.7　閉曲面Sの2分割

これらの閉曲面を貫く流束はそれぞれ面 S_a（または S_b）と境界面 S_{ab} を貫く流束の和なので

$$\int_{S_1} \boldsymbol{h}\cdot\boldsymbol{n}\,dS = \int_{S_a} \boldsymbol{h}\cdot\boldsymbol{n}\,dS + \int_{S_{ab}} \boldsymbol{h}\cdot\boldsymbol{n}_1\,dS \tag{3.9}$$

$$\int_{S_2} \boldsymbol{h}\cdot\boldsymbol{n}\,dS = \int_{S_b} \boldsymbol{h}\cdot\boldsymbol{n}\,dS + \int_{S_{ab}} \boldsymbol{h}\cdot\boldsymbol{n}_2\,dS \tag{3.10}$$

と書けるが，S_1 と S_2 に対する境界面 S_{ab} を貫く流束は，面の法線ベクトルが互いに逆向き $(\boldsymbol{n}_1 = -\boldsymbol{n}_2)$ であるため，(3.9)，(3.10) のそれぞれの右辺第2項は大きさが等しく，符号だけが逆（すなわち，$\int_{S_{ab}} \boldsymbol{h}\cdot\boldsymbol{n}_1\,dS = -\int_{S_{ab}} \boldsymbol{h}\cdot\boldsymbol{n}_2\,dS$）となる．したがって，(3.9) と (3.10) の和をとればそれらは打ち消し合い，

$$\int_{S_1} \boldsymbol{h}\cdot\boldsymbol{n}\,dS + \int_{S_2} \boldsymbol{h}\cdot\boldsymbol{n}\,dS = \int_{S_a} \boldsymbol{h}\cdot\boldsymbol{n}\,dS + \int_{S_b} \boldsymbol{h}\cdot\boldsymbol{n}\,dS = \int_S \boldsymbol{h}\cdot\boldsymbol{n}\,dS \tag{3.11}$$

が得られる．

このように，任意の閉曲面Sを貫く流束は，その閉曲面を分割した2つの閉曲面を貫く流束の和に等しい．

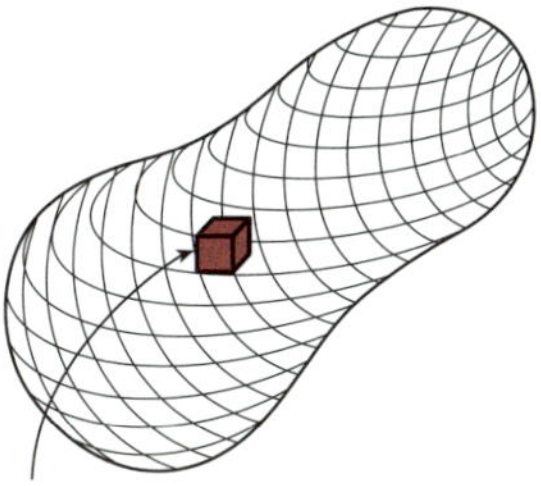

図3.8　閉曲面SのN分割

このような分割を繰り返すことで，図3.8に示すように，N個に分割された小さな立方体の閉曲面S_i ($i = 1, 2, 3, \cdots, N$) を貫く流束の和が，Sを貫く流束に等しいことになる．分割を無限回 ($N \to \infty$) 行うことで，

$$\int_S \boldsymbol{h} \cdot \boldsymbol{n}\, dS = \lim_{N\to\infty} \left\{ \sum_{i=1}^{N} \int_{S_i} \boldsymbol{h} \cdot \boldsymbol{n}\, dS \right\} \tag{3.12}$$

が得られる．

(3.12) のΣの中のi番目の微小な立方体の閉曲面S_iを貫く流束は，立方体の6つの面それぞれを貫く流束の和なので

$$\int_{S_i} \boldsymbol{h} \cdot \boldsymbol{n}\, dS = \int_{S_A} \boldsymbol{h} \cdot \boldsymbol{n}_A\, dS + \int_{S_B} \boldsymbol{h} \cdot \boldsymbol{n}_B\, dS + \int_{S_C} \boldsymbol{h} \cdot \boldsymbol{n}_C\, dS + \int_{S_D} \boldsymbol{h} \cdot \boldsymbol{n}_D\, dS + \int_{S_E} \boldsymbol{h} \cdot \boldsymbol{n}_E\, dS + \int_{S_F} \boldsymbol{h} \cdot \boldsymbol{n}_F\, dS \tag{3.13}$$

と書ける．ただし，図3.9に示すように，立方体の各辺はx, y, z軸に平行で各辺の長さをΔx, Δy, Δz，また，x軸に垂直な面をS_AとS_B，y軸に垂直な面をS_CとS_D，z軸に垂直な面をS_EとS_F，それぞれの面の単位法線ベクトル

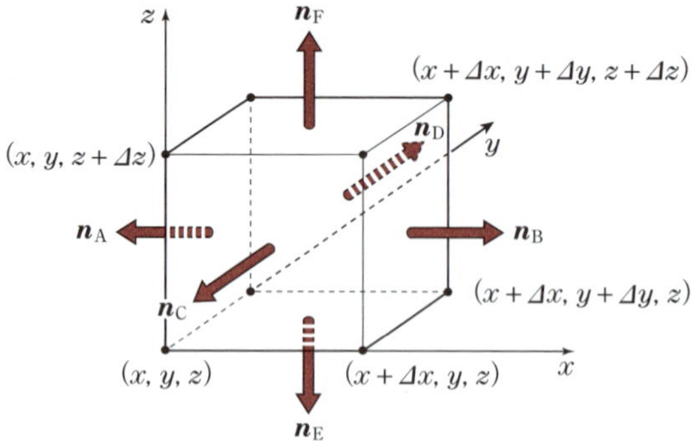

図 3.9　S_i の各面と単位法線ベクトル

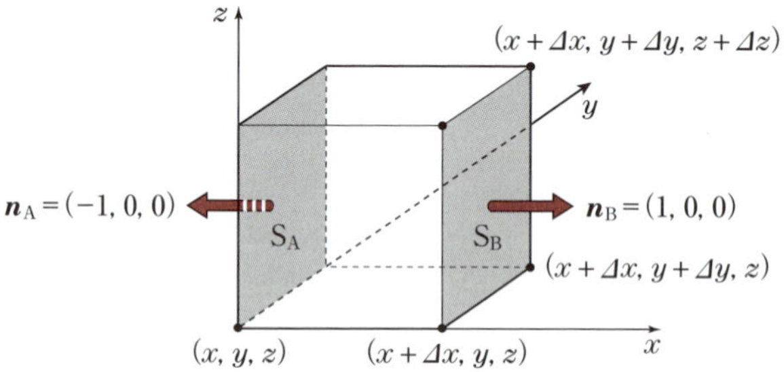

図 3.10　S_i の左側面 S_A と右側面 S_B

を $\boldsymbol{n}_A$, $\boldsymbol{n}_B$, …, $\boldsymbol{n}_F$ として矢印で表している.

まず，2つの面 S_A と S_B を貫く流束を考えよう（図3.10）．面 S_A を貫く流束は，S_A の単位法線ベクトルが $\boldsymbol{n}_A = (-1, 0, 0)$，面積が $\Delta y\, \Delta z$ であることから，$\boldsymbol{h} = (h_x, h_y, h_z)$ として，

$$\int_{S_A} \boldsymbol{h} \cdot \boldsymbol{n}_A \, dS = \int_{S_A} (-h_x) \, dS = -h_x(\mathrm{A}) \, \Delta y \, \Delta z \tag{3.14}$$

と書ける．ただし，$h_x(\mathrm{A})$ は面 S_A 上での値をとることを意味し，

$$h_x(\mathrm{A}) = h_x(x, y, z)$$

である[3)]．一方，面 S_B を貫く流束は $\boldsymbol{n}_B = (1, 0, 0)$ より

$$\int_{S_B} \boldsymbol{h} \cdot \boldsymbol{n}_B \, dS = \int_{S_B} h_x \, dS = h_x(\mathrm{B}) \, \Delta y \, \Delta z \tag{3.15}$$

であり，式の最後の $h_x(\mathrm{B})$ は面 $\mathrm{S_B}$ の上での値で

$$h_x(\mathrm{B}) = h_x(x + \Delta x, \, y, \, z)$$

を意味する．ここで，$h_x(\mathrm{B})$ が偏微分を使って

$$h_x(\mathrm{B}) = h_x(x, \, y, \, z) + \frac{\partial h_x}{\partial x} \Delta x = h_x(\mathrm{A}) + \frac{\partial h_x}{\partial x} \Delta x$$

と書けることから，(3.14) と (3.15) の和が

$$\int_{S_A} \boldsymbol{h} \cdot \boldsymbol{n}_A \, dS + \int_{S_B} \boldsymbol{h} \cdot \boldsymbol{n}_B \, dS = \frac{\partial h_x}{\partial x} \Delta x \, \Delta y \, \Delta z$$

で与えられることがわかる．ただし，$\partial h_x / \partial x$ は点 $(x, \, y, \, z)$ での偏微分係数の値を意味する．

面 $\mathrm{S_C}$ と $\mathrm{S_D}$，および面 $\mathrm{S_E}$ と $\mathrm{S_F}$ に対しても同様に考えて，

$$\int_{S_C} \boldsymbol{h} \cdot \boldsymbol{n}_C \, dS + \int_{S_D} \boldsymbol{h} \cdot \boldsymbol{n}_D \, dS = \frac{\partial h_y}{\partial y} \Delta x \, \Delta y \, \Delta z$$

$$\int_{S_E} \boldsymbol{h} \cdot \boldsymbol{n}_E \, dS + \int_{S_F} \boldsymbol{h} \cdot \boldsymbol{n}_F \, dS = \frac{\partial h_z}{\partial z} \Delta x \, \Delta y \, \Delta z$$

を得ることができる．以上から，(3.12) の右辺の積分は

$$\begin{aligned}
\int_{S_i} \boldsymbol{h} \cdot \boldsymbol{n} \, dS &= \frac{\partial h_x}{\partial x} \Delta x \, \Delta y \, \Delta z + \frac{\partial h_y}{\partial y} \Delta x \, \Delta y \, \Delta z + \frac{\partial h_z}{\partial z} \Delta x \, \Delta y \, \Delta z \\
&= \left(\frac{\partial h_x}{\partial x} + \frac{\partial h_y}{\partial y} + \frac{\partial h_z}{\partial z} \right) \Delta x \, \Delta y \, \Delta z \\
&= \nabla \cdot \boldsymbol{h} \, \Delta x \, \Delta y \, \Delta z
\end{aligned} \tag{3.16}$$

3) ここでは面 $\mathrm{S_A}$ での h_x の値として点 $(x, \, y, \, z)$ での値 $h_x(x, \, y, \, z)$ を採用したが，面 $\mathrm{S_A}$ 上であれば他のどの点でもよい．例えば $h_x(\mathrm{A}) = h_x(x, \, y + \Delta y, \, z + \Delta z)$ とした場合は，面 $\mathrm{S_B}$ での h_x の値も $h_x(\mathrm{B}) = h_x(x + \Delta x, \, y + \Delta y, \, z + \Delta z)$ とする．以下の議論では，$\Delta h_x = h_x(\mathrm{B}) - h_x(\mathrm{A})$ が問題となるので，面 $\mathrm{S_A}$，面 $\mathrm{S_B}$ 上のどの点の値をとっても Δh_x の値は（微小量の 1 次に関して）等しく，同一の結果が得られる．

と書けることがわかる．$\Delta x\,\Delta y\,\Delta z$ は i 番目の立方体の閉曲面 S_i の体積を表すので ΔV_i と書ける．つまり，

$$\text{微小領域からの } \boldsymbol{h} \text{ の湧き出し} = \nabla\cdot\boldsymbol{h} \times (\text{微小領域の体積})$$

である．(3.16) を (3.12) に戻して

$$\int_{\mathrm{S}} \boldsymbol{h}\cdot\boldsymbol{n}\,dS = \lim_{N\to\infty}\left\{\sum_{i=1}^{N} \nabla\cdot\boldsymbol{h}\,\Delta V_i\right\}$$

となり，右辺を体積積分で表すことで，

$$\boxed{\int_{\mathrm{S}} \boldsymbol{h}\cdot\boldsymbol{n}\,dS = \int_{\mathrm{V}} \nabla\cdot\boldsymbol{h}\,dV} \tag{3.17}$$

が得られる．

このように，任意の閉曲面Sを貫くベクトル $\boldsymbol{h}$ の流束（発散）は，その閉曲面が囲む領域で $\nabla\cdot\boldsymbol{h}$ を体積積分したものに等しい．これはベクトル場 $\boldsymbol{h}$ に対して一般的に成立する数学の定理であり，**ガウスの定理**とよばれる．

ここで導いたガウスの定理 (3.17) を使うことで，マクスウェル方程式①と③を微分形に変形できるのだが，これについては他のマクスウェル方程式②と④の変形とまとめて，第4章で行うことにしよう．

(c)　循環と $\nabla\times\boldsymbol{h}$（ストークスの定理）

任意の閉曲線Cの周りのベクトル場 $\boldsymbol{h}$ の循環（(3.3) 参照）$\oint_{\mathrm{C}}\boldsymbol{h}\cdot d\boldsymbol{r}$ を考えよう．いま，図3.11のように閉曲線Cの上の2点を新たな曲線 $\mathrm{C_{ab}}$ で結んで，2つの閉曲線 $\mathrm{C_1} = \mathrm{C_a} + \mathrm{C_{ab}}$, $\mathrm{C_2} = \mathrm{C_b} + \mathrm{C_{ab}}$ をつくる．ただし，$\mathrm{C_a}$, $\mathrm{C_b}$ は閉曲線Cの分割された部分である．

閉曲線 $\mathrm{C_1}$ と $\mathrm{C_2}$ に沿う循環はそれぞれの曲線部分に沿う線積分の和なので

$$\oint_{\mathrm{C_1}} \boldsymbol{h}\cdot d\boldsymbol{r} = \int_{\mathrm{C_a}} \boldsymbol{h}\cdot d\boldsymbol{r} + \int_{\mathrm{C_{ab}}} \boldsymbol{h}\cdot d\boldsymbol{r}_1 \tag{3.18}$$

$$\oint_{\mathrm{C_2}} \boldsymbol{h}\cdot d\boldsymbol{r} = \int_{\mathrm{C_b}} \boldsymbol{h}\cdot d\boldsymbol{r} + \int_{\mathrm{C_{ab}}} \boldsymbol{h}\cdot d\boldsymbol{r}_2 \tag{3.19}$$

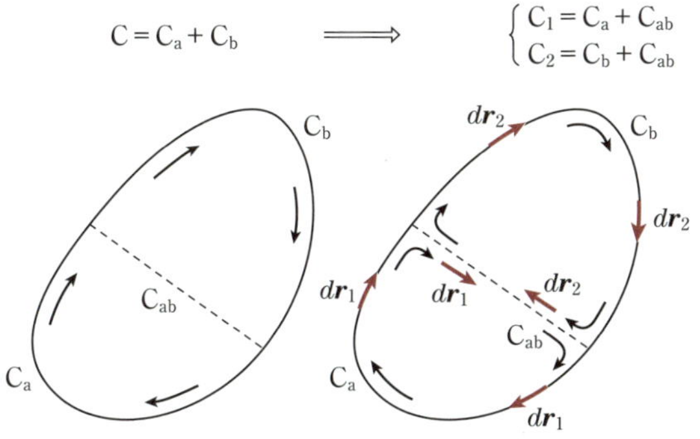

図 3.11　閉曲線 C の 2 分割

である．ただし，境界線 $\mathrm{C_{ab}}$ の循環への寄与は，線積分が互いに逆向き（$d\boldsymbol{r}_1 = -d\boldsymbol{r}_2$）であるために大きさが等しく，符号だけが逆（$\int_{\mathrm{C_{ab}}} \boldsymbol{h}\cdot d\boldsymbol{r}_1 = -\int_{\mathrm{C_{ab}}} \boldsymbol{h}\cdot d\boldsymbol{r}_2$）となり，(3.18) と (3.19) の辺々を加えるとその 2 つの項が打ち消し合い，

$$\oint_{\mathrm{C_1}} \boldsymbol{h}\cdot d\boldsymbol{r} + \oint_{\mathrm{C_2}} \boldsymbol{h}\cdot d\boldsymbol{r} = \int_{\mathrm{C_a}} \boldsymbol{h}\cdot d\boldsymbol{r} + \int_{\mathrm{C_b}} \boldsymbol{h}\cdot d\boldsymbol{r} = \oint_{\mathrm{C}} \boldsymbol{h}\cdot d\boldsymbol{r} \tag{3.20}$$

が得られる．

このように，任意の閉曲線の循環は，その閉曲線を分割した 2 つの閉曲線に沿う循環の和に等しい．

閉曲線 C に対してこのような分割を繰り返すことで，C を図 3.12 に示すように N 個の微小な閉曲線に分け，循環を N 個の微小な閉曲線に沿う循環の和，

$$\oint_{\mathrm{C}} \boldsymbol{h}\cdot d\boldsymbol{r} = \lim_{N\to\infty} \left\{ \sum_{i=1}^{N} \oint_{\mathrm{C}_i} \boldsymbol{h}\cdot d\boldsymbol{r} \right\} \tag{3.21}$$

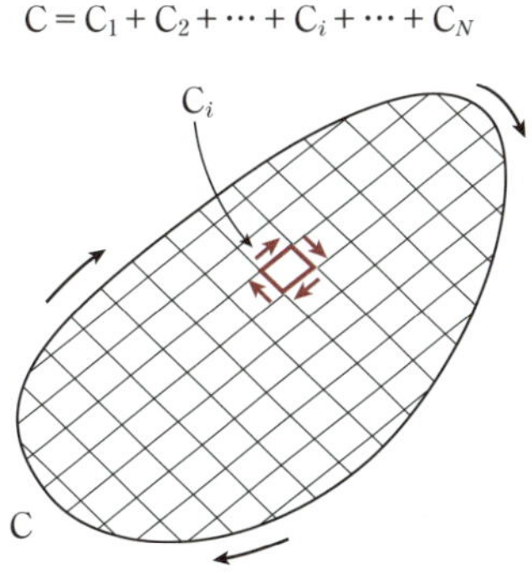

図 3.12　閉曲線 C の N 個の閉曲線への分割

として表すことができる．ただし，i 番目の微小な閉曲線を C_i とする．そして，和の中に現れる i 番目の閉曲線 C_i に沿う循環 $\oint_{C_i} \boldsymbol{h}\cdot d\boldsymbol{r}$ を，C_i が無限小の四角形で各辺が xy 軸に平行であるとして，(3.21) の右辺を計算しよう[4]．

図 3.13 に示すように，C_i の 1 つの角の位置を (x, y, z) とし，各辺の長さを $\Delta x, \Delta y$ とする．このとき，C_i は x 軸に平行な長さ Δx の線分 A, B と，y 軸に平行な長さ Δy の線分 C, D からなり，C_i に沿う循環はそれぞれの線分 C_A, C_B, C_C, C_D に沿う線積分の和，

$$\oint_{C_i} \boldsymbol{h}\cdot d\boldsymbol{r} = \int_{C_A} \boldsymbol{h}\cdot d\boldsymbol{r}_A + \int_{C_B} \boldsymbol{h}\cdot d\boldsymbol{r}_B + \int_{C_C} \boldsymbol{h}\cdot d\boldsymbol{r}_C + \int_{C_D} \boldsymbol{h}\cdot d\boldsymbol{r}_D \tag{3.22}$$

として求められる．

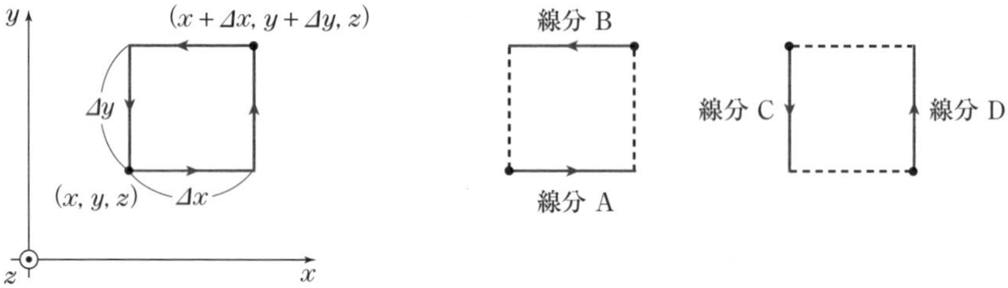

図 3.13　i 番目の微小閉曲線 C_i

最初に，線分 A と B に沿う線積分 $\int_{C_A} \boldsymbol{h}\cdot d\boldsymbol{r}_A$ と $\int_{C_B} \boldsymbol{h}\cdot d\boldsymbol{r}_B$ をまとめて考えよう．線積分の向きが A では $+x$ 方向，B では $-x$ 方向であることから，$\boldsymbol{h}$ の x 成分が問題となり，線分 A, B 上の値 $h_x(\mathrm{A})$，$h_x(\mathrm{B})$ を用いて

4)　閉曲線 C は一般に平面をなすわけではなく，3 次元的に“うねり”をもつ．そのため，C を分割してできる微小な閉曲線 C_i (図 3.13) は，一般に湾曲した曲面の一部となり，面の向き (面の法線ベクトル) は場所によって様々である．しかし，以下の議論が示すように，C_i に沿う循環を，座標軸 x, y, z の選択によらないベクトルの表式 (後で出てくる (3.33)) で表すことができるので，以下の議論で導かれる結論は面の向きに関わらず一般的に正しい．

$$\int_{C_A} \boldsymbol{h}\cdot d\boldsymbol{r}_A = \int_x^{x+\varDelta x} h_x(\mathrm{A})dx, \qquad \int_{C_B} \boldsymbol{h}\cdot d\boldsymbol{r}_B = -\int_x^{x+\varDelta x} h_x(\mathrm{B})dx$$

と書ける．ここで，線分 A, B が極めて微小区間であるため，その区間では $h_x(\mathrm{A})$ と $h_x(\mathrm{B})$ はそれぞれ $h_x(\mathrm{A}) = h_x(x, y, z)$，$h_x(\mathrm{B}) = h_x(x, y+\varDelta y, z)$ の一定値をとるとして積分の外に出すことができ，結局，

$$\int_{C_A} \boldsymbol{h}\cdot d\boldsymbol{r}_A = \int_x^{x+\varDelta x} h_x(\mathrm{A})\,dx = h_x(x, y, z)\,\varDelta x \tag{3.23}$$

$$\int_{C_B} \boldsymbol{h}\cdot d\boldsymbol{r}_B = -\int_x^{x+\varDelta x} h_x(\mathrm{B})\,dx = -h_x(x, y+\varDelta y, z)\,\varDelta x \tag{3.24}$$

が導かれる．ここで，偏微分を用いて，

$$h_x(x, y+\varDelta y, z) = h_x(x, y, z) + \frac{\partial h_x}{\partial y}\varDelta y$$

の関係に注意し，(3.23)，(3.24) の和をとることで，

$$\int_{C_A} \boldsymbol{h}\cdot d\boldsymbol{r}_A + \int_{C_B} \boldsymbol{h}\cdot d\boldsymbol{r}_B = -\frac{\partial h_x}{\partial y}\varDelta x\,\varDelta y \tag{3.25}$$

を得る．

線分 C, D に沿う線積分 $\int_{C_C} \boldsymbol{h}\cdot d\boldsymbol{r}_C$，$\int_{C_D} \boldsymbol{h}\cdot d\boldsymbol{r}_D$ についても同様に考えることができる．線積分の向きが C では $-y$ 方向，D では $+y$ 方向なので，線分 C, D 上の $\boldsymbol{h}$ の y 成分の値として $h_y(\mathrm{C}) = h_y(x, y, z)$，$h_y(\mathrm{D}) = h_y(x+\varDelta x, y, z)$ を使って，

$$\int_{C_C} \boldsymbol{h}\cdot d\boldsymbol{r}_C = -\int_y^{y+\varDelta y} h_y(\mathrm{C})\,dy = -h_y(x, y, z)\,\varDelta y \tag{3.26}$$

$$\int_{C_D} \boldsymbol{h}\cdot d\boldsymbol{r}_D = \int_y^{y+\varDelta y} h_y(\mathrm{D})\,dy = h_y(x+\varDelta x, y, z)\,\varDelta y \tag{3.27}$$

が得られる．ここで

$$h_y(x+\Delta x,\ y,\ z) = h_y(x,\ y,\ z) + \frac{\partial h_y}{\partial x}\Delta x$$

より，(3.26) と (3.27) の和から，

$$\int_{C_C} \boldsymbol{h}\cdot d\boldsymbol{r}_C + \int_{C_D} \boldsymbol{h}\cdot d\boldsymbol{r}_D = \frac{\partial h_y}{\partial x}\Delta x\,\Delta y \tag{3.28}$$

が導かれる．

以上の結果から，xy 平面上の面積 $\Delta x\,\Delta y$ の四角形に沿う循環 (3.22) は，(3.25) と (3.28) の和をとることで

$$\int_{C_i} \boldsymbol{h}\cdot d\boldsymbol{r} = \left(\frac{\partial h_y}{\partial x} - \frac{\partial h_x}{\partial y}\right)\Delta x\,\Delta y \tag{3.29}$$

と書けることがわかる．ここで重要なことは，(3.29) の右辺に現れる $\dfrac{\partial h_y}{\partial x} - \dfrac{\partial h_x}{\partial y}$ が $\boldsymbol{h}$ のローテーション $(\nabla\times\boldsymbol{h})$ の z 方向の成分であることである．つまり，大きさが 1 で xy 平面に垂直な単位法線ベクトルを $\boldsymbol{n}_z = (0,\ 0,\ 1)$ として，

$$\oint_{C_i} \boldsymbol{h}\cdot d\boldsymbol{r} = \left(\frac{\partial h_y}{\partial x} - \frac{\partial h_x}{\partial y}\right)\Delta x\,\Delta y = (\nabla\times\boldsymbol{h})\cdot\boldsymbol{n}_z\,\Delta x\,\Delta y \tag{3.30}$$

と表せる．ここで $\Delta x\,\Delta y$ は図 3.13 の四角形の面積である．

同様な議論を，yz 平面上の面積 $\Delta y\,\Delta z$ の四角形と，zx 平面上の面積 $\Delta z\,\Delta x$ の四角形に対して行うことで，yz 平面に対しては $\nabla\times\boldsymbol{h}$ の x 成分，zx 平面に対しては y 成分が出てくることを示せる．つまり，x, y 方向の単位法線ベクトルを $\boldsymbol{n}_x = (1,\ 0,\ 0)$，$\boldsymbol{n}_y = (0,\ 1,\ 0)$ として，それぞれ

$$\oint_{C_i} \boldsymbol{h}\cdot d\boldsymbol{r} = \left(\frac{\partial h_z}{\partial y} - \frac{\partial h_y}{\partial z}\right)\Delta y\,\Delta z = (\nabla\times\boldsymbol{h})\cdot\boldsymbol{n}_x\,\Delta y\,\Delta z \tag{3.31}$$

$$\oint_{C_i} \boldsymbol{h}\cdot d\boldsymbol{r} = \left(\frac{\partial h_x}{\partial z} - \frac{\partial h_z}{\partial x}\right)\Delta z\,\Delta x = (\nabla\times\boldsymbol{h})\cdot\boldsymbol{n}_y\,\Delta z\,\Delta x \tag{3.32}$$

が得られる．

(3.30) ～ (3.32) における $\Delta x\,\Delta y$, $\Delta y\,\Delta z$, $\Delta z\,\Delta x$ がそれぞれ考える xy, yz, zx 平面の面積であることに注意すると，この結果を，任意の向きをもつ微小な面に対して成り立つ，ベクトルを用いた式

$$\oint_{\mathrm{C}_i} \boldsymbol{h} \cdot d\boldsymbol{r} = (\nabla \times \boldsymbol{h}) \cdot \boldsymbol{n}_i\,\Delta S_i \tag{3.33}$$

にまとめることができる（(3.33) が，四角形以外の任意の形をしていても成立することに注意）．つまり，

微小閉曲線 C の周りの $\boldsymbol{h}$ の循環

＝（∇ × $\boldsymbol{h}$ の微小面 S に対する垂直成分）×（面の面積）

である．(3.33) を (3.21) に代入することで，全体の循環が

$$\oint_{\mathrm{C}} \boldsymbol{h} \cdot d\boldsymbol{r} = \lim_{N\to\infty} \left\{ \sum_{i=1}^{N} (\nabla \times \boldsymbol{h}) \cdot \boldsymbol{n}_i\,\Delta S_i \right\} \tag{3.34}$$

と書け，面積積分の表式を用いて，

$$\boxed{\oint_{\mathrm{C}} \boldsymbol{h} \cdot d\boldsymbol{r} = \int_{\mathrm{S}} (\nabla \times \boldsymbol{h}) \cdot \boldsymbol{n}\,dS} \tag{3.35}$$

が得られる．

このように，ベクトル $\boldsymbol{h}$ の任意の閉曲線 C に沿う循環は，C を縁とする曲面 S を貫く $\nabla \times \boldsymbol{h}$ の流束に等しい．この結果は任意のベクトル場 $\boldsymbol{h}$ に対して成立する数学の定理であり，**ストークスの定理**とよばれる．

ガウスの定理とストークスの定理

ガウスの定理

$$\int_{\mathrm{S}} \boldsymbol{h} \cdot \boldsymbol{n}\,dS = \int_{\mathrm{V}} \nabla \cdot \boldsymbol{h}\,dV$$

ストークスの定理

$$\oint_{\mathrm{C}} \boldsymbol{h} \cdot d\boldsymbol{r} = \int_{\mathrm{S}} (\nabla \times \boldsymbol{h}) \cdot \boldsymbol{n}\,dS$$

章末問題

3.1　ベクトル $\boldsymbol{h} = (xy + z, yz + x, zx + y)$ について，$\nabla \cdot \boldsymbol{h}$ と $\nabla \times \boldsymbol{h}$ を求めよ．

3.2　スカラー場 $T(x, y, z) = kx^2yz$ (k：定数) の点 (0, 0, 0) と点 (2, 2, 2) での値の差 $T(2, 2, 2) - T(0, 0, 0) = 16k$ を ∇T の線積分から求めよ．ただし，積分経路として以下の (1)，(2) をとる．

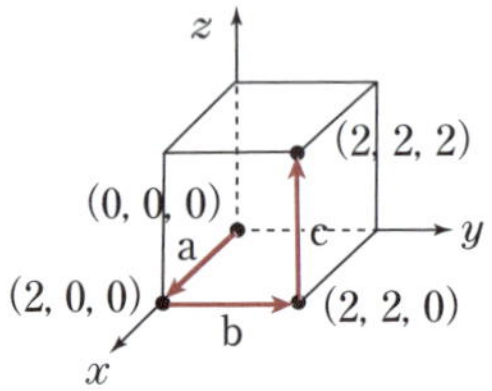

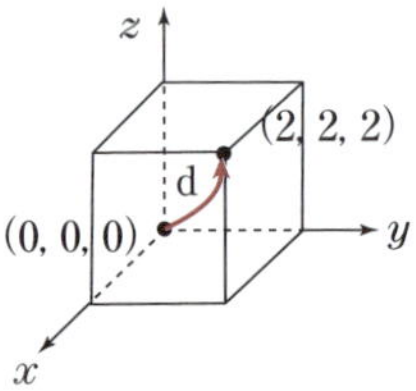

(1)　a：(0, 0, 0) → (2, 0, 0)，

　　b：(2, 0, 0) → (2, 2, 0)，

　　c：(2, 2, 0) → (2, 2, 2)

　を順に辿る経路．

(2)　d：$z = (x^2 + y^2)/4$ と $x = y$ で決まる経路．

3.3　図の直方体 V (表面 S) からの，ベクトル $\boldsymbol{h} = (yz, zx, xy)$ の発散 $\int_S \boldsymbol{h} \cdot \boldsymbol{n}\, dS$ を求める．

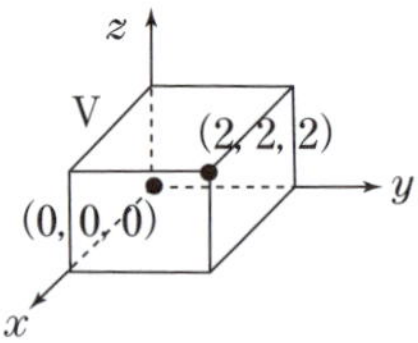

(1)　各面の流束から計算せよ．

(2)　ガウスの定理を使って求めよ．

3.4　ベクトル $\boldsymbol{h} = (2kxyz, kx^2z, kx^2y)$ (k：定数) の，図の体積 V からの発散をガウスの定理 $\int_S \boldsymbol{h} \cdot \boldsymbol{n}\, dS = \int_V \nabla \cdot \boldsymbol{h}\, dV$ から求めよ．結果は，表面の流束から導く結果 (章末問題 2.4) に一致する．

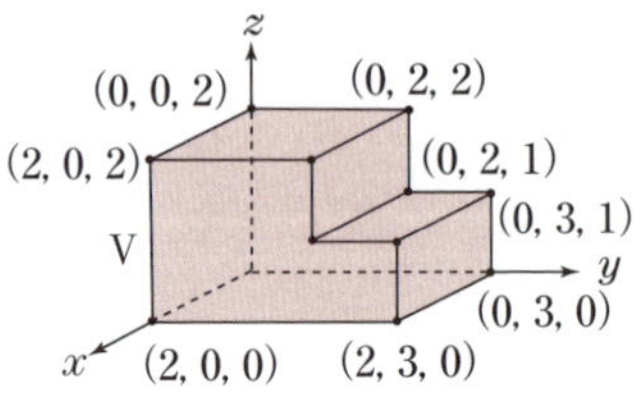

3.5 ベクトル $\boldsymbol{h} = (2kxyz,\ kx^2z,\ kx^2y)$ (k：定数) の，図の閉曲線Cに沿う循環を，ストークスの定理 $\oint_C \boldsymbol{h} \cdot d\boldsymbol{r} = \int_S (\nabla \times \boldsymbol{h}) \cdot \boldsymbol{n}\, dS$ から求めよ．結果は，Cに沿う線積分による結果 (章末問題2.5) に一致する．

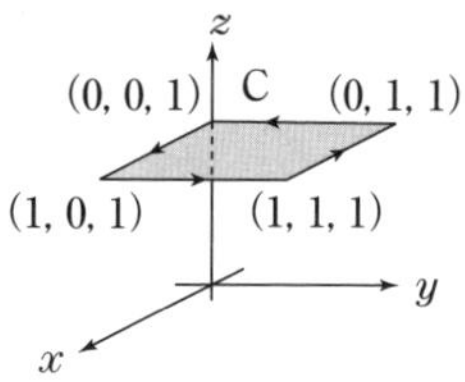

3.6 $\boldsymbol{r} = (x,\ y,\ z)$，$r = \sqrt{x^2 + y^2 + z^2}$ に対して，$\boldsymbol{a}$ を定ベクトルとして，

(1) $\nabla r = \dfrac{\boldsymbol{r}}{r}$　(2) $\nabla r^n = nr^{n-2}\boldsymbol{r}$　(3) $\nabla(\boldsymbol{a} \cdot \boldsymbol{r}) = \boldsymbol{a}$

を示せ．

第４章

マクスウェル方程式（微分形）

第３章で学んだガウスの定理とストークスの定理を用いて，積分形のマクスウェル方程式を微分形に変形する．このことで，マクスウェル方程式の意味がより明確になる．さらに，ベクトル演算の知識を補うことで，電磁気現象の理解を進めるための足場をより強固なものにする．

4.1　微分形のマクスウェル方程式

第２章で記述した積分形の４つのマクスウェル方程式を思い出そう．

$$\int_{\mathrm{S}} \boldsymbol{E}\cdot\boldsymbol{n}\,dS = \frac{1}{\varepsilon_0}\int_{\mathrm{V}} \rho\,dV \qquad ①$$

$$\oint_{\mathrm{C}} \boldsymbol{E}\cdot d\boldsymbol{r} = -\frac{d}{dt}\int_{\mathrm{S}} \boldsymbol{B}\cdot\boldsymbol{n}\,dS \qquad ②$$

$$\int_{\mathrm{S}} \boldsymbol{B}\cdot\boldsymbol{n}\,dS = 0 \qquad ③$$

$$c^2\oint_{\mathrm{C}} \boldsymbol{B}\cdot d\boldsymbol{r} = \frac{1}{\varepsilon_0}\int_{\mathrm{S}} \boldsymbol{j}\cdot\boldsymbol{n}\,dS + \frac{d}{dt}\int_{\mathrm{S}} \boldsymbol{E}\cdot\boldsymbol{n}\,dS \qquad ④$$

ガウスの定理 (3.17)

$$\int_{\mathrm{S}} \boldsymbol{h}\cdot\boldsymbol{n}\,dS = \int_{\mathrm{V}} \nabla\cdot\boldsymbol{h}\,dV$$

によって①と③の左辺を変形すると，それぞれ

$$\int_{\mathrm{V}} \nabla\cdot\boldsymbol{E}\,dV = \int_{\mathrm{V}} \frac{\rho}{\varepsilon_0}\,dV \qquad ①'$$

$$\int_{\mathrm{V}} \nabla\cdot\boldsymbol{B}\,dV = 0 \qquad ③'$$

を得る．

①′と③′の等式が任意の体積領域Vで成り立つことから，①′では被積分関数同士が空間のあらゆる点で等しくなければならず，また③′では，左辺の被積分関数が空間のあらゆる点でゼロでなければならない．つまり，

$$\boxed{\nabla \cdot \boldsymbol{E} = \frac{\rho}{\varepsilon_0}} \tag{4.1}$$

および

$$\boxed{\nabla \cdot \boldsymbol{B} = 0} \tag{4.2}$$

が導かれる．これらの式はそれぞれ①と③に等価である．これからは，この2つの式を**微分形のマクスウェル方程式**とよび，式番号は積分形と区別せずに①，③で表すことにする．

微分形のマクスウェル方程式の意味について考察しよう．

$$\nabla \cdot \boldsymbol{E} = \frac{\rho}{\varepsilon_0} \qquad ①$$

は，空間の各点で電荷密度 ρ に比例して電場 $\boldsymbol{E}$ の湧き出しや吸い込みが生じることを表しており，それに対し，

$$\nabla \cdot \boldsymbol{B} = 0 \qquad ③$$

は，空間のあらゆる位置において，磁場 $\boldsymbol{B}$ には湧き出しも吸い込みも存在しないことを表している．

次に，ストークスの定理 (3.35)

$$\oint_{\mathrm{C}} \boldsymbol{h} \cdot d\boldsymbol{r} = \int_{\mathrm{S}} (\nabla \times \boldsymbol{h}) \cdot \boldsymbol{n}\, dS$$

を②と④の左辺に適用して

$$\int_{\mathrm{S}} (\nabla \times \boldsymbol{E}) \cdot \boldsymbol{n}\, dS = -\frac{d}{dt}\int_{\mathrm{S}} \boldsymbol{B} \cdot \boldsymbol{n}\, dS$$

$$c^2 \int_{\mathrm{S}} (\nabla \times \boldsymbol{B}) \cdot \boldsymbol{n}\, dS = \frac{1}{\varepsilon_0}\int_{\mathrm{S}} \boldsymbol{j} \cdot \boldsymbol{n}\, dS + \frac{d}{dt}\int_{\mathrm{S}} \boldsymbol{E} \cdot \boldsymbol{n}\, dS$$

を得る．マクスウェル方程式では，曲面Sが時間変化しない場合を考えるので[1]，時間微分を積分の中に入れることができ，

$$\int_S (\nabla \times \boldsymbol{E}) \cdot \boldsymbol{n}\, dS = -\int_S \frac{\partial \boldsymbol{B}}{\partial t} \cdot \boldsymbol{n}\, dS \qquad ②'$$

$$c^2 \int_S (\nabla \times \boldsymbol{B}) \cdot \boldsymbol{n}\, dS = \int_S \left(\frac{\boldsymbol{j}}{\varepsilon_0} + \frac{\partial \boldsymbol{E}}{\partial t} \right) \cdot \boldsymbol{n}\, dS \qquad ④'$$

を得る[2]．

②′と④′の等式が任意の曲面Sで成立するので，被積分関数同士が空間のあらゆる点で等しく，それが $\boldsymbol{n}$ のあらゆる方向に対して成立することから，

$$\boxed{\nabla \times \boldsymbol{E} = -\frac{\partial \boldsymbol{B}}{\partial t}} \qquad (4.3)$$

および

$$\boxed{c^2 \nabla \times \boldsymbol{B} = \frac{\boldsymbol{j}}{\varepsilon_0} + \frac{\partial \boldsymbol{E}}{\partial t}} \qquad (4.4)$$

が導かれる．これらの式はそれぞれ②と④に等価である．これからは，この2つの式を**微分形のマクスウェル方程式**とよび，式番号を積分形と区別せずに②，④で表すことにする．

$$\nabla \times \boldsymbol{E} = -\frac{\partial \boldsymbol{B}}{\partial t} \qquad ②$$

は，空間の各点でベクトル $-\partial \boldsymbol{B}/\partial t$ を軸としてその周りに電場 $\boldsymbol{E}$ の循環が生じることを表しており，また，

$$c^2 \nabla \times \boldsymbol{B} = \frac{\boldsymbol{j}}{\varepsilon_0} + \frac{\partial \boldsymbol{E}}{\partial t} \qquad ④$$

---

1)　曲面Sや閉曲線Cが時間変化する場合については第12章の2節で議論する[補足 A.6]．

2)　②′と④′および(4.3)，(4.4)で時間の微分に対して偏微分記号を用いるのは，磁場 $\boldsymbol{B}(\boldsymbol{r}, t)$ や電場 $\boldsymbol{E}(\boldsymbol{r}, t)$ が時間 t とともに位置 $\boldsymbol{r}$ の関数だからである．一方で，積分形の②，④に現れる磁場と電場の流束（$\int_S \boldsymbol{B} \cdot \boldsymbol{n}\, dS$ や $\int_S \boldsymbol{E} \cdot \boldsymbol{n}\, dS$）は位置 $\boldsymbol{r}$ の関数ではないため，時間の全微分記号を用いる．

は，空間の各点でベクトル $\boldsymbol{j}/\varepsilon_0 + \partial \boldsymbol{E}/\partial t$ を軸としてその周りに磁場 $\boldsymbol{B}$ の循環が生じることを表している．($\boldsymbol{E}$ の循環と $-\partial \boldsymbol{B}/\partial t$ の向き，および $\boldsymbol{B}$ の循環と $\boldsymbol{j}/\varepsilon_0 + \partial \boldsymbol{E}/\partial t$ の向きは，それぞれ右ネジの関係にある．)

以下に，積分形と微分形のマクスウェル方程式を一緒にしてまとめておこう．さらにローレンツの力の式を付け加えておく．これらが，電磁気学のすべてであり，これから，これらの方程式の意味を順序を追ってより深く理解していこう．積分形と微分形は等価なので，数式としてはどちらか一方があれば十分なのだが，実際の問題を取り扱う際には，問題に応じてどちらか一方の方が便利な場合がある．そこで，2つの表式を並べておいて，扱う問題に応じて自由に選べるようにしておく．

積分形と微分形のマクスウェル方程式のまとめ

積分形	微分形	
$\int_{\mathrm{S}} \boldsymbol{E} \cdot \boldsymbol{n}\, dS = \frac{1}{\varepsilon_0}\int_{\mathrm{V}} \rho\, dV$	$\nabla \cdot \boldsymbol{E} = \frac{\rho}{\varepsilon_0}$	①
$\oint_{\mathrm{C}} \boldsymbol{E} \cdot d\boldsymbol{r} = -\frac{d}{dt}\int_{\mathrm{S}} \boldsymbol{B} \cdot \boldsymbol{n}\, dS$	$\nabla \times \boldsymbol{E} = -\frac{\partial \boldsymbol{B}}{\partial t}$	②
$\int_{\mathrm{S}} \boldsymbol{B} \cdot \boldsymbol{n}\, dS = 0$	$\nabla \cdot \boldsymbol{B} = 0$	③
$c^2\oint_{\mathrm{C}} \boldsymbol{B} \cdot d\boldsymbol{r} = \frac{1}{\varepsilon_0}\int_{\mathrm{S}} \boldsymbol{j} \cdot \boldsymbol{n}\, dS + \frac{d}{dt}\int_{\mathrm{S}} \boldsymbol{E} \cdot \boldsymbol{n}\, dS$	$c^2\nabla \times \boldsymbol{B} = \frac{\boldsymbol{j}}{\varepsilon_0} + \frac{\partial \boldsymbol{E}}{\partial t}$	④

ローレンツ力の式

$$\boldsymbol{F} = q(\boldsymbol{E} + \boldsymbol{v} \times \boldsymbol{B})$$

4.2　重ね合わせの原理

ある電荷密度 $\rho_1(\boldsymbol{r}, t)$ と電流密度 $\boldsymbol{j}_1(\boldsymbol{r}, t)$ によって電場 $\boldsymbol{E}_1(\boldsymbol{r}, t)$ と磁場 $\boldsymbol{B}_1(\boldsymbol{r}, t)$ が発生したとしよう．また，別の電荷密度 $\rho_2(\boldsymbol{r}, t)$ と電流密度 $\boldsymbol{j}_2(\boldsymbol{r}, t)$

によって電場 $\boldsymbol{E}_2(\boldsymbol{r}, t)$ と磁場 $\boldsymbol{B}_2(\boldsymbol{r}, t)$ が発生したとする．このとき，もしそれぞれの和に等しい電荷密度 $\rho = \rho_1 + \rho_2$ と電流密度 $\boldsymbol{j} = \boldsymbol{j}_1 + \boldsymbol{j}_2$ が存在すると，発生する電場と磁場は，それぞれの電場と磁場の和 $\boldsymbol{E} = \boldsymbol{E}_1 + \boldsymbol{E}_2$，$\boldsymbol{B} = \boldsymbol{B}_1 + \boldsymbol{B}_2$ で与えられる．これが**重ね合わせの原理**とよばれる基本的な法則である．この原理がマクスウェル方程式で成り立つことを示そう．

ρ_1，$\boldsymbol{j}_1$ から $\boldsymbol{E}_1$，$\boldsymbol{B}_1$ が生じ，ρ_2，$\boldsymbol{j}_2$ から $\boldsymbol{E}_2$，$\boldsymbol{B}_2$ が生じるなら，それぞれのマクスウェル方程式として

$$\text{(i)}\quad \begin{cases} \nabla \cdot \boldsymbol{E}_1 = \dfrac{\rho_1}{\varepsilon_0} \\ \nabla \times \boldsymbol{E}_1 = -\dfrac{\partial \boldsymbol{B}_1}{\partial t} \\ \nabla \cdot \boldsymbol{B}_1 = 0 \\ c^2 \nabla \times \boldsymbol{B}_1 = \dfrac{\boldsymbol{j}_1}{\varepsilon_0} + \dfrac{\partial \boldsymbol{E}_1}{\partial t} \end{cases} \qquad \text{(ii)}\quad \begin{cases} \nabla \cdot \boldsymbol{E}_2 = \dfrac{\rho_2}{\varepsilon_0} \\ \nabla \times \boldsymbol{E}_2 = -\dfrac{\partial \boldsymbol{B}_2}{\partial t} \\ \nabla \cdot \boldsymbol{B}_2 = 0 \\ c^2 \nabla \times \boldsymbol{B}_2 = \dfrac{\boldsymbol{j}_2}{\varepsilon_0} + \dfrac{\partial \boldsymbol{E}_2}{\partial t} \end{cases}$$

が満たされる．ここで，マクスウェル方程式の各項がそれぞれ

$$\nabla \cdot (\boldsymbol{E}_1 + \boldsymbol{E}_2) = \nabla \cdot \boldsymbol{E}_1 + \nabla \cdot \boldsymbol{E}_2, \quad \nabla \cdot (\boldsymbol{B}_1 + \boldsymbol{B}_2) = \nabla \cdot \boldsymbol{B}_1 + \nabla \cdot \boldsymbol{B}_2$$

$$\nabla \times (\boldsymbol{E}_1 + \boldsymbol{E}_2) = \nabla \times \boldsymbol{E}_1 + \nabla \times \boldsymbol{E}_2, \quad \nabla \times (\boldsymbol{B}_1 + \boldsymbol{B}_2) = \nabla \times \boldsymbol{B}_1 + \nabla \times \boldsymbol{B}_2$$

$$\frac{\partial(\boldsymbol{E}_1 + \boldsymbol{E}_2)}{\partial t} = \frac{\partial \boldsymbol{E}_1}{\partial t} + \frac{\partial \boldsymbol{E}_2}{\partial t}, \qquad \frac{\partial(\boldsymbol{B}_1 + \boldsymbol{B}_2)}{\partial t} = \frac{\partial \boldsymbol{B}_1}{\partial t} + \frac{\partial \boldsymbol{B}_2}{\partial t}$$

$$\frac{\rho_1 + \rho_2}{\varepsilon_0} = \frac{\rho_1}{\varepsilon_0} + \frac{\rho_2}{\varepsilon_0}, \qquad \frac{\boldsymbol{j}_1 + \boldsymbol{j}_2}{\varepsilon_0} = \frac{\boldsymbol{j}_1}{\varepsilon_0} + \frac{\boldsymbol{j}_2}{\varepsilon_0}$$

を一般的に満たすことに注意しよう（これをマクスウェル方程式が**線形である**という）．

このことから，$\boldsymbol{E} = \boldsymbol{E}_1 + \boldsymbol{E}_2$，$\boldsymbol{B} = \boldsymbol{B}_1 + \boldsymbol{B}_2$，$\rho = \rho_1 + \rho_2$，$\boldsymbol{j} = \boldsymbol{j}_1 + \boldsymbol{j}_2$ に対して，マクスウェル方程式

$$
\text{(iii)} \quad \begin{cases} \nabla \cdot \boldsymbol{E} = \dfrac{\rho}{\varepsilon_0} \\[2ex] \nabla \times \boldsymbol{E} = -\dfrac{\partial \boldsymbol{B}}{\partial t} \\[2ex] \nabla \cdot \boldsymbol{B} = 0 \\[2ex] c^2 \nabla \times \boldsymbol{B} = \dfrac{\boldsymbol{j}}{\varepsilon_0} + \dfrac{\partial \boldsymbol{E}}{\partial t} \end{cases}
$$

が成立することが導け，したがって，ρ_1，$\boldsymbol{j}_1$ から $\boldsymbol{E}_1$，$\boldsymbol{B}_1$ が生じ，ρ_2，$\boldsymbol{j}_2$ から $\boldsymbol{E}_2$，$\boldsymbol{B}_2$ が生じるなら，それぞれの和 $\rho = \rho_1 + \rho_2$，$\boldsymbol{j} = \boldsymbol{j}_1 + \boldsymbol{j}_2$ から生じる電場と磁場は $\boldsymbol{E} = \boldsymbol{E}_1 + \boldsymbol{E}_2$，$\boldsymbol{B} = \boldsymbol{B}_1 + \boldsymbol{B}_2$ で与えられることが結論できる．

上記の結論を導くためにマクスウェル方程式に何の制約も課さなかったことに注意しよう．時間変化がない場合とか，真空中とかの制約は一切なく，どんな場合でも重ね合わせの原理が成り立つのである．つまり，電荷密度と電流密度を与えたときに生じる電場と磁場に対して成り立つだけではなく，電荷密度，電流密度，電場，磁場の中のどれが既知で，どれが未知であろうと，一般的に成立する．また，静電気や静磁気はもちろん，電磁誘導や電磁波の問題を含め，電荷密度，電流密度，電場，磁場がどんな空間変化や時間変化をもつ場合でも，重ね合わせの原理が成立するのである．

4.3 電荷の保存

微分形のマクスウェル方程式から簡単に確認できるものとして，電荷保存則がある．これについて述べよう．

微分形 ④ の両辺のダイバージェンスをつくると

$$
c^2 \nabla \cdot (\nabla \times \boldsymbol{B}) = \nabla \cdot \frac{\boldsymbol{j}}{\varepsilon_0} + \nabla \cdot \frac{\partial \boldsymbol{E}}{\partial t} \tag{4.5}
$$

となる．ここで左辺の $\nabla \cdot (\nabla \times \boldsymbol{B})$ を成分で書き下すと，

$$
\begin{aligned}
\nabla\cdot(\nabla\times\boldsymbol{B}) &= \left(\frac{\partial}{\partial x}, \frac{\partial}{\partial y}, \frac{\partial}{\partial z}\right)\cdot\left(\frac{\partial B_z}{\partial y}-\frac{\partial B_y}{\partial z}, \frac{\partial B_x}{\partial z}-\frac{\partial B_z}{\partial x}, \frac{\partial B_y}{\partial x}-\frac{\partial B_x}{\partial y}\right) \\
&= \frac{\partial}{\partial x}\left(\frac{\partial B_z}{\partial y}-\frac{\partial B_y}{\partial z}\right)+\frac{\partial}{\partial y}\left(\frac{\partial B_x}{\partial z}-\frac{\partial B_z}{\partial x}\right)+\frac{\partial}{\partial z}\left(\frac{\partial B_y}{\partial x}-\frac{\partial B_x}{\partial y}\right) \\
&= 0
\end{aligned}
$$

となり，ゼロになる．また，右辺第2項の空間微分 $\nabla\cdot$ と時間微分 $\partial/\partial t$ の順序を交換すると，微分形①によって，

$$\nabla\cdot\frac{\partial \boldsymbol{E}}{\partial t} = \frac{\partial}{\partial t}(\nabla\cdot\boldsymbol{E}) = \frac{\partial}{\partial t}\left(\frac{\rho}{\varepsilon_0}\right)$$

と変形できる．以上のことから，(4.5) より，

$$\nabla\cdot\boldsymbol{j} = -\frac{\partial\rho}{\partial t} \tag{4.6}$$

が得られる．

この式は，$\nabla\cdot\boldsymbol{j}>0$ ならば $\partial\rho/\partial t<0$，逆に $\nabla\cdot\boldsymbol{j}<0$ ならば $\partial\rho/\partial t>0$ となることを示し，電流密度の湧き出しがある場合には電荷密度は時間とともに減少し，逆に電流密度の吸い込みがある場合には電荷密度は時間とともに増加することを意味している．いい換えると，電荷密度が時間変化するためには，電流密度の湧き出しまたは吸い込みが生じなければならないといえる．これを**電荷保存則**とよぶ．

(4.6) を“積分形”に変形すると，より直観的に理解できる．(4.6) の両辺を任意の領域Vで体積積分し，左辺にガウスの定理 (3.17) を適用すると，領域Vを囲む閉曲面をSとして，

$$\int_{\mathrm{S}}\boldsymbol{j}\cdot\boldsymbol{n}\,dS = -\frac{d}{dt}\int_{\mathrm{V}}\rho\,dV \tag{4.7}$$

と書ける．左辺は領域Vから外へ流出する電流 I であり，右辺は領域V内の全電荷 Q の時間変化率（に負の符号を付けたもの）である．つまり，

$$I = -\frac{dQ}{dt}$$

である．これは図4.1のように，ある閉曲面Sから電流 I が流れ出ると，その分だけ領域V内の電荷 Q が減少することを示している．(逆に，電流 I が流れ込めば，その分だけ領域V内の電荷 Q が増加する．)

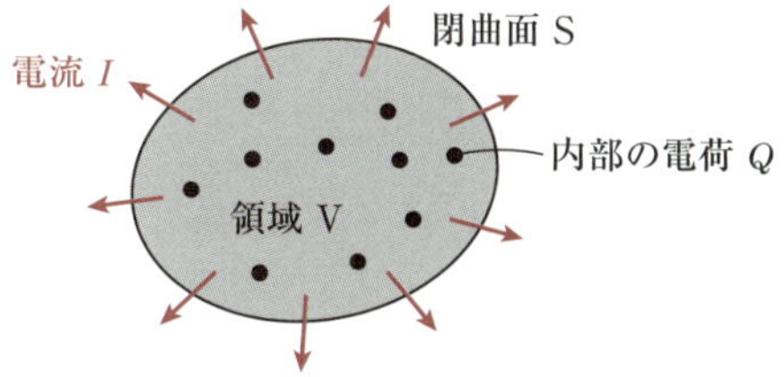

図 4.1　閉曲面Sから流れ出る電流 I と，領域V内の電荷 Q

このことは，電流が閉曲面Sから流出も流入もしないなら内部の電荷 Q は時間変化しないこと，つまり電荷が無から生じたり，または，消滅したりしないこと表している．これが電荷保存則の意味である．

4.4　ベクトルの2階微分

前節では電荷が保存することを示すために，$\nabla \cdot (\nabla \times \boldsymbol{B}) = 0$ の関係を使ったが，一般に，微分形のマクスウェル方程式①～④を電磁気学の問題に応用する際，$\nabla \cdot (\nabla \times \boldsymbol{h})$ のようにナブラ (∇) が2回現れる (2階微分の) 演算がしばしば登場する．そのような2階微分の演算は，すでに学んだ ∇T, $\nabla \cdot \boldsymbol{h}$, $\nabla \times \boldsymbol{h}$ の組み合わせから生じるが，それらは $\nabla \cdot (\nabla T)$, $\nabla \times (\nabla T)$, $\nabla \cdot (\nabla \times \boldsymbol{h})$, $\nabla \times (\nabla \times \boldsymbol{h})$ および $\nabla(\nabla \cdot \boldsymbol{h})$ の5種類しかない．そこで，今後それらをその度に計算しないで済むように，予めこの節で例題および章末問題としてまとめておく．純粋に数学的な道具の整理だが，これからの章にとって重要な事柄なので，読者は以下の結果を知っておいてほしい．そして，先の章に進んでからも，必要な場合はいつでも本節に戻って参照してほしい．

例題 4.1

スカラー関数 T に対して，$\nabla\cdot(\nabla T)$ を x, y, z の成分で書き下せ．

【解】

$$\begin{aligned}\nabla\cdot(\nabla T) &= \left(\frac{\partial}{\partial x}, \frac{\partial}{\partial y}, \frac{\partial}{\partial z}\right)\cdot\left(\frac{\partial T}{\partial x}, \frac{\partial T}{\partial y}, \frac{\partial T}{\partial z}\right)\\ &= \frac{\partial^2 T}{\partial x^2}+\frac{\partial^2 T}{\partial y^2}+\frac{\partial^2 T}{\partial z^2}\end{aligned}$$

ここでラプラシアンとよばれる演算子，

$$\nabla^2 = \frac{\partial^2}{\partial x^2}+\frac{\partial^2}{\partial y^2}+\frac{\partial^2}{\partial z^2}$$

を導入し，スカラー関数 T に作用させたとき，

$$\frac{\partial^2 T}{\partial x^2}+\frac{\partial^2 T}{\partial y^2}+\frac{\partial^2 T}{\partial z^2}$$

を意味することを約束して，$\nabla\cdot(\nabla T)$ を $\nabla^2 T$ で表すことにする．つまり，

$$\nabla\cdot(\nabla T) = \left(\frac{\partial^2}{\partial x^2}+\frac{\partial^2}{\partial y^2}+\frac{\partial^2}{\partial z^2}\right)T = \nabla^2 T \tag{4.8}$$

である．なお，ラプラシアンは ∇^2 以外に Δ という記号で表すこともある．

またラプラシアン ∇^2 は，ベクトル $\boldsymbol{h}=(h_x,\ h_y,\ h_z)$ に対する演算も，

$$\begin{aligned}\nabla^2\boldsymbol{h} &= (\nabla^2 h_x,\ \nabla^2 h_y,\ \nabla^2 h_z)\\ &= \left(\frac{\partial^2 h_x}{\partial x^2}+\frac{\partial^2 h_x}{\partial y^2}+\frac{\partial^2 h_x}{\partial z^2}, \frac{\partial^2 h_y}{\partial x^2}+\frac{\partial^2 h_y}{\partial y^2}+\frac{\partial^2 h_y}{\partial z^2}, \frac{\partial^2 h_z}{\partial x^2}+\frac{\partial^2 h_z}{\partial y^2}+\frac{\partial^2 h_z}{\partial z^2}\right)\end{aligned}$$

と定義される．

例題 4.2

任意のスカラー関数 T に対して，$\nabla\times(\nabla T)=\mathbf{0}$ が成立することを示せ．

【解】　$$\nabla\times(\nabla T)=\left(\frac{\partial}{\partial x},\frac{\partial}{\partial y},\frac{\partial}{\partial z}\right)\times\left(\frac{\partial T}{\partial x},\frac{\partial T}{\partial y},\frac{\partial T}{\partial z}\right)$$
$$=\left(\frac{\partial^2 T}{\partial y\,\partial z}-\frac{\partial^2 T}{\partial z\,\partial y},\frac{\partial^2 T}{\partial z\,\partial x}-\frac{\partial^2 T}{\partial x\,\partial z},\frac{\partial^2 T}{\partial x\,\partial y}-\frac{\partial^2 T}{\partial y\,\partial x}\right)$$
$$=\mathbf{0}$$

この関係の逆が成り立つ[補足 A.4]．つまり，空間のあらゆる点で $\nabla\times\boldsymbol{h}=\mathbf{0}$ を満たすようなベクトル場 $\boldsymbol{h}$ があるとすると，そのベクトル場 $\boldsymbol{h}$ は必ずあるスカラー関数 T を使って $\boldsymbol{h}=\nabla T$ と表すことができるのである．（もし $\nabla\times\boldsymbol{h}=\mathbf{0}$ ならば，$\boldsymbol{h}=\nabla T$ となる T が存在する．）

例題にはしないが，任意のベクトル $\boldsymbol{h}$ に対して，$\nabla\cdot(\nabla\times\boldsymbol{h})=0$ が成り立つ．(4.5) のすぐ下で $\nabla\cdot(\nabla\times\boldsymbol{B})=0$ を示したが，その際の導出から，この式が任意のベクトルに対して成立することは明らかである．

また，この関係の逆が成り立つ[補足 A.5]．つまり，空間のあらゆる点で $\nabla\cdot\boldsymbol{k}=\mathbf{0}$ を満たすようなベクトル場 $\boldsymbol{k}$ があるとすると，そのベクトル場 $\boldsymbol{k}$ は必ず別のあるベクトル場 $\boldsymbol{h}$ を使って $\boldsymbol{k}=\nabla\times\boldsymbol{h}$ と表すことができるのである．（もし $\nabla\cdot\boldsymbol{k}=0$ ならば，$\boldsymbol{k}=\nabla\times\boldsymbol{h}$ となる $\boldsymbol{h}$ が存在する．）

例題 4.3

任意のベクトル $\boldsymbol{h}=(h_x,h_y,h_z)$ に対して，$\nabla\times(\nabla\times\boldsymbol{h})=\nabla(\nabla\cdot\boldsymbol{h})-\nabla^2\boldsymbol{h}$ を示せ．

【解】　$\nabla\times(\nabla\times\boldsymbol{h})$

$$=\left(\frac{\partial}{\partial x},\frac{\partial}{\partial y},\frac{\partial}{\partial z}\right)\times\left(\frac{\partial h_z}{\partial y}-\frac{\partial h_y}{\partial z},\frac{\partial h_x}{\partial z}-\frac{\partial h_z}{\partial x},\frac{\partial h_y}{\partial x}-\frac{\partial h_x}{\partial y}\right)$$
$$=\left(\frac{\partial}{\partial x}\left(\frac{\partial h_x}{\partial x}+\frac{\partial h_y}{\partial y}+\frac{\partial h_z}{\partial z}\right),\frac{\partial}{\partial y}\left(\frac{\partial h_x}{\partial x}+\frac{\partial h_y}{\partial y}+\frac{\partial h_z}{\partial z}\right),\frac{\partial}{\partial z}\left(\frac{\partial h_x}{\partial x}+\frac{\partial h_y}{\partial y}+\frac{\partial h_z}{\partial z}\right)\right)$$
$$-\left(\frac{\partial^2 h_x}{\partial x^2}+\frac{\partial^2 h_x}{\partial y^2}+\frac{\partial^2 h_x}{\partial z^2},\frac{\partial^2 h_y}{\partial x^2}+\frac{\partial^2 h_y}{\partial y^2}+\frac{\partial^2 h_y}{\partial z^2},\frac{\partial^2 h_z}{\partial x^2}+\frac{\partial^2 h_z}{\partial y^2}+\frac{\partial^2 h_z}{\partial z^2}\right)$$
$$=\nabla(\nabla\cdot\boldsymbol{h})-\nabla^2\boldsymbol{h}$$

例題 4.4

ベクトル $\boldsymbol{h} = (h_x, h_y, h_z)$ に対して $\nabla(\nabla \cdot \boldsymbol{h})$ を x, y, z の成分で書き下せ．

【解】 $\nabla(\nabla \cdot \boldsymbol{h})$

$$= \left(\frac{\partial}{\partial x}\left(\frac{\partial h_x}{\partial x} + \frac{\partial h_y}{\partial y} + \frac{\partial h_z}{\partial z}\right), \frac{\partial}{\partial y}\left(\frac{\partial h_x}{\partial x} + \frac{\partial h_y}{\partial y} + \frac{\partial h_z}{\partial z}\right), \frac{\partial}{\partial z}\left(\frac{\partial h_x}{\partial x} + \frac{\partial h_y}{\partial y} + \frac{\partial h_z}{\partial z}\right)\right)$$

最後に，複数のスカラーやベクトル場の組み合わせに対する1階微分の演算を以下にまとめておこう．

$$\begin{cases} \nabla(TU) = (\nabla T)U + T\nabla U \\ \nabla \cdot (T\boldsymbol{h}) = (\nabla T) \cdot \boldsymbol{h} + T(\nabla \cdot \boldsymbol{h}) \\ \nabla \times (T\boldsymbol{h}) = (\nabla T) \times \boldsymbol{h} + T(\nabla \times \boldsymbol{h}) \end{cases} \tag{4.9}$$

$\boldsymbol{h}$ は任意のベクトル，T，U は任意のスカラーである．(4.9) の2番目の式で $T = T_1$，$\boldsymbol{h} = \nabla T_2$ とおけば

$$\nabla \cdot (T_1 \nabla T_2) = (\nabla T_1) \cdot (\nabla T_2) + T_1 \nabla \cdot (\nabla T_2) \tag{4.10}$$

となることに注意しよう．また，ベクトル場 $\boldsymbol{h}_1$ と $\boldsymbol{h}_2$ のベクトルの外積 $\boldsymbol{h}_1 \times \boldsymbol{h}_2$ のダイバージェンスは

$$\nabla \cdot (\boldsymbol{h}_1 \times \boldsymbol{h}_2) = \boldsymbol{h}_2 \cdot (\nabla \times \boldsymbol{h}_1) - \boldsymbol{h}_1 \cdot (\nabla \times \boldsymbol{h}_2) \tag{4.11}$$

を満たす．

(4.9) ～ (4.11) の導出は章末問題にしてあるので，読者は各自でやってみてほしい．

ベクトル演算のまとめ

微分演算子の定義

$$\nabla T = \mathrm{grad}\ T = \left(\frac{\partial T}{\partial x}, \frac{\partial T}{\partial y}, \frac{\partial T}{\partial z}\right)$$

$$\nabla \cdot \boldsymbol{h} = \mathrm{div}\ \boldsymbol{h} = \frac{\partial h_x}{\partial x} + \frac{\partial h_y}{\partial y} + \frac{\partial h_z}{\partial z}$$

$$\nabla \times \boldsymbol{h} = \mathrm{rot}\ \boldsymbol{h} = \left(\frac{\partial h_z}{\partial y} - \frac{\partial h_y}{\partial z}, \frac{\partial h_x}{\partial z} - \frac{\partial h_z}{\partial x}, \frac{\partial h_y}{\partial x} - \frac{\partial h_x}{\partial y}\right)$$

$$\nabla^2 T = \left(\frac{\partial^2}{\partial x^2} + \frac{\partial^2}{\partial y^2} + \frac{\partial^2}{\partial z^2}\right) T$$

$$\nabla^2 \boldsymbol{h} = (\nabla^2 h_x,\ \nabla^2 h_y,\ \nabla^2 h_z)$$

ベクトルの 2 階微分

$$\nabla \cdot (\nabla T) = \nabla^2 T$$

$$\nabla \times (\nabla T) = \boldsymbol{0}$$

(逆の関係も成立：$\nabla \times \boldsymbol{h} = \boldsymbol{0}$ ならば $\boldsymbol{h} = \nabla T$ となる T が存在)

$$\nabla \cdot (\nabla \times \boldsymbol{h}) = 0$$

(逆の関係も成立：$\nabla \cdot \boldsymbol{k} = 0$ ならば $\boldsymbol{k} = \nabla \times \boldsymbol{h}$ となる $\boldsymbol{h}$ が存在)

$$\nabla \times (\nabla \times \boldsymbol{h}) = \nabla (\nabla \cdot \boldsymbol{h}) - \nabla^2 \boldsymbol{h}$$

スカラーとベクトルの組み合わせに対する微分

$$\nabla (TU) = (\nabla T) U + T \nabla U$$

$$\nabla \cdot (T\boldsymbol{h}) = (\nabla T) \cdot \boldsymbol{h} + T (\nabla \cdot \boldsymbol{h})$$

$$\nabla \times (T\boldsymbol{h}) = (\nabla T) \times \boldsymbol{h} + T (\nabla \times \boldsymbol{h})$$

$$\nabla \cdot (T_1 \nabla T_2) = (\nabla T_1) \cdot (\nabla T_2) + T_1 \nabla^2 T_2$$

$$\nabla \cdot (\boldsymbol{h}_1 \times \boldsymbol{h}_2) = \boldsymbol{h}_2 \cdot (\nabla \times \boldsymbol{h}_1) - \boldsymbol{h}_1 \cdot (\nabla \times \boldsymbol{h}_2)$$

章末問題

4.1 第3章の例題3.2の $\boldsymbol{h} = (kx, ky, 0)\ (k > 0)$ は，原点を中心とする放射状のベクトル場である．発散が全空間で一定値 $\nabla \cdot \boldsymbol{h} = 2k$ をとり，空間の任意の点から等しい湧き出しをもつにもかかわらず，一見，原点以外では湧き出し構造がないようにみえる．このことについて考えてみよ．

4.2 成分を計算して以下の等式を示せ．

(1) $\nabla(TU) = (\nabla T)U + T(\nabla U)$

(2) $\nabla \cdot (T\boldsymbol{h}) = (\nabla T) \cdot \boldsymbol{h} + T(\nabla \cdot \boldsymbol{h})$

(3) $\nabla \times (T\boldsymbol{h}) = (\nabla T) \times \boldsymbol{h} + T(\nabla \times \boldsymbol{h})$

4.3 点電荷 q がつくるクーロン電場 $\boldsymbol{E} = \dfrac{q}{4\pi\varepsilon_0 r^2}\dfrac{\boldsymbol{r}}{r}$ の発散は原点を除く全空間 $(\boldsymbol{r} \neq \boldsymbol{0})$ でゼロで，$\nabla \cdot \boldsymbol{E} = 0$ となる．これはマクスウェル方程式①から明らかだが，$\nabla \cdot \boldsymbol{E}$ の座標成分を計算して確かめよ．

4.4 $\nabla \cdot (\boldsymbol{h}_1 \times \boldsymbol{h}_2) = \boldsymbol{h}_2 \cdot (\nabla \times \boldsymbol{h}_1) - \boldsymbol{h}_1 \cdot (\nabla \times \boldsymbol{h}_2)$ を成分を計算して示せ．

4.5 第3章の例題3.3のベクトル場 $\boldsymbol{h} = (-ky, kx, 0)$ は xy 平面内で $\boldsymbol{h}$ が原点の周りに渦巻き状の構造をもつ．$\nabla \times \boldsymbol{h}$ が全空間で一定値 $\nabla \times \boldsymbol{h} = (0, 0, 2k)$ をとるので，原点から離れた任意の点の周りでも，原点の周りと同様な渦巻き構造をもつことを意味するが，一見，原点以外では渦巻き構造がないようにみえる．これをどう理解したらよいか，考えてみよ．

4.6 スカラー関数 $T = ax^2yz$ (a：定数) に対して，以下の量を書き下せ．

(1) ∇T　(2) $\nabla \cdot (\nabla T)$　(3) $\nabla \times (\nabla T)$

第 5 章

静 電 気

2.3 節であらましを述べた時間変化がない場合の電磁気学について，これからの数章（第 5 章 〜 第 10 章）で詳しく取り扱うことにする．

5.1　時間変化がない場合の電磁気学

電磁気学の規則を与える積分形のマクスウェル方程式は，時間変化がない場合は 2.3 節で記したように，①，②$_s$，③，④$_s$ である．これらは，等価な微分形のマクスウェル方程式を，静電気と静磁気に対してそれぞれ $\partial\boldsymbol{E}/\partial t = \boldsymbol{0}$，$\partial\boldsymbol{B}/\partial t = \boldsymbol{0}$ とおくことで得られる．積分形を微分形と共に以下にまとめる．

時間変化がない場合のマクスウェル方程式

	積分形	微分形	
静電気	$\int_S \boldsymbol{E}\cdot\boldsymbol{n}\,dS = \frac{1}{\varepsilon_0}\int_V \rho\,dV$	$\nabla\cdot\boldsymbol{E} = \frac{\rho}{\varepsilon_0}$	①
	$\oint_C \boldsymbol{E}\cdot d\boldsymbol{r} = 0$	$\nabla\times\boldsymbol{E} = \boldsymbol{0}$	②$_s$
静磁気	$\int_S \boldsymbol{B}\cdot\boldsymbol{n}\,dS = 0$	$\nabla\cdot\boldsymbol{B} = 0$	③
	$c^2\oint_C \boldsymbol{B}\cdot d\boldsymbol{r} = \frac{1}{\varepsilon_0}\int_S \boldsymbol{j}\cdot\boldsymbol{n}\,dS$	$c^2\nabla\times\boldsymbol{B} = \frac{\boldsymbol{j}}{\varepsilon_0}$	④$_s$

すでに何度も強調したが，積分形と微分形は互いに等価なので，どちらが便利かという問題を別にすれば，区別することに意味はない．そこで，以下では，特に必要な場合以外は，積分形か微分形かの区別をわざわざ断らないことにする．

2.3節で述べたように，電磁気学は①，②$_s$による静電気と，③，④$_s$による静磁気に分離される．静電気は，微分形の②$_s$が示すように，いたるところでローテーションがゼロ（"渦なし"）のベクトル場$\boldsymbol{E}$の理論であり，一方，静磁気は，微分形の③が示すように，いたるところでダイバージェンスがゼロ（"湧き出しなし"）のベクトル場$\boldsymbol{B}$の理論である．

5.2 クーロンの法則と重ね合わせ

2.4節(a)において，点電荷qの周りの電場$\boldsymbol{E}$が

$$\boldsymbol{E} = \frac{q}{4\pi\varepsilon_0 r^2}\boldsymbol{e}_r \tag{5.1}$$

で与えられることを積分形の①から導いた[1)]．電荷が位置$\boldsymbol{r}_1$にあるなら，位置$\boldsymbol{r}$における電場が

$$\boldsymbol{E}(\boldsymbol{r}) = \frac{q}{4\pi\varepsilon_0}\frac{\boldsymbol{r}-\boldsymbol{r}_1}{|\boldsymbol{r}-\boldsymbol{r}_1|^3}$$

で表せるといってもよい．この電場は，2つの点電荷の間にはたらく力に対するクーロンの法則(2.6)と等価なので，以下では**クーロン電場**とよぶことにしよう．

図2.15に示したように，(5.1)のクーロン電場$\boldsymbol{E}$は，点電荷を中心として放射状をなし，大きさが点電荷からの距離の2乗に反比例して減少する．実は，「クーロンの法則（すなわち(5.1)）」に4.2節で述べた「重ね合わせの原理」を加えると，それが静電気のすべてである．つまり，「クーロンの法則（すなわち(5.1)）」と「重ね合わせの原理」はマクスウェル方程式①，②$_s$の内容と等価であり，静電気の問題を考えるためには，これら2つを知っていればそれで十分なのである．

1) (5.1)が点電荷に対するマクスウェル方程式①，②$_s$の解であり，かつ唯一の物理的な解である[補足A.3]．

このことを以下で示そう．すでに 2.4 節 (a) で ① からクーロン電場を導き，また，4.2 節では重ね合わせの原理を導いた．したがって，ここでは逆に，クーロン電場と重ね合わせの原理から，マクスウェル方程式の ①，$②_s$ を導けばよい．

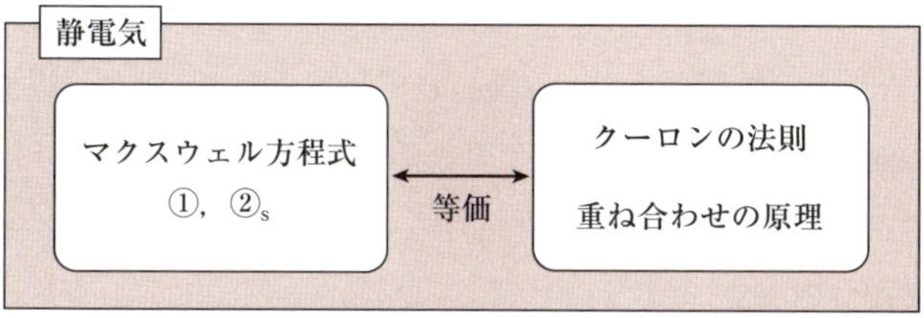

(a)　クーロン電場

点電荷が (5.1) のクーロン電場 $\boldsymbol{E}$ をつくることだけを知っており，マクスウェル方程式 ①と$②_s$ を知らないとして，クーロン電場 $\boldsymbol{E}$ の性質を調べてみよう．

まずは図 5.1 (a) のような，点電荷 q から（電場 $\boldsymbol{E}$ に沿って）放射状に延びる 2 つの細長い四角錐を用意し，その端面 S_a，S_b と側面で囲まれた箱型の閉曲面 S を考える．そして，その閉曲面 S からの電場 $\boldsymbol{E}$ の発散（流束）を考えよう．

閉曲面 S の側面では $\boldsymbol{E}$ の法線成分がないため，その流束はゼロとなる．また，端面 S_a と S_b ではそれぞれの面を垂直に貫く $\boldsymbol{E}$ の大きさが点電荷からの距離 r の 2 乗で減少する一方，端面の面積そのものが r の 2 乗で増大するた

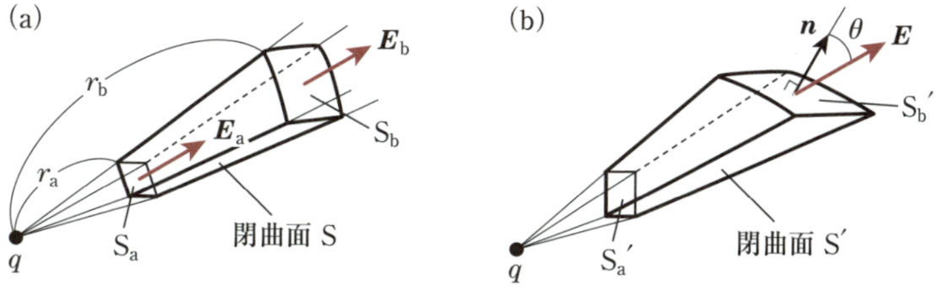

図 5.1　閉曲面 S，S′ からの $\boldsymbol{E}$ の発散は共にゼロ

め，それにともなう流束の増減は互いにキャンセルして ±0 となる．そのため，この閉曲面 S 全体の発散（流束）はゼロとなる．

閉曲面 S の端面が傾き，図 5.1 (b) の閉曲面 S′ のようになる場合も結果は同じであり，その発散はゼロとなる．なぜなら，端面の傾きによって $\boldsymbol{E}$ の法線成分が減少して $E\cos\theta$（θ は端面の法線ベクトル $\boldsymbol{n}$ の動径方向からの傾き角）となるが，端面の面積は $1/\cos\theta$ 倍となるため，結局，端面を貫く $\boldsymbol{E}$ の流束が端面の傾きによっては変化しないからである．

次に図 5.2 (a) のような，点電荷 q を含まない任意の形状の閉曲面 S からのクーロン電場 $\boldsymbol{E}$ の発散を考えよう．そのような閉曲面 S は，図 5.1 (b) のような細長い領域 S′ の集まりと考えることができ，それぞれの領域からの $\boldsymbol{E}$ の発散がゼロなので，閉曲面 S 全体からの発散もゼロである．

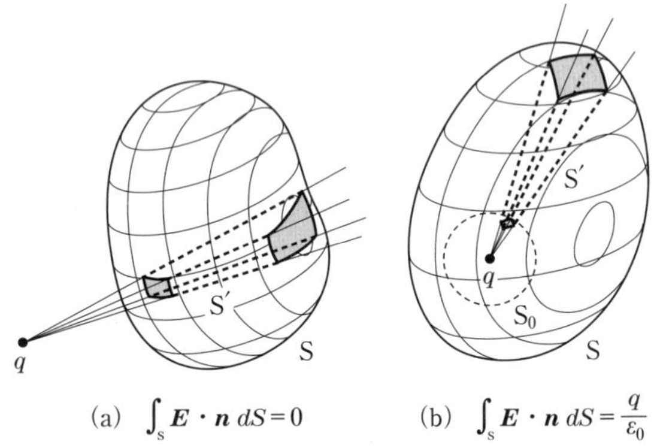

図 5.2　任意の閉曲面からの $\boldsymbol{E}$ の発散

また，任意の形状の閉曲面 S が内部に点電荷 q を含む場合は，図 5.2 (b) のように，点電荷を中心とし，S の内側に含まれる小さな球面 S_0 が必ず存在する．S_0 からの発散は（S_0 の半径を r_0 として），

$$\text{発散} = (S_0\text{ の表面積}) \times (S_0\text{ 上でのクーロン電場 }\boldsymbol{E}\text{ の法線成分})$$

$$= 4\pi {r_0}^2 \times \frac{q}{4\pi\varepsilon_0 {r_0}^2} = \frac{q}{\varepsilon_0}$$

と求まり，S からの発散は S_0 からの発散に等しく q/ε_0 となる．なぜなら，閉曲面 S と球面 S_0 との間に挟まれる空間は，図 5.1 (b) の S′ のような細長い

領域に分割することができ，それぞれの領域 S′ の 2 つの端面を貫く流束が等しいからである．

以上のことから，クーロン電場 $\boldsymbol{E}$ は，任意の閉曲面 S に対して

$$\int_{\mathrm{S}} \boldsymbol{E}\cdot\boldsymbol{n}\,dS = \begin{cases} 0 & (\text{S が点電荷を含まない場合}) \\ \dfrac{q}{\varepsilon_0} & (\text{S が点電荷を含む場合}) \end{cases} \tag{5.2}$$

を与える．これは，点電荷に対してマクスウェル方程式 ① が導かれたことを意味する．

クーロン電場 $\boldsymbol{E}$ の表式 (5.1) は点電荷が座標原点の位置 $\boldsymbol{r}=\boldsymbol{0}$ にあることを仮定しているが，(5.1) から導いた (5.2) は座標原点のとり方には依存しない．そのため，(5.2) は点電荷がどこにあろうと成立することに注意しておこう．

次に，クーロン電場 $\boldsymbol{E}$ から $②_{\mathrm{s}}$ が導けることを示そう．図 5.3 のように，任意の点 a と点 b を考え，点 a から点 b への経路 Γ_{ab} に沿ってクーロン電場 $\boldsymbol{E}$ の線積分

$$\int_{\Gamma_{\mathrm{ab}}} \boldsymbol{E}\cdot d\boldsymbol{r} = \lim_{N\to\infty}\sum_{i=1}^{N}(\boldsymbol{E}_i\cdot\varDelta\boldsymbol{r}_i)$$

を考えよう．$\boldsymbol{E}$ は動径方向の成分のみをもつため，各微小区間 $\varDelta\boldsymbol{r}_i = \varDelta\boldsymbol{r}_{i,/\!/} + \varDelta\boldsymbol{r}_{i,\perp}$ の動径成分 $\varDelta\boldsymbol{r}_{i,/\!/}$ からの寄与だけを考慮すればよく，

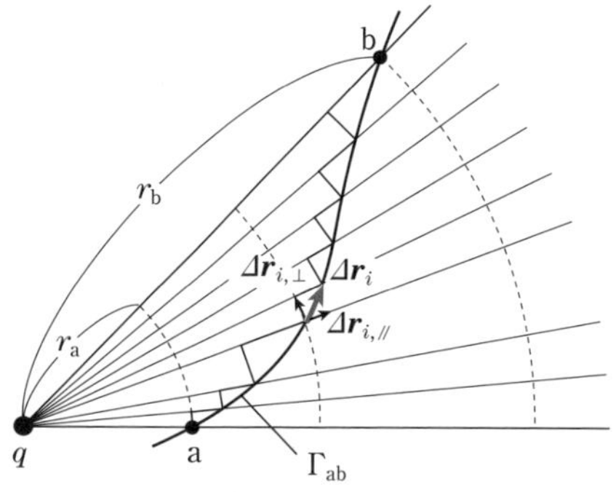

図 5.3　クーロン電場 $\boldsymbol{E}$ の線積分

$$\int_{\Gamma_{\mathrm{ab}}} \boldsymbol{E}\cdot d\boldsymbol{r} = \lim_{N\to\infty}\sum_{i=1}^{N}(\boldsymbol{E}_i\cdot\Delta\boldsymbol{r}_{i,\,/\!/}) = \int_{r_{\mathrm{a}}}^{r_{\mathrm{b}}}\frac{q}{4\pi\varepsilon_0 r^2}\,dr$$

となり，したがって，

$$\int_{\Gamma_{\mathrm{ab}}} \boldsymbol{E}\cdot d\boldsymbol{r} = \frac{q}{4\pi\varepsilon_0}\left(\frac{1}{r_{\mathrm{a}}}-\frac{1}{r_{\mathrm{b}}}\right) \tag{5.3}$$

を得る．ただし，r_{a} と r_{b} は点 a と b の点電荷からの距離である．

このように，クーロン電場 $\boldsymbol{E}$ の線積分の値は，積分の始点と終点の電荷からの距離 r_{a} と r_{b} だけで決まり，途中の経路には依存しない．

次に，図 5.4 (a) に示すように，任意の閉曲線 C の周りの周回積分（循環）$\oint_{\mathrm{C}} \boldsymbol{E}\cdot d\boldsymbol{r}$ を考えよう．図 5.4 (b) に示すように，閉曲線 C を閉曲線上の任意の 2 点 a と b で分断して 2 つの線路 $\Gamma_{\mathrm{ab}}^{(1)}$ と $\Gamma_{\mathrm{ab}}^{(2)}$ に分割し，それぞれの線路に沿って点 a から点 b まで線積分を行うと，(5.3) よりそれらの値は互いに等しい．

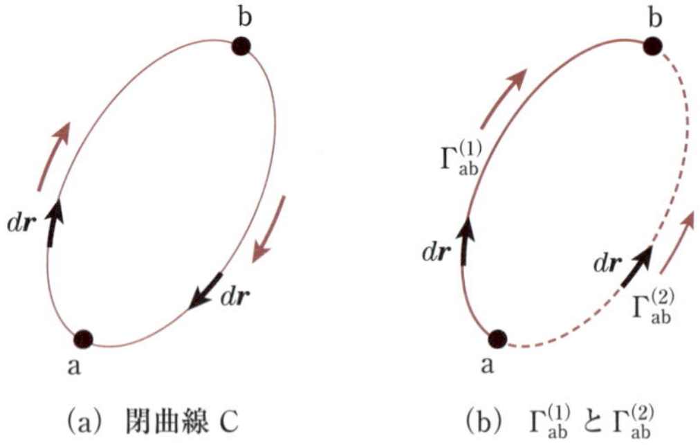

図 5.4 閉曲線 C に沿う循環と，分割した 2 つの経路に沿う線積分

$$\int_{\Gamma_{\mathrm{ab}}^{(1)}} \boldsymbol{E}\cdot d\boldsymbol{r} = \int_{\Gamma_{\mathrm{ab}}^{(2)}} \boldsymbol{E}\cdot d\boldsymbol{r} \tag{5.4}$$

閉曲線 C に沿う周回積分を考える際には，線路 $\Gamma_{\mathrm{ab}}^{(2)}$ の部分での積分の向きが逆向きなので，符号がマイナスとなって

$$\oint_{\mathrm{C}} \boldsymbol{E}\cdot d\boldsymbol{r} = \int_{\Gamma_{\mathrm{ab}}^{(1)}} \boldsymbol{E}\cdot d\boldsymbol{r} - \int_{\Gamma_{\mathrm{ab}}^{(2)}} \boldsymbol{E}\cdot d\boldsymbol{r}$$

となることから，(5.4) よりゼロとなる．つまり，任意の閉曲線 C に対して

$$\oint_{\mathrm{C}} \boldsymbol{E} \cdot d\boldsymbol{r} = 0 \tag{5.5}$$

が得られ，マクスウェル方程式 ②$_{\mathrm{s}}$ を導くことができた．

なお，(5.2) と同様，(5.5) も座標原点のとり方に依存しないので，点電荷の位置によらずに成立することに注意しておく．

(b)　重ね合わせの原理

前節では1つの点電荷がつくるクーロン電場 $\boldsymbol{E}$ について調べたが，ここで，重ね合わせの原理を加えると，さらに何がいえるかを述べよう．

いま，2つの点電荷 q_1 と q_2 が異なる位置 ($\boldsymbol{r}_1$ と $\boldsymbol{r}_2$) にあるとする．2つの電荷による電場 $\boldsymbol{E}$ は，重ね合わせの原理によって，それぞれの電荷がつくるクーロン電場 $\boldsymbol{E}_1$ と $\boldsymbol{E}_2$ の和 $\boldsymbol{E} = \boldsymbol{E}_1 + \boldsymbol{E}_2$ である．($\boldsymbol{E}_1$ と $\boldsymbol{E}_2$ は，(5.1) で $\boldsymbol{r}$ をそれぞれ $\boldsymbol{r} - \boldsymbol{r}_1$ と $\boldsymbol{r} - \boldsymbol{r}_2$ でおきかえて得られるが，その具体的表式を以下の議論で直接用いることはない．) そして，電場 $\boldsymbol{E}$ の任意の閉曲面Sからの発散と，任意の閉曲線Cに沿う循環は，ともにそれぞれの電場 $\boldsymbol{E}_1$ と $\boldsymbol{E}_2$ による発散と循環の和である．つまり，次のようになる．

$$\int_{\mathrm{S}} (\boldsymbol{E}_1 + \boldsymbol{E}_2) \cdot \boldsymbol{n}\, dS = \int_{\mathrm{S}} \boldsymbol{E}_1 \cdot \boldsymbol{n}\, dS + \int_{\mathrm{S}} \boldsymbol{E}_2 \cdot \boldsymbol{n}\, dS$$

$$\oint_{\mathrm{C}} (\boldsymbol{E}_1 + \boldsymbol{E}_2) \cdot d\boldsymbol{r} = \oint_{\mathrm{C}} \boldsymbol{E}_1 \cdot d\boldsymbol{r} + \oint_{\mathrm{C}} \boldsymbol{E}_2 \cdot d\boldsymbol{r}$$

ここでまず，発散から考えよう．$\boldsymbol{E}_1$ と $\boldsymbol{E}_2$ それぞれの発散に対して (5.2) が成立する．その結果，Sが q_1 と q_2 の両方を含むなら発散は $(q_1 + q_2)/\varepsilon_0$ であり，q_1 を含み q_2 を含まないなら q_1/ε_0，q_1 を含まず q_2 を含むなら q_2/ε_0，どちらも含まないならゼロとなる．要するに，$\boldsymbol{E}$ の発散は閉曲面Sが含む点電荷の量で決まり，

$$\int_{\mathrm{S}} \boldsymbol{E} \cdot \boldsymbol{n}\, dS = \frac{(\text{閉曲面S内の電荷})}{\varepsilon_0} \tag{5.6}$$

で与えられる．点電荷が何個あっても，重ね合わせの原理によって，電場は

それぞれの点電荷によるクーロン電場の和 ($\boldsymbol{E} = \boldsymbol{E}_1 + \cdots + \boldsymbol{E}_i + \cdots + \boldsymbol{E}_N$) となり，電場の発散はそれぞれのクーロン電場による発散の和となるので，上記の結果 (5.6) は変化しない．

電荷が空間に連続的に分布して電荷密度 $\rho(\boldsymbol{r})$ で与えられる場合は，空間の微小領域 dV に存在する電荷

$$\rho(\boldsymbol{r})\,dV$$

によるクーロン電場の発散を加え合わせればよいので，(5.6) の右辺が体積積分となって

$$\int_{\mathrm{S}} \boldsymbol{E}\cdot\boldsymbol{n}\,dS = \frac{1}{\varepsilon_0}\int_{\mathrm{V}} \rho\,dV$$

となる．これはまさしく，マクスウェル方程式 ① である．

次に，循環を考えよう．(5.5) より $\oint_{\mathrm{C}} \boldsymbol{E}_1\cdot d\boldsymbol{r} = \oint_{\mathrm{C}} \boldsymbol{E}_2\cdot d\boldsymbol{r} = 0$ なので，その和もゼロである．点電荷が何個存在しても，あらゆる点電荷による電場の循環がゼロなので，その和はゼロである．また，電荷が空間に連続的に分布して電荷密度 $\rho(\boldsymbol{r})$ が与えられる場合でもこの事実は変わらないので，任意の電荷分布に対して，一般に

$$\oint_{\mathrm{C}} \boldsymbol{E}\cdot d\boldsymbol{r} = 0$$

となる．

このように，クーロンの法則 (またはクーロン電場 (5.1)) に重ね合わせの原理を加えることで，マクスウェル方程式 ①と②$_{\mathrm{s}}$ が導かれ，このことで両者が等価であることがわかった．

例題 5.1

無限に長い直線上に単位長さ当たり $\lambda(>0)$ の電荷 (線電荷) が分布している．この線電荷が距離 r の点 P につくる電場をクーロンの法則及び重ね合わせの原理から求めよ．

【解】　線電荷を z 軸上にとり，点Pを $z=0$ とする．Δz の微小領域にある電荷 $\lambda\Delta z$ が点Pにつくる電場の z 成分（$\Delta E\sin\theta$）は，$z>0$ と $z<0$ からの寄与が打ち消し合ってゼロになるので，線電荷（z 軸）に垂直な成分のみを考えればよく，

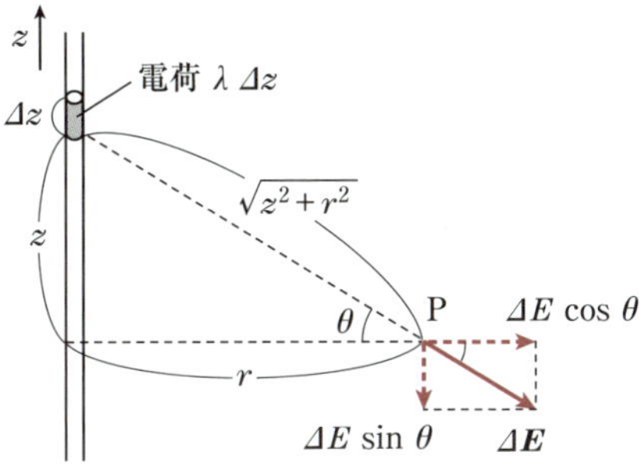

$$E=\int_{-\infty}^{\infty}\frac{1}{4\pi\varepsilon_0}\frac{\lambda r}{(z^2+r^2)^{3/2}}dz$$

で与えられる．$z=r\tan\theta$ とおいて，z から θ へと変数変換をすると，$dz=r/\cos^2\theta\cdot d\theta$ を考慮して

$$E=\int_{-\frac{\pi}{2}}^{\frac{\pi}{2}}\frac{1}{4\pi\varepsilon_0}\frac{\lambda r}{(r^2\tan^2\theta+r^2)^{3/2}}\frac{r}{\cos^2\theta}d\theta=\frac{\lambda}{2\pi\varepsilon_0 r}$$

が得られる．線電荷に対して垂直で，線電荷から外へ向かう単位ベクトル $\boldsymbol{e}$ を使えば，ベクトルとして

$$\boldsymbol{E}=\frac{\lambda}{2\pi\varepsilon_0 r}\boldsymbol{e}$$

と表すことができる．ちなみに，この結果はガウスの法則と対称性を用いることで，はるかに単純に導くことができることを6.1節（b）で示す．

5.3　静電ポテンシャルとポアソン方程式

マクスウェル方程式 ②$_s$ の微分形

$$\nabla\times\boldsymbol{E}=\boldsymbol{0}$$

に着目しよう．4.4節の例題4.2の下に記したように，$\nabla \times \boldsymbol{h} = \boldsymbol{0}$ を満たすベクトル場 $\boldsymbol{h}$ は，必ずあるスカラー関数 T を使って $\boldsymbol{h} = \nabla T$ と表すことができる[補足A.4]．そこで，あるスカラー関数 $\phi(\boldsymbol{r})$ を用いて電場を

$$\boxed{\boldsymbol{E} = -\nabla\phi} \tag{5.7}$$

と表し，このスカラー関数 ϕ を**静電ポテンシャル**または**電位**とよぶ．右辺にマイナス符号を付けるのは，静電ポテンシャルの物理的意味を理解しやすくするためである．なお，座標によらない定数 C を ϕ に加えても，(5.7) による電場が同じであることに注意しよう．つまり，ϕ には定数の任意性がある．

(5.7) を微分形①の $\nabla \cdot \boldsymbol{E} = \rho/\varepsilon_0$ に代入すると，$\nabla \cdot (-\nabla\phi) = \rho/\varepsilon_0$ となり，4.4節で導入したラプラシアン ∇^2 を用いて

$$\boxed{\nabla^2\phi = -\frac{\rho}{\varepsilon_0}} \tag{5.8}$$

と表せる．この (5.8) を**ポアソン方程式**とよぶ．

このように，マクスウェル方程式①と$②_s$から (5.7) と (5.8) が導かれる．逆に，(5.7) で与えられる電場 $\boldsymbol{E}$ は（4.4節の例題4.2で示したように）$\nabla \times \boldsymbol{E} = \nabla \times (-\nabla\phi) = \boldsymbol{0}$ となって$②_s$を満たし，さらに，(5.7) と (5.8) から，当然①が導かれる．つまり，<u>(5.7) と (5.8) の組み合わせはマクスウェル方程式①，$②_s$と等価である</u>．したがって，電荷密度 ρ が与えられればポアソン方程式を解くことで静電ポテンシャル ϕ が求まり，ϕ が求まれば (5.7) から $\boldsymbol{E}$ を求めることができる．

いったん ϕ を求めてから電場 $\boldsymbol{E}$ を求めるこの方法は，$\boldsymbol{E}$ を直接マクスウェル方程式から求めることに比べて計算が簡単になる場合が多く，実際の計算に役立つことが多い．マクスウェル方程式①，$②_s$はクーロンの法則と重ね合わせの原理とも等価なので，三者はすべて等価であり，それぞれが静電気を完全に記述する枠組みを与える．

ポアソン方程式によって ϕ を求め，それから $\boldsymbol{E}$ を導出するのではなく，クーロン電場のようにまず最初に $\boldsymbol{E}$ がわかっていて，それから逆に ϕ を導

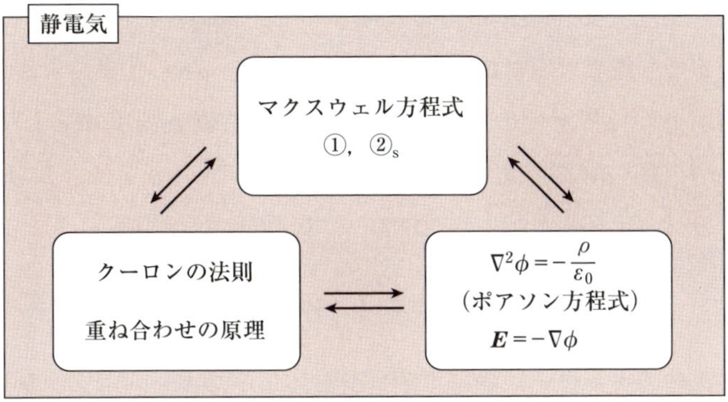

出したい，ということもある．この場合，$\boldsymbol{E} = -\nabla\phi$ と表せることがわかっているので，ϕ を求めるためには 3.2 節 (a) の結果が利用できる．つまり，$\boldsymbol{E}$ の位置 $\boldsymbol{r}_{\rm a}$ から位置 $\boldsymbol{r}_{\rm b}$ に至る線積分は，(3.7) のように ϕ の $\boldsymbol{r}_{\rm a}$ と $\boldsymbol{r}_{\rm b}$ での値の差，

$$\phi(\boldsymbol{r}_{\rm b}) - \phi(\boldsymbol{r}_{\rm a}) = -\int_{\boldsymbol{r}_{\rm a}}^{\boldsymbol{r}_{\rm b}} \boldsymbol{E}\cdot d\boldsymbol{r} \tag{5.9}$$

で与えられる．

いま，始点の位置 $\boldsymbol{r}_{\rm a}$ を固定して，基準点の位置を $\boldsymbol{r}_0$ とする．すなわち，ϕ の任意定数を

$$\phi(\boldsymbol{r}_0) = 0$$

となるように選ぶと，ϕ は終点の位置 $\boldsymbol{r}_{\rm b} = \boldsymbol{r}$ の関数として，

$$\phi(\boldsymbol{r}) = -\int_{\boldsymbol{r}_0}^{\boldsymbol{r}} \boldsymbol{E}\cdot d\boldsymbol{r} \tag{5.10}$$

と表せる．つまり，基準点の位置 $\boldsymbol{r}_0$ を定め，そこから位置 $\boldsymbol{r}$ までの $\boldsymbol{E}$ の線積分をつくれば，それが静電ポテンシャル $\phi(\boldsymbol{r})$ を与えるのである．(5.10) の基準点の位置 $\boldsymbol{r}_0$ を定める必要があるが，その選び方は自由であり，静電ポテンシャルが扱いやすいように都合よく選べばよい．

ここで，静電ポテンシャル $\phi(\boldsymbol{r})$ の物理的な意味を考えてみよう．電場 $\boldsymbol{E}$

は電荷 q に対して $\boldsymbol{F}=q\boldsymbol{E}$ の力を及ぼすので，電荷を位置 $\boldsymbol{r}$ から位置 $\boldsymbol{r}_0$ まで移動すると，電場は電荷に対して $W=q\int_{\boldsymbol{r}}^{\boldsymbol{r}_0}\boldsymbol{E}\cdot d\boldsymbol{r}$ の仕事をする．このことは，電荷 q の位置 $\boldsymbol{r}$ での位置エネルギーが（位置 $\boldsymbol{r}_0$ を基準として）$U(\boldsymbol{r})=W=q\int_{\boldsymbol{r}}^{\boldsymbol{r}_0}\boldsymbol{E}\cdot d\boldsymbol{r}$ で与えられることを意味する[2)]．さらに，$\int_{\boldsymbol{r}}^{\boldsymbol{r}_0}\boldsymbol{E}\cdot d\boldsymbol{r}=-\int_{\boldsymbol{r}_0}^{\boldsymbol{r}}\boldsymbol{E}\cdot d\boldsymbol{r}$ と (5.10) より，

$$U(\boldsymbol{r}) = -q\int_{\boldsymbol{r}_0}^{\boldsymbol{r}}\boldsymbol{E}\cdot d\boldsymbol{r} = q\phi(\boldsymbol{r})$$

を得る．このエネルギーは**静電ポテンシャルエネルギー**，**ポテンシャルエネルギー**，または**静電エネルギー**などとよばれる．

このように，静電ポテンシャル $\phi(\boldsymbol{r})$ は，そこに電荷を置いたときに電荷がもつ，単位電荷当たりのポテンシャルエネルギーを表す．また，3.1 節 (a) の図 3.1 で示したように，電場 $\boldsymbol{E}$ は静電ポテンシャルが一定の面（等ポテンシャル面）に対して垂直である．

例題 5.2

線電荷密度 λ の線電荷が距離 r 離れた点につくる静電ポテンシャル ϕ を，本章の例題 5.1 の結果 $\boldsymbol{E}=\dfrac{\lambda}{2\pi\varepsilon_0 r}\boldsymbol{e}$ から (5.10) を用いて求めよ．

【解】 電場 $\boldsymbol{E}$ が線電荷に対して垂直なため，5.2 節 (a) と同じ議論から，(5.10) において垂直方向の積分を行えばよい．距離 r_0 離れた点を基準点として，

$$\phi(r) = -\int_{r_0}^{r}\frac{\lambda}{2\pi\varepsilon_0 r}dr = -\frac{\lambda}{2\pi\varepsilon_0}[\log_e r]_{r_0}^{r} = -\frac{\lambda}{2\pi\varepsilon_0}\log\frac{r}{r_0}$$

を得る．ちなみに，基準点の r_0 は任意の値（ただしゼロと無限大を除く）を選んでよい． ✎

2) 力と位置エネルギーの関係については，例えば，拙著：「大学生のための 力学入門」を参照のこと．

5.4 ポアソン方程式の完全な解

原点の位置 ($\boldsymbol{r}=\boldsymbol{0}$) に置かれた点電荷 q がつくるクーロン電場 (5.1) の

$$\boldsymbol{E}=\frac{q}{4\pi\varepsilon_0 r^2}\boldsymbol{e}_r$$

による静電ポテンシャル (5.10) は，(5.3) より

$$\phi(\boldsymbol{r})=\frac{q}{4\pi\varepsilon_0 r}-\frac{q}{4\pi\varepsilon_0 r_0}$$

と求まり，基準点の位置 $\boldsymbol{r}_0$ を無限遠点にとれば，

$$\phi(\boldsymbol{r})=\frac{q}{4\pi\varepsilon_0 r} \tag{5.11}$$

となる．位置 $\boldsymbol{r}=\boldsymbol{r}_1$ に置かれた点電荷 q による静電ポテンシャルは

$$\phi(\boldsymbol{r})=\frac{q}{4\pi\varepsilon_0|\boldsymbol{r}-\boldsymbol{r}_1|}$$

である．

次に，n 個の点電荷 $q_1, q_2, \cdots, q_n$ が位置 $r_1, r_2, \cdots, r_n$ にある場合，重ね合わせの原理によって，電場 $\boldsymbol{E}$ はそれぞれの電荷がつくる電場の和で与えられ，さらに，(5.10) によって，ϕ がそれぞれの電場による静電ポテンシャルの和で与えられるので，

$$\begin{aligned}\phi(\boldsymbol{r})&=\frac{q_1}{4\pi\varepsilon_0|\boldsymbol{r}-\boldsymbol{r}_1|}+\frac{q_2}{4\pi\varepsilon_0|\boldsymbol{r}-\boldsymbol{r}_2|}+\cdots+\frac{q_n}{4\pi\varepsilon_0|\boldsymbol{r}-\boldsymbol{r}_n|}\\&=\frac{1}{4\pi\varepsilon_0}\sum_{i=1}^{n}\frac{q_i}{|\boldsymbol{r}-\boldsymbol{r}_i|}\end{aligned} \tag{5.12}$$

となる．

また，電荷が連続的に電荷密度 $\rho(\boldsymbol{r})$ で分布している場合には，空間を無限個の微小領域に分割し，i 番目の位置 $\boldsymbol{r}_i$ にある微小体積 dV_i 内の電荷が

$\rho(\boldsymbol{r}_i)dV_i$ で与えられることを考慮し，すべての微小領域の電荷がつくる静電ポテンシャルを加え合わせることで $\phi(\boldsymbol{r}) = \dfrac{1}{4\pi\varepsilon_0}\lim_{n\to\infty}\sum_{i=1}^{n}\dfrac{\rho(\boldsymbol{r}_i)\,dV_i}{|\boldsymbol{r}-\boldsymbol{r}_i|}$ を得る．そして，これを体積積分で表せば

$$\boxed{\phi(\boldsymbol{r}) = \frac{1}{4\pi\varepsilon_0}\int_{\mathrm{V}}\frac{\rho(\boldsymbol{r}')\,dV'}{|\boldsymbol{r}-\boldsymbol{r}'|}} \qquad (5.13)$$

を得る．なお，(5.13) の体積積分の変数が $\boldsymbol{r}'$ であることに注意しよう．

(5.11) ～ (5.13) はポアソン方程式を直接解いて得たわけではなく，クーロン電場 (5.1) と重ね合わせの原理から導いたものである．しかし，クーロン電場 (5.1) と重ね合わせの原理はポアソン方程式と等価なので，ここで導いた ϕ はポアソン方程式 (5.8) の解である．特に，(5.13) は任意の電荷分布 $\rho(\boldsymbol{r})$ に対するポアソン方程式の一般的な解である．(5.11) ～ (5.13) は，無限遠方でポテンシャルが消失するという条件 ($r\to\infty$ で $\phi\to 0$) で得られる，それぞれ物理的に許される唯一の解である[補足 A.3]．

このように，電荷分布が与えられれば，それがどんなものであれ (5.13) によって ϕ が求まり，そのグラディエントをとることで電場 $\boldsymbol{E}$ を得ることができる．静電気の問題として，もし電荷分布が既知として与えられているなら，すでに問題は解けているも同然であり，実際の計算をコンピュータによって，いくらでも高い望みの精度で実行することができる．

章末問題

5.1 半径 r の円環上に電荷が一様な線密度 λ で分布している．円環の中心軸（z 軸）上の高さ h の点 P における電場を求めよ．

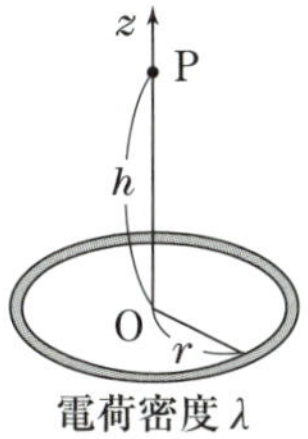

5.2 面電荷密度 σ の無限に広い平面状の電荷が距離 h の点につくる電場を，章末問題 5.1 の結果を利用して求めよ．（同じ結果がガウスの法則と対称性からはるかに単純に得られることを 6.1 節 (c) で示す．）

5.3 線電荷密度 λ の線電荷からの距離 r における静電ポテンシャル ϕ を (5.13) から導出し，次に，電場を $\boldsymbol{E} = -\nabla\phi$ から求めて第 5 章の例題 5.1 の結果に一致することを確かめよ．

5.4 面電荷密度 σ の無限に広い平面状の電荷が距離 r の点につくる電場を，直線電荷のつくる電場の重ね合わせから求めよ．（同じ結果がガウスの法則と対称性からはるかに単純に得られることを 6.1 節 (c) で示す．）

5.5 厚さ w の十分大きな 2 枚の平行平板がそれぞれ $\pm\rho_0$ の一様な電荷密度をもち，距離 $2a$ 隔てて置かれている．平板に垂直に x 軸をとり，平板の中間点を $x=0$ として，ポアソン方程式から静電ポテンシャル $\phi(x)$ と電場 $E(x)$ を求めて図示せよ．

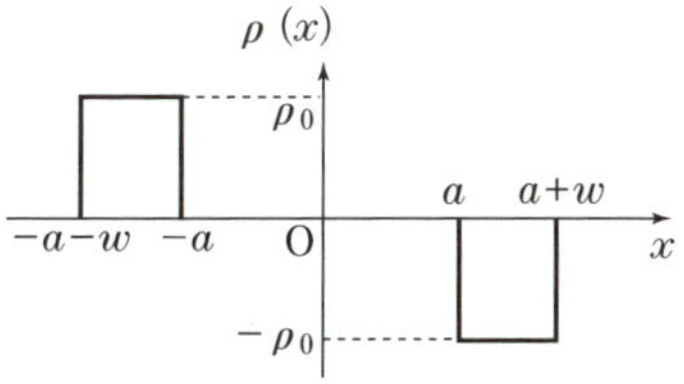

第6章

電場と静電ポテンシャルの具体例

第5章までで電磁気学の全体的な枠組みを学んだ．本章では，静電気の具体的な問題をいくつかとり上げる．問題に応じて，「マクスウェル方程式①と②$_s$」，「クーロンの法則と重ね合わせの原理」や「ポアソン方程式と $\boldsymbol{E} = -\nabla\phi$」を用いる．

6.1 ガウスの法則から電場を導く

電荷が高い空間対称性をもって分布している場合はマクスウェル方程式①（ガウスの法則）と対称性から電場を導出できることが多く，計算の手間を大幅に省くことができる．その際，マクスウェル方程式②$_s$（$\nabla \times \boldsymbol{E} = \boldsymbol{0}$）をあからさまには考慮しないが，対称性の考慮のお陰で，導かれる解が②$_s$を満たす．こういった例を以下でいくつか挙げる．ただし，②$_s$を直接確かめる代わりに，$\boldsymbol{E} = -\nabla\phi$ となる ϕ を導く．そのことが，$\nabla \times \boldsymbol{E} = -(\nabla \times \nabla\phi) = \boldsymbol{0}$ を示すことになる．

(a) 点電荷がつくる電場と静電ポテンシャル

2.4節で，原点にある点電荷 q が位置 $\boldsymbol{r}$ につくる電場 $\boldsymbol{E}$ が

$$\boldsymbol{E} = E\boldsymbol{e}_r = \frac{q}{4\pi\varepsilon_0 r^2}\boldsymbol{e}_r \qquad (\boldsymbol{e}_r : \boldsymbol{r} \text{ の向きを示す単位ベクトル}) \tag{6.1}$$

で与えられることを①（ガウスの法則）と対称性を用いて示した．また5.3節で，静電ポテンシャル $\phi(r)$ が無限遠方（$r \to \infty$）を基準にして，

$$\phi(r) = -\int_\infty^r E\,dr = \frac{q}{4\pi\varepsilon_0 r} \tag{6.2}$$

となることを示した．

(b)　線電荷がつくる電場と静電ポテンシャル

5.2 節の例題 5.1 では，無限に長い直線上に一様に分布する電荷（線電荷密度 λ）がつくる電場 $\boldsymbol{E}$ を積分から求めたが，①と対称性を用いると，ずっと簡潔に導ける．

線電荷を中心として線電荷に垂直な円周上はいたるところ等価であり，電場の動径方向の成分 E_r，円周方向の成分 E_θ，線電荷に沿う成分 E_z（図 6.1 (a)）はそれぞれ円周上で同じ値をとる．さらに，直線電荷の軸周りの対称性，および z 軸の正負方向の区別には意味がないことから，$E_\theta = 0$ かつ $E_z = 0$ である．したがって，動径方向の単位ベクトルを $\boldsymbol{e}$ とすれば，$\boldsymbol{E} = E_r \boldsymbol{e}$ と表すことができる．

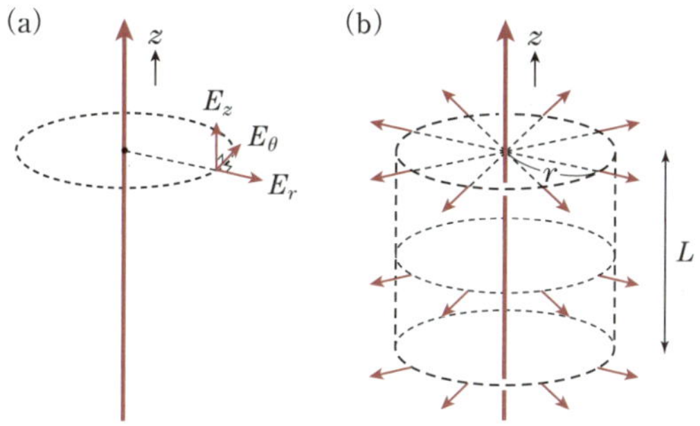

図 6.1　線電荷がつくる電場

図 6.1 (b) のような半径 r，長さ L の円筒状の閉曲面からの電場の発散 $\int_S \boldsymbol{E}\cdot\boldsymbol{n}dS$ は（円筒の側面積）$\times E_r = 2\pi r L E_r$ であり，これが①（ガウスの法則）により，閉曲面内の総電荷 λL を ε_0 で割ったものに等しいことから，5.2 節の例題 5.1 で得たのと同じ結果，

$$\boldsymbol{E} = \frac{\lambda}{2\pi\varepsilon_0 r}\boldsymbol{e} \tag{6.3}$$

が導かれる．

静電ポテンシャルは 5.3 節の例題 5.2 で求めたように，

$$\phi(r) = -\frac{\lambda}{2\pi\varepsilon_0}\log_e\frac{r}{r_0} \tag{6.4}$$

である.

(c) 面電荷がつくる電場と静電ポテンシャル

図6.2のように，x 軸に垂直で無限に広い平面上 $(x = 0)$ の一様な面電荷密度 σ による電場 $\boldsymbol{E}$ は，その対称性から x 成分だけをもち，面の両側で反対方向を向く.

図6.3のような，面電荷を横切る箱形の閉曲面からの発散 $\int_S \boldsymbol{E}\cdot\boldsymbol{n}\,dS$ は，面電荷の両側にできる電場の大きさが等しく，向きが反対のため，箱の端面の面積を S とすると，$2\times$（端面の面積）$\times$（電場の大きさ）$= 2SE$ となる.

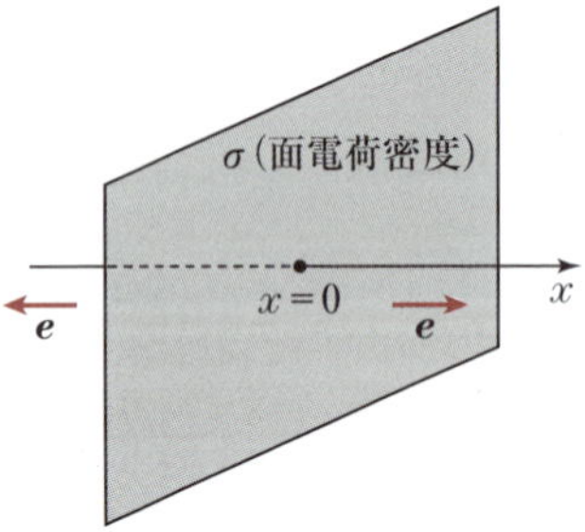

図6.2　面電荷

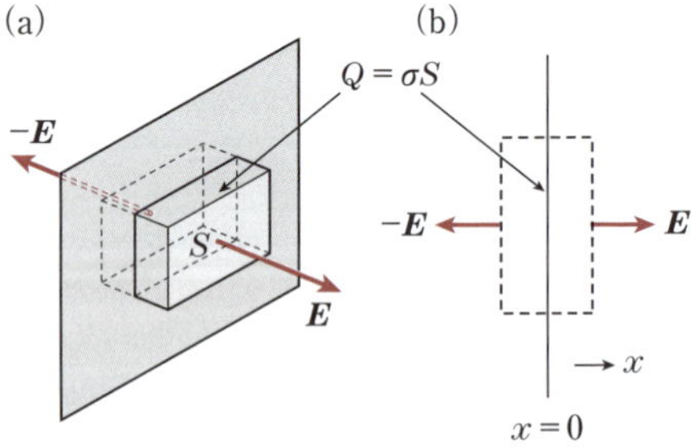

図6.3　面電荷がつくる電場

一方，箱の中の総電荷は σS なので，①（ガウスの法則）より $2SE = \sigma S/\varepsilon_0$，すなわち

$$\boldsymbol{E} = \frac{\sigma}{2\varepsilon_0}\boldsymbol{e} \tag{6.5}$$

が導かれる．ただし，$\boldsymbol{e}$ は図6.2のように面電荷に垂直で遠ざかる向きを表す単位ベクトルである.

静電ポテンシャル(5.10)は，$x = 0$ を基準点とすれば $\phi(x) = -\int_0^x E\,dx$

より

$$\phi(x) = \begin{cases} -\dfrac{\sigma}{2\varepsilon_0}x & (x \geqq 0) \\[2ex] \dfrac{\sigma}{2\varepsilon_0}x & (x < 0) \end{cases} \tag{6.6}$$

となる．

ここであらためて (a) ～ (c) の結果を眺めると，点電荷，線電荷，面電荷がつくる電場は，それぞれ電荷からの距離の 2 乗，1 乗，0 乗に反比例して減少することに気づく（「0 乗」は依存性がないことを意味する）．これは①（ガウスの法則）からの直接的な帰結であり，電荷から湧き出す電場の流束が増減せずに周りの空間に広がっていくためである．

点電荷から発生する電場の流束は球面状（面積 $\propto r^2$）に，長い線電荷から発生する電場の流束は円筒状（側面積 $\propto r$）に広がる．そして，面電荷による電場の流束は平面のまま移動するので，面積は増大しない．それぞれに応じて電場の流束が一定になるように電場が変化するのである．

(d)　正負に帯電した 2 枚の平行平板

図 6.4 のように，反対符号の面電荷密度 $+\sigma$ と $-\sigma$ をもつ 2 枚の無限に広い平行平板が x 軸上の位置 $x = 0, d$ に x 軸に対して垂直に置かれているとする．

図 6.5 (a)，(b) に示すように，平板の外側の領域 I（$x < 0$）と III（$d < x$）ではそれぞれのつくる電場が打ち消し合ってゼロとなり，平板に挟まれた領域 II（$0 < x < d$）では強め合って

$$E = \frac{\sigma}{2\varepsilon_0} \times 2 = \frac{\sigma}{\varepsilon_0} \tag{6.7}$$

となる．

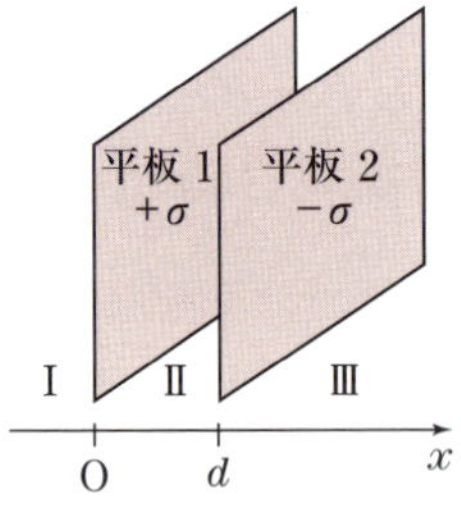

図6.4　2つの平行な平面上の電荷

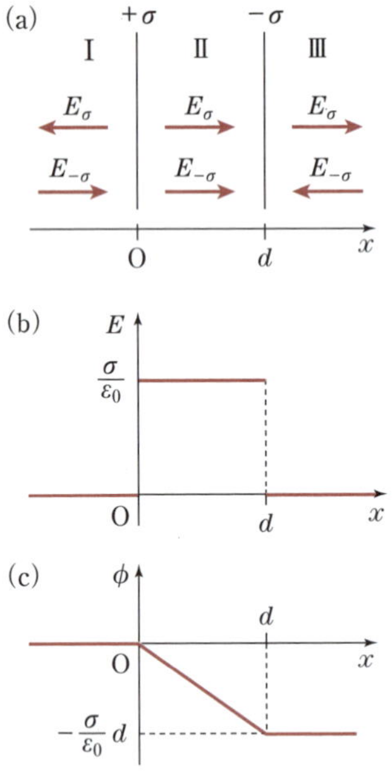

図6.5　2つの平行な面状電荷の電場と静電ポテンシャル

静電ポテンシャルは $x=0$ (平板1) を基準として，$\phi(x) = -\int_0^x E\,dx$ より，領域IIでは

$$\phi(x) = -\int_0^x E\,dx = -\int_0^x \frac{\sigma}{\varepsilon_0}dx = -\frac{\sigma}{\varepsilon_0}x \qquad (0 \leqq x \leqq d) \tag{6.8}$$

となり，領域IとIIIでは $E=0$ なので静電ポテンシャルの値に変化はなく，それぞれ $\phi(x)=0$，$\phi(x) = -\sigma d/\varepsilon_0$ となる．

以上をまとめると，

$$\phi(x) = \begin{cases} 0 & (x < 0) \\ -\dfrac{\sigma}{\varepsilon_0}x & (0 \leqq x \leqq d) \\ -\dfrac{\sigma}{\varepsilon_0}d & (x > d) \end{cases} \tag{6.9}$$

となる（図 6.5 (c)）.

図 6.4 の平板 1, 2 を金属極板にすれば，これは平行平板コンデンサーになる（正負の電荷を蓄える 2 つの電極ペアが**コンデンサー**とよばれる）. コンデンサーの電気容量 C は，電極間の電圧 V と蓄えられる電荷 Q の比

$$C = \frac{Q}{V} \tag{6.10}$$

で定義され，極板の面積を S として，電荷 $Q = \sigma S$ と $V = \phi(0) - \phi(d) = \sigma d/\varepsilon_0$ から

$$C = \frac{Q}{V} = \frac{\sigma S}{\sigma d/\varepsilon_0} = \varepsilon_0 \frac{S}{d} \tag{6.11}$$

と表せる. なお，電気容量の単位は F（ファラッド）で表され，1 F = 1 C/V である.

(e) 球状の一様な電荷分布

半径 R の球に電荷が一様な電荷密度 ρ で分布するとき（図 6.6），生じる電場 $\boldsymbol{E}$ は球対称性から動径方向を向き，その大きさは中心からの距離 r の関数となる.

球状電荷の内部 $(r < R)$ の電場は，図 6.7 (a) のように半径 $r (< R)$ の球面 S からの発散が $\int_S \boldsymbol{E}\cdot\boldsymbol{n}\,dS =$（球の表面積）$\times E = 4\pi r^2 E$，内部の電荷が $4\pi r^3\rho/3$ であることから，$Q = 4\pi R^3\rho/3$ を全電荷として

$$E = \frac{\rho}{3\varepsilon_0}r = \frac{Q}{4\pi\varepsilon_0}\left(\frac{r}{R}\right)^3\frac{1}{r^2} \qquad (r < R) \tag{6.12}$$

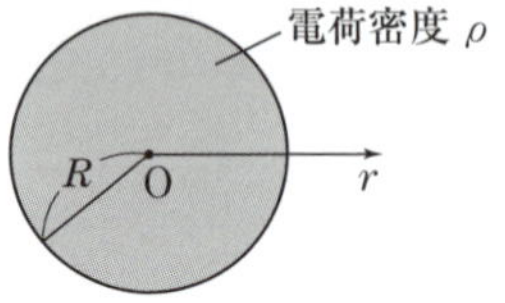

図 6.6 球状の電荷分布

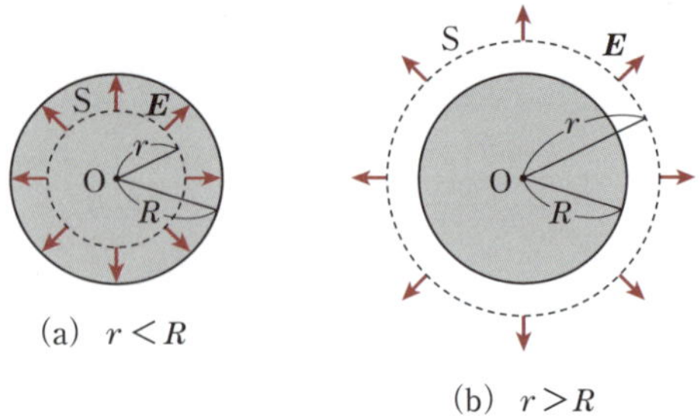

図 6.7 閉曲面 S のとり方

となる.

球状電荷の外部 ($r > R$) の電場 $\boldsymbol{E}$ は，図 6.7 (b) のように半径 $r(> R)$ の球面 S 内部の電荷が $Q = 4\pi R^3\rho/3$ であることから,

$$E = \frac{R^3\rho}{3\varepsilon_0 r^2} = \frac{Q}{4\pi\varepsilon_0}\frac{1}{r^2} \qquad (r \geqq R) \tag{6.13}$$

となる.

静電ポテンシャルは，無限遠方を基準として $\phi(r) = -\int_\infty^r E\,dr$ より,

$$\phi(r) = \begin{cases} \dfrac{Q}{4\pi\varepsilon_0}\dfrac{1}{2R}\left(3 - \dfrac{r^2}{R^2}\right) & (r < R) \\ \dfrac{Q}{4\pi\varepsilon_0}\dfrac{1}{r} & (r \geqq R) \end{cases} \tag{6.14}$$

となる.

電場と静電ポテンシャルを図 6.8 に示す．球状電荷がその外部につくる電場と静電ポテンシャルは，(6.13)，(6.14) から明らかように，全電荷 Q が 1 点に集中する点電荷の場合と同じである.

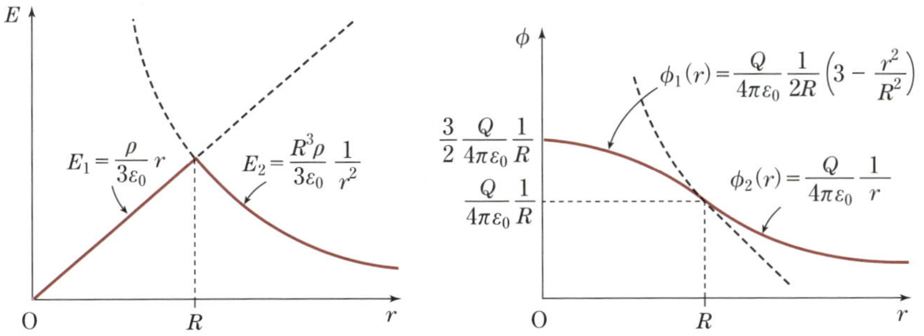

図 6.8 球状電荷の電場と静電ポテンシャル

(f) 球殻状の電荷分布

半径 R の球殻上に一様な面電荷密度 σ があるとき（図 6.9），(e) の場合と同様，生じる電場は球対称性をもち，動径方向の単位ベクトル $\boldsymbol{e}_r$ を用いて $\boldsymbol{E} = E\,\boldsymbol{e}_r$ と表せる．

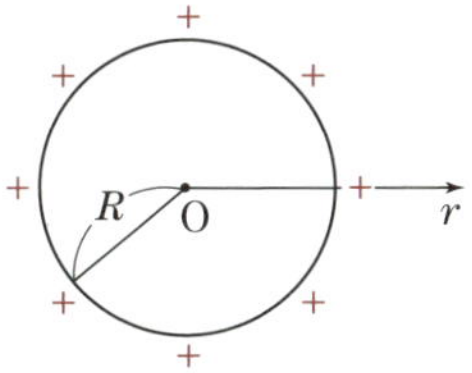

図 6.9 球殻上の電荷分布

球殻より小さな半径 r（半径 $r < R$）の球面 S の内部には電荷が存在せず，球殻より大きな半径 r（$r > R$）の球面 S は電荷 $Q = 4\pi R^2\sigma$ を含む．したがって，①（ガウスの法則）より，

$$E = \begin{cases} 0 & (r < R) \\ \dfrac{R^2\sigma}{\varepsilon_0 r^2} = \dfrac{Q}{4\pi\varepsilon_0}\dfrac{1}{r^2} & (r \geqq R) \end{cases} \tag{6.15}$$

が得られる．静電ポテンシャルは，無限遠方を基準として $\phi(r) = -\int_{\infty}^{r} E\,dr$ より，

$$\phi(r) = \begin{cases} \dfrac{Q}{4\pi\varepsilon_0}\dfrac{1}{R} & (r < R) \\ \dfrac{Q}{4\pi\varepsilon_0}\dfrac{1}{r} & (r \geqq R) \end{cases} \tag{6.16}$$

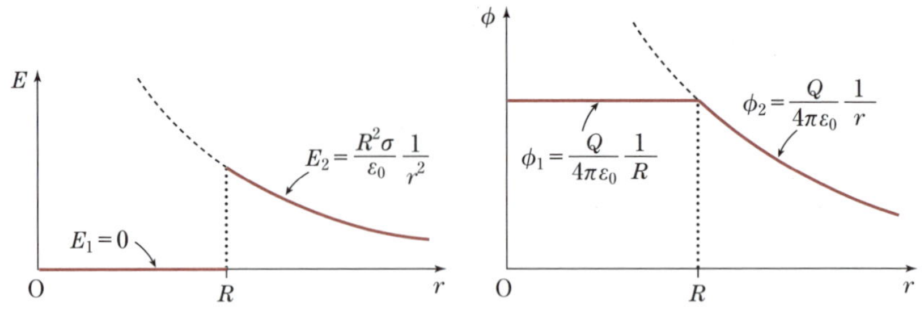

図 6.10　球殻上の電荷の電場と静電ポテンシャル

となる.

電場と静電ポテンシャルを図 6.10 に示す. (6.15), (6.16) から明らかなように, 球殻の外に生じる電場と静電ポテンシャルは, 球状電荷の場合と同様, 全電荷が 1 点に集中する点電荷の場合と同じである.

(g)　正負に帯電した 2 つの球殻

中心を共有する 2 つの球殻上 (半径 R_1 と R_2) にそれぞれ正負の電荷 $+Q$ と $-Q$ が一様に分布しているとき (図 6.11), 半径がそれぞれ $r < R_1$, $R_1 \leqq r \leqq R_2$, $r > R_2$ の球面 S が含む全電荷がゼロ, $+Q$, ゼロであることから, 動径方向の電場は,

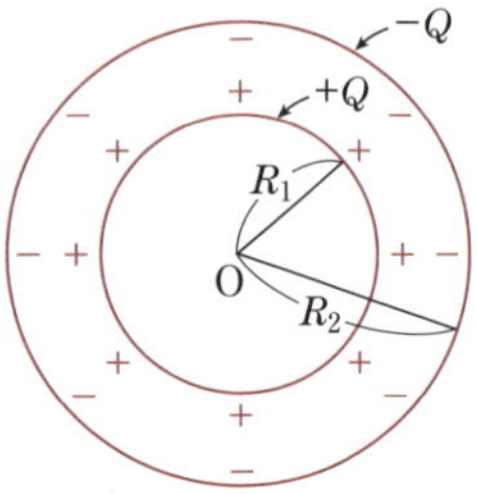

図 6.11　正負に帯電した 2 つの球殻

$$E = \begin{cases} \dfrac{Q}{4\pi\varepsilon_0}\dfrac{1}{r^2} & (R_1 \leqq r \leqq R_2) \\ 0 & (r < R_1 \text{ または } r > R_2) \end{cases} \tag{6.17}$$

となる.

静電ポテンシャルは, 無限遠方を基準として $\phi(r) = -\int_\infty^r E\,dr$ より,

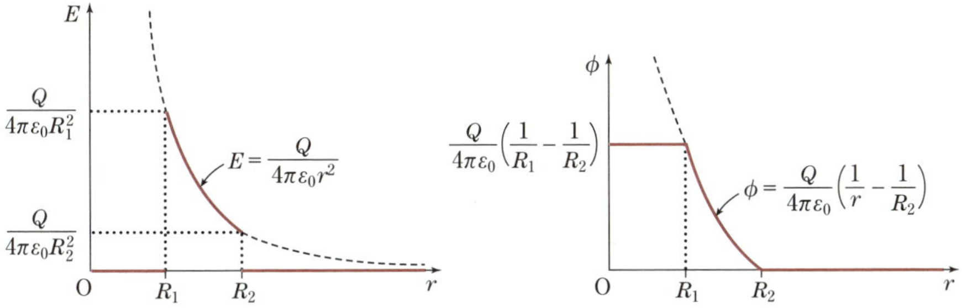

図 6.12 正負に帯電した球殻による電場と静電ポテンシャル

$$\phi(r) = \begin{cases} \dfrac{Q}{4\pi\varepsilon_0}\left(\dfrac{1}{R_1} - \dfrac{1}{R_2}\right) & (r < R_1) \\ \dfrac{Q}{4\pi\varepsilon_0}\left(\dfrac{1}{r} - \dfrac{1}{R_2}\right) & (R_1 \leqq r \leqq R_2) \\ 0 & (r > R_2) \end{cases} \tag{6.18}$$

となる．電場と静電ポテンシャルを図 6.12 に示す．

例題 6.1

図 6.11 の球殻を 2 つの金属極板におきかえてできる球面コンデンサーの電気容量 C を求めよ．

【解】 それぞれの極板が $\pm Q$ に帯電するときの極板間の電位差 V（静電ポテンシャルの差）は (6.18) より，

$$V = \phi(R_1) - \phi(R_2) = \frac{Q}{4\pi\varepsilon_0}\left(\frac{1}{R_1} - \frac{1}{R_2}\right)$$

なので，

$$C = \frac{Q}{V} = \frac{4\pi\varepsilon_0}{\dfrac{1}{R_1} - \dfrac{1}{R_2}} = \frac{4\pi\varepsilon_0 R_1 R_2}{R_2 - R_1} \tag{6.19}$$

を得る．

例題6.1において，外側の極板が内側の極板より極めて大きな場合（$R_1 \ll R_2$）には，(6.19)は$1/R_2 \fallingdotseq 0$と考えてよいので，

$$C \fallingdotseq 4\pi\varepsilon_0 R_1 \tag{6.20}$$

となる．このことは，金属球が別の導体との間でつくる電気容量は，導体との距離が金属球の半径R_1よりずっと大きい場合には，その値は金属球の半径だけに依存し，だいたい(6.20)で与えられることを意味する．

例題 6.2

直径数 nm（1 nm は 1×10^{-9} m）の極めて小さな金属微粒子は市販されていて，容易に入手できる．直径 4 nm の金属球の(6.20)で決まる電気容量Cの値を求めよ．また，この金属球に電荷として電子1個（-1.6×10^{-19} C）を付け加えたときの電位の変化ΔVを，有効数字2桁で求めよ．

【解】 (6.20)に$R = 2.0 \times 10^{-9}$ m，$\varepsilon_0 = 8.85 \times 10^{-12}$ F/m を代入して$C = 2.2 \times 10^{-19}$ F を得る．この金属球に電子を1個加えれば電荷が$\Delta Q = e = 1.6 \times 10^{-19}$ C だけ変化するので，電位は$\Delta V = \Delta Q/C$だけ変化する．よって，$C = 2.2 \times 10^{-19}$ F より，$\Delta V = 0.73$ V を得る．

発展　単電子トランジスタ

例題6.2で示したように，微粒子の静電容量Cは極めて小さく，その結果，電子1個の増減による電位の変化が非常に大きい．孤立した微粒子を通過して電流を流そうとすると，電子が1個通過する度に微粒子の電位が大きく変化し（電子にとって位置エネルギーが大きく増大し），電子の通過を阻止する結果をもたらす．

この効果（クーロン遮蔽）を制御することで機能する，単電子トランジスタとよばれる極微細なトランジスタがある．実用的なトランジスタではないが，電磁波量子の検出や，量子状態の制御といった，現代の最先端の基礎研究分野で広く利用されている．

6.2 静電ポテンシャルから電場を求める

電荷分布が与えられたとき，まずポアソン方程式を解いて静電ポテンシャルを求め，それから電場を導くのが，実際の計算上では最も有効な方法である．そして，数値的な解なら計算機で簡単に得られるが，解析的な解を得ることが重要な場合もある．ここではその代表例として，電気双極子がつくる静電ポテンシャルと電場を導こう．

(a) 電気双極子

ほとんどの物質は，分子や原子のように正負の電荷を等量含む電気的に中性な要素が集まってできている．しかし，正負の電荷がいたるところで完全に打ち消し合っているわけではなく，正負の電荷の位置がわずかにずれている場合も多い (これを**分極**とよぶ)．

例えば，水分子では水素原子が正電荷，酸素原子が負電荷を帯びており，(一般に，水分子のように分極をもつ分子を**極性分子**とよぶ)，NaCl のようなイオン性結晶では正負の原子 (イオン) が隣り合わせに並んでいる．Si のような無極性の原子や共有結合結晶では，自然な状態では分極はないが，電場中では，正電荷の原子核と負電荷の電子が電場から逆向きの力を受けて正負電荷の中心がずれることになる．

物質の正負の電荷がずれた構造を表す要素として，図 6.13 に示すような，電荷 q と $-q$ の位置がベクトル $\boldsymbol{d}$ だけずれた構造を考えると便利である．これを**電気双極子**または**電気双極子モーメント**とよんで，ベクトル

$$\boldsymbol{p} = q\boldsymbol{d} \tag{6.21}$$

で表し，$\boldsymbol{d}$ は $-q$ から q への向きにとる．

この電気双極子が電荷のずれの大きさ d に比べてずっと遠くの場所につくる静電ポテンシャルや電場を求めよう．図 6.14 のようにベクトル $\boldsymbol{p}$ の向きに z 軸をとり，電荷 $-q$，q の位置をそれぞれ $(0, 0, -d/2)$，$(0, 0, d/2)$

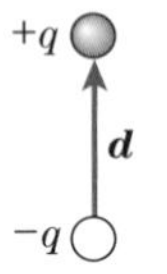

図 6.13 電気双極子

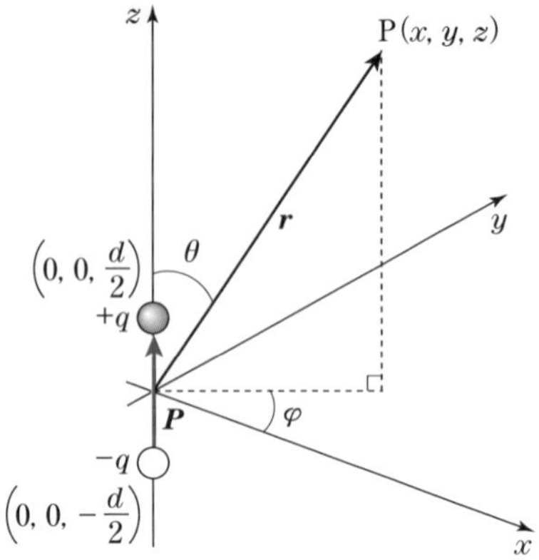

図 6.14 電気双極子を原点に置く座標

となるように x, y, z の座標軸を選べば，この電気双極子が点 $\mathrm{P}(x, y, z)$ につくる静電ポテンシャル $\phi = \phi(x, y, z)$ は，(6.2) より以下となる．

$$\phi = \frac{q}{4\pi\varepsilon_0}\frac{1}{\sqrt{x^2 + y^2 + \left(z - \dfrac{d}{2}\right)^2}} - \frac{q}{4\pi\varepsilon_0}\frac{1}{\sqrt{x^2 + y^2 + \left(z + \dfrac{d}{2}\right)^2}} \tag{6.22}$$

いま，点Pは遠方にあるとすると $r = \sqrt{x^2 + y^2 + z^2}$ に対して $d \ll r$ となるので，(6.22) の分母の中で d/r の1次の項までを残して

$$\sqrt{x^2 + y^2 + \left(z \pm \frac{d}{2}\right)^2} = \sqrt{r^2 \pm zd + \frac{d^2}{4}} \fallingdotseq r\sqrt{1 \pm \frac{zd}{r^2}} \fallingdotseq r\left(1 \pm \frac{zd}{2r^2}\right)$$

と近似し，さらに $1/(1 \pm zd/2r^2) \fallingdotseq 1 \mp zd/2r^2$ を用いて

$$\phi = \frac{q}{4\pi\varepsilon_0 r}\left\{\left(1 + \frac{zd}{2r^2}\right) - \left(1 - \frac{zd}{2r^2}\right)\right\} = \frac{qzd}{4\pi\varepsilon_0 r^3} \tag{6.23}$$

を得る．ここで，図6.14のように r と z 軸のなす角度を θ，r の xy 平面への

射影が x 軸となす角度を φ とすると，$z = r\cos\theta$ より

$$\phi(r,\ \theta,\ \varphi) = \frac{qd\cos\theta}{4\pi\varepsilon_0 r^2} \tag{6.24}$$

と書け，さらに $\boldsymbol{p}\cdot\boldsymbol{r} = q\boldsymbol{d}\cdot\boldsymbol{r} = qdr\cos\theta$ の関係を用いると以下となる．

$$\phi(r,\ \theta,\ \varphi) = \frac{\boldsymbol{p}\cdot\boldsymbol{r}}{4\pi\varepsilon_0 r^3} \tag{6.25}$$

(6.25) はベクトルで与えられているので，特定の座標軸とは無関係に成り立ち，(6.23)～(6.25) は**電気双極子ポテンシャル**または**双極子ポテンシャル**とよばれる．

(6.24) から明らかなように，電気双極子ポテンシャルが距離に対して $1/r^2$ で減衰する．点電荷によるクーロンポテンシャルが $1/r$ に比例して減衰することを思い出すと，より急激な減衰である．これは $-q$ と $+q$ によるそれぞれのクーロンポテンシャルが $1/r$ で減衰することに加えて，互いの打ち消し合いの効果が，遠方に遠ざかるほど強まるためである．

電場は，(5.7) と (6.25) より

$$\begin{aligned}\boldsymbol{E} &= -\nabla\phi = -\frac{1}{4\pi\varepsilon_0}\nabla\left(\frac{\boldsymbol{p}\cdot\boldsymbol{r}}{r^3}\right)\\ &= -\frac{1}{4\pi\varepsilon_0}\left\{\frac{1}{r^3}\nabla(\boldsymbol{p}\cdot\boldsymbol{r}) + (\boldsymbol{p}\cdot\boldsymbol{r})\nabla\left(\frac{1}{r^3}\right)\right\}\end{aligned} \tag{6.26}$$

となる．ここで $r = \sqrt{x^2 + y^2 + z^2}$ にかかわる微分について，

$$\nabla r = \frac{\boldsymbol{r}}{r}, \qquad \nabla r^n = nr^{n-2}\boldsymbol{r}, \qquad \nabla(\boldsymbol{a}\cdot\boldsymbol{r}) = \boldsymbol{a} \qquad (\boldsymbol{a}\text{：定数ベクトル})$$

の関係を第3章の章末問題3.6で示した．これらを用いて以下を得る．

$$\boxed{\boldsymbol{E} = -\frac{1}{4\pi\varepsilon_0}\left\{\frac{\boldsymbol{p}}{r^3} - \frac{3(\boldsymbol{p}\cdot\boldsymbol{r})}{r^5}\boldsymbol{r}\right\}} \tag{6.27}$$

図6.14のように $\boldsymbol{p}$ を z 軸上に選べば，$\boldsymbol{p} = (0,\ 0,\ p)$，$p = qd$ より，$\boldsymbol{E}$ の各成分は以下のようになる．

$$\begin{cases} E_x = \dfrac{p}{4\pi\varepsilon_0}\dfrac{3zx}{r^5} \\ E_y = \dfrac{p}{4\pi\varepsilon_0}\dfrac{3zy}{r^5} \\ E_z = -\dfrac{p}{4\pi\varepsilon_0}\left(\dfrac{1}{r^3} - \dfrac{3z^2}{r^5}\right) \end{cases} \tag{6.28}$$

(6.25) と (6.28) による電場 $\boldsymbol{E}$ と等ポテンシャル線の分布を図 6.15 に示す．等ポテンシャル面に対して電場が垂直に交わることに注意しよう．

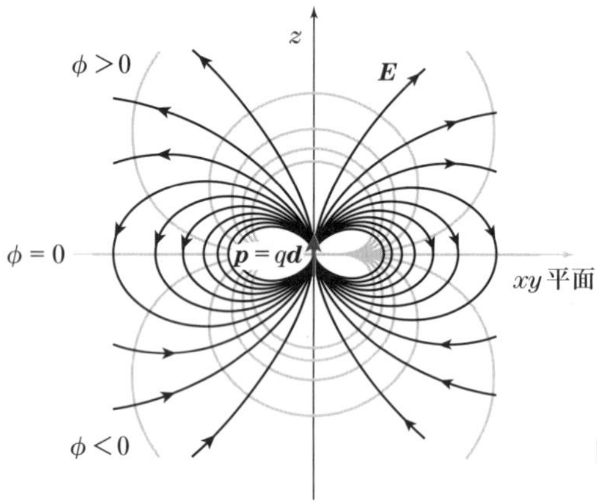

図 6.15 電気双極子がつくる電場と等ポテンシャル線

(b) 全体が中性な電荷の集まり

正と負の電荷 $q_i (i = 1, 2, \cdots, n)$ の集団があり，全体としては中性な場合を考えよう．つまり，

$$\sum_{i=1}^{n} q_i = 0 \tag{6.29}$$

である．個々の電荷 q_i の大きさはふぞろいでも構わない．図 6.16 (a) のように，i 番目の電荷の位置を $\boldsymbol{r}_i$ としよう．この電荷の集団が任意の点 P につく

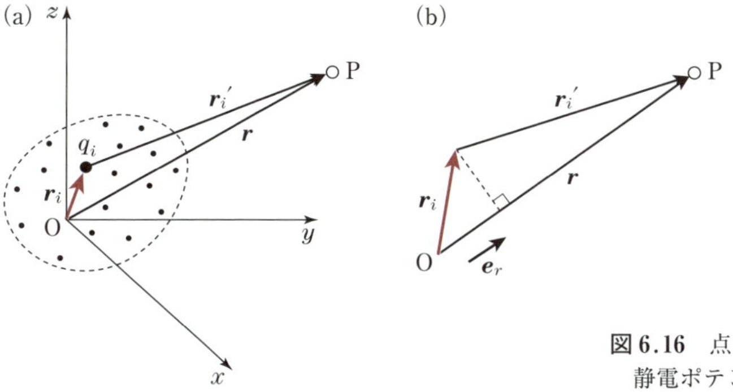

図 6.16　点電荷の集団による静電ポテンシャル

る静電ポテンシャルは，i 番目の電荷と点 P の距離を $r_i' = |\boldsymbol{r}_i'|$ として

$$\phi = \sum_{i=1}^{n} \frac{q_i}{4\pi\varepsilon_0 r_i'} \tag{6.30}$$

で与えられる．

点 P が電荷の集団から遠く隔たっている場合，つまり，点 P の位置を $\boldsymbol{r}$ として

$$r_i \ll r \qquad (r_i = |\boldsymbol{r}_i|,\ r = |\boldsymbol{r}|)$$

が満たされる場合の (6.30) の近似形を求めよう．

図 6.16 (b) において，

$$\boldsymbol{r}_i' = \boldsymbol{r} - \boldsymbol{r}_i$$

の大きさ r_i' は，$\boldsymbol{r}$ 方向の単位ベクトル $\boldsymbol{e}_r = \boldsymbol{r}/r$ を使って

$$r_i' \fallingdotseq r - \boldsymbol{r}_i \cdot \boldsymbol{e}_r = r\left(1 - \frac{\boldsymbol{r}_i \cdot \boldsymbol{e}_r}{r}\right)$$

と近似できる．さらに，$(1 - \boldsymbol{r}_i \cdot \boldsymbol{e}_r/r)^{-1} \fallingdotseq 1 + \boldsymbol{r}_i \cdot \boldsymbol{e}_r/r$ と (6.29) を考慮すると，(6.30) は

$$\phi = \sum_{i=1}^{n} \frac{q_i}{4\pi\varepsilon_0 r}\left(1 + \frac{\boldsymbol{r}_i \cdot \boldsymbol{e}_r}{r}\right) = \frac{1}{4\pi\varepsilon_0} \sum_{i=1}^{n} \frac{q_i \boldsymbol{r}_i \cdot \boldsymbol{e}_r}{r^2} \tag{6.31}$$

となる．ここで

$$\boldsymbol{p} = \sum_{i=1}^{n} q_i \boldsymbol{r}_i \tag{6.32}$$

とおけば，(6.31) は

$$\begin{aligned}\phi &= \frac{1}{4\pi\varepsilon_0}\frac{\boldsymbol{p}\cdot\boldsymbol{e}_r}{r^2} \\ &= \frac{\boldsymbol{p}\cdot\boldsymbol{r}}{4\pi\varepsilon_0 r^3}\end{aligned} \tag{6.33}$$

となり，電気双極子ポテンシャル (6.25) と同じ形になる．つまり，全体として中性の任意の電荷の集団は，遠くからみれば，(6.32) で定義される 1 つの電気双極子モーメントと考えてよいことがわかる．

この電荷の集団で，正電荷の中心と負電荷の中心のずれのベクトルを $\boldsymbol{d}$ とし，正電荷の合計を Q，負電荷の合計を $-Q$ とすると，(6.32) は

$$\boldsymbol{p} = Q\boldsymbol{d}$$

と表すことができるので，(6.33) は当然の結果である．これを確かめるのは読者に任せよう (章末問題 6.5 を参照)．

ちなみに，(6.33) は r_i' を 1 次まで近似することで得られた．つまり，全体として中性な任意の電荷の集団は，1 次までの近似の範囲では電気双極子と等価である．しかし，電気双極子では表しきれない部分もあり，より高次の近似によってその違いが表される．高次の近似で現れる最初の補正項は“四重極ポテンシャル”とよばれる．

6.3 導体のある場合の電場

金属のように自由に動ける電荷をもつ物質を**導体**という．導体中では電荷が自由に移動できるために，電場 (または静電ポテンシャル) と電荷分布の両方を，互いに矛盾しないように求める必要がある．

(a)　電場と静電ポテンシャル

導体内部

導体内部の電場は（電源につなげない限り）ゼロである．なぜなら，もし導体内に電場があれば，その電場の向きに正の電荷（または逆向きに負の電荷）が移動し，電荷の移動によって，もともとあった電場と反対向きの電場が生じて打ち消し合うからである．そして，導体中の電場がいたるところでゼロになるまで電荷は移動し続け，電場がゼロになったときに初めて，一定の電荷分布に落ち着くのである．

導体内部では電場がゼロなので，$\boldsymbol{E} = -\nabla\phi$ より静電ポテンシャルは一定値をとる．また，①（ガウスの法則）より導体中の任意の閉曲面の内部に電荷は存在しない．つまり，導体内に電荷は存在しない．

まとめると，

$$\text{導体内部では}\begin{cases}\boldsymbol{E} = \boldsymbol{0} \\ \phi = \text{一定} \\ \rho = 0\end{cases} \tag{6.34}$$

である．

導体表面

導体内部で成り立つ (6.34) は，静電場の場合であれば，例えば，図 6.17 (a) に示すように導体を電場中に置いても，図 6.17 (b) のようにそばに電荷

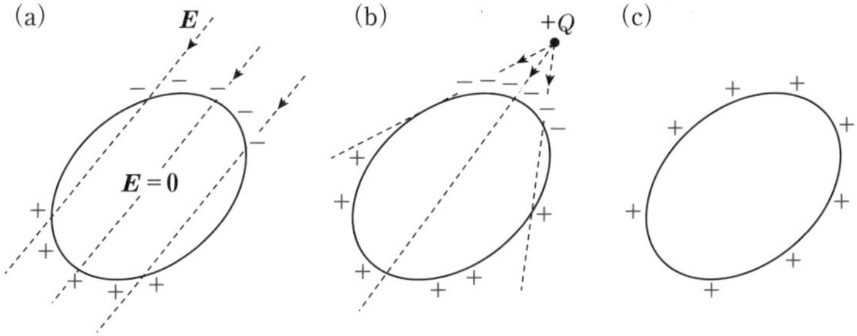

図 6.17　導体表面の電荷の様子

を置いても，あるいは，図 6.17 (c) のように導体自体を帯電させても，どの場合でも必ず成り立つ．

しかし，導体表面は別である．電場中に置かれれば，図 6.17 (a) のように導体内部で電荷が移動して，表面に電荷分布が生じる．導体外部に電荷 $+Q$ を置いた場合 (図 6.17 (b)) も同様である．そして，導体自体に電荷を加えて帯電させた場合には (図 6.17 (c))，追加された電荷はクーロン力による反発で導体内でなるべく互いに離れて分布するので，表面に分布することになる．

誘起される表面の面電荷密度の正確な分布の様子は，導体の形状や外部の条件が定まらなければ決まらないが，表面のある場所で面電荷密度がわかるなら，以下のように，その導体表面のすぐ近傍の電場が決定される．

図 6.18 (a) のように，導体の内側を表面に沿って進み，導体の外側を，表面に無限に近い線路を辿って元に戻る小さな閉曲線 C を考えよう．この閉曲線 C に沿う $\boldsymbol{E}$ の循環は ②$_{\mathrm{s}}$ ($\nabla \times \boldsymbol{E} = \boldsymbol{0}$) よりゼロである．ここで，導体内部では

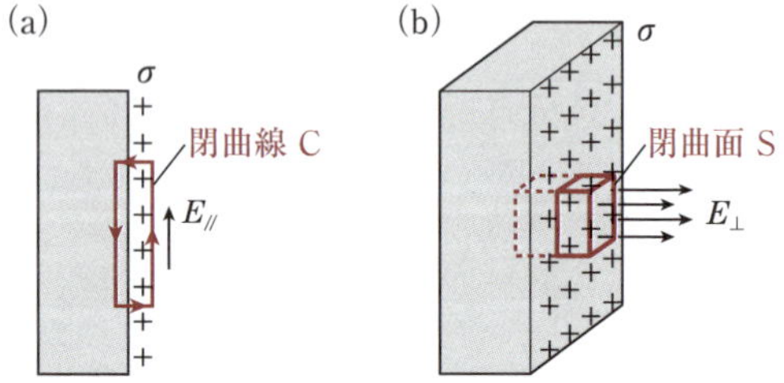

図 6.18 導体表面の電場

(6.34) より $\boldsymbol{E} = \boldsymbol{0}$ なので，導体の外側の電場の表面に沿う線積分もゼロでなければならない．そのような無限小の閉曲線をいたるところで考えることができるので，導体表面の外側での面に平行な電場成分 $E_{/\!/}$ はゼロである．(閉曲線 C が表面を横切る線分は無限に短いので，電場の垂直成分の寄与は無視してよい．)

次に，図 6.18 (b) のように，1つの面 (断面積 S) を導体表面のすぐ外側にもち，反対側の面を導体内にもつ小さな閉曲面を考えよう．この閉曲面を貫

く電場の発散は導体内部で $\boldsymbol{E}=\boldsymbol{0}$ であることから，導体の外側で面に垂直な電場成分を $E_{\perp}$ として $E_{\perp}S$ であることがわかる．この発散が，① (ガウスの法則) より，閉曲面に含まれる電荷を ε_0 で割ったものに等しいことから，$E_{\perp}=\sigma/\varepsilon_0$ を得る．

6.1 節 (c) で，面電荷密度がつくる電場が $\sigma/2\varepsilon_0$ であることを述べたが，その場合の電場は面電荷の両側に存在した．金属表面の場合は外側にしか電場はできず，そのため，大きさが 2 倍の σ/ε_0 になることに注意しよう．

まとめると，

$$\text{導体表面(外側)では}\begin{cases} E_{/\!/}=0 \\ E_{\perp}=\dfrac{\sigma}{\varepsilon_0} \end{cases} \tag{6.35}$$

である．

導体の空洞内の電場

導体の空洞内の電場は必ずゼロであり，かつ空洞表面に電荷分布は存在しない．つまり，

$$\text{空洞内では}\begin{cases} \boldsymbol{E}=\boldsymbol{0} \\ \sigma=0 \quad (\text{空洞表面}) \end{cases} \tag{6.36}$$

である．導体にいかに強い電場をかけても，あるいは導体自体をいかに強く帯電させても (6.36) が成立する．

このことを示すために，導体中を通って空洞を囲む図 6.19 (a) のような閉曲面 S を考えよう．導体内は $\boldsymbol{E}=\boldsymbol{0}$ なので，① (ガウスの法則) より閉曲面 S に含まれる電荷はゼロであり，

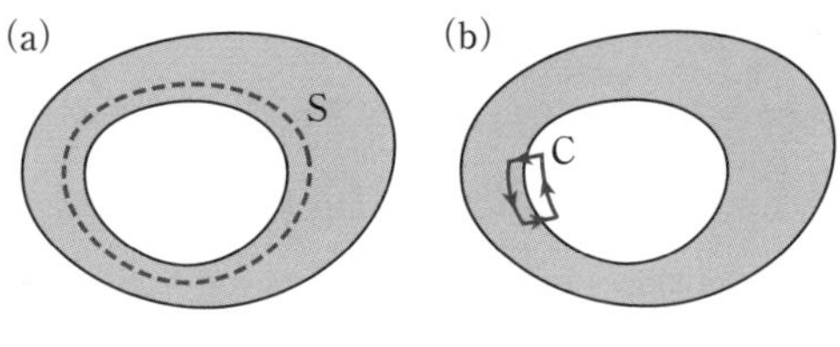

図 6.19 空洞をもつ導体内の電場

したがって，空洞表面の電荷（の合計）はゼロである．もし空洞表面に正電荷と負電荷が混在することで合計がゼロになっているなら，(6.35) と同様に考えて，空洞表面から空洞内に出ていく電場と入ってくる電場が存在するはずである．ところが，②$_s$ ($\nabla \times \boldsymbol{E} = \boldsymbol{0}$) より，図 6.19 (b) のように空洞中と導体中を通る任意の閉曲線 C に沿う $\boldsymbol{E}$ の循環がゼロでなければならない．したがって，空洞内のいたるところで $\boldsymbol{E} = \boldsymbol{0}$ であり，さらに空洞表面のいたるところで電荷はゼロとなる．

このように，導体の外側がどのような条件であろうと，また外から導体に電荷を付け加えたとしても，導体の空洞内に影響を与えることはなく，常に $\boldsymbol{E} = \boldsymbol{0}$，$\sigma = 0$ という，静電気的に静寂の世界である．この事実が，落雷時に導電性の囲いの中に居れば安全であることや，電気的に壊れやすい電子部品を導電性のアルミホイルに包めば安全であるといったことの根拠になっている．

(b) 鏡像法

一般に導体表面上の電荷分布は未知なので，$\boldsymbol{E}$ や ϕ を求めるためには電荷分布も同時に決定しなければならない．しかし，以下に述べる鏡像法（または映像法，投影法）とよばれる方法によって，計算の手間を大幅に省くことができる場合がある．この方法は，「導体の静電ポテンシャルが一定で，導体表面の電場が表面に垂直である」という事実を用いるものである．

例として，距離 $2a$ 離れた $+q$ と $-q$ の点電荷を考えてみよう．静電ポテンシャルが一定となる面（等ポテンシャル面）は図 6.20 (a) のように表せる．このとき，図 6.20 (b) のように，等ポテンシャル面のどれか 1 つと同じ曲面をもつ導体を置けば，導体の表面は等電位なので，その導体の外側の領域は導体を設置したことによって影響を受けず，同じ静電ポテンシャルが実現されるはずである．この事実を逆に用いる手法が鏡像法である．

つまり，導体を含む問題を考える際，導体の表面と同じ形の等電位面をつ

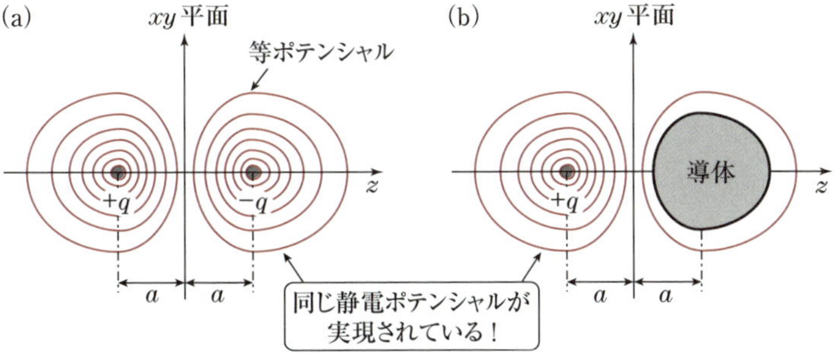

図 6.20　鏡像法

くる点電荷の分布をみつけるのである．もし運良くそのような点電荷の分布をみつけることができたら，その点電荷の分布がつくる静電ポテンシャルが求める解である．その際，仮想的に考えた点電荷（例えば，図 6.20 (a) では $z = +a$ にある電荷 $-q$）は，**鏡像電荷**とか**ミラーチャージ**とよばれる．

応用例として，図 6.21 に示すように，導体平板の外側の距離 a の位置に正電荷がある場合を考えよう．導体は $z < 0$ の半無限空間を満たしている．導体表面は $z = 0$ で，点電荷の位置は $(x, y, z) = (0, 0, a)$ とする．点電荷によって導体中の負の電荷が表面に引き寄せられて負の面電荷が誘起され，この誘起された負の面電荷と正の点電荷 $+q$ によって，導体表面及び内部が等ポテンシャルになっている．負の面電荷は外部の $+q$ からの引力を受けつつ，互いに同符号なので反発もしている．そこで，面電荷密度は点電荷の直下の点 $(0, 0, 0)$ で最大で，直下の点から遠ざかるにつれて減少するだろう．これら複数

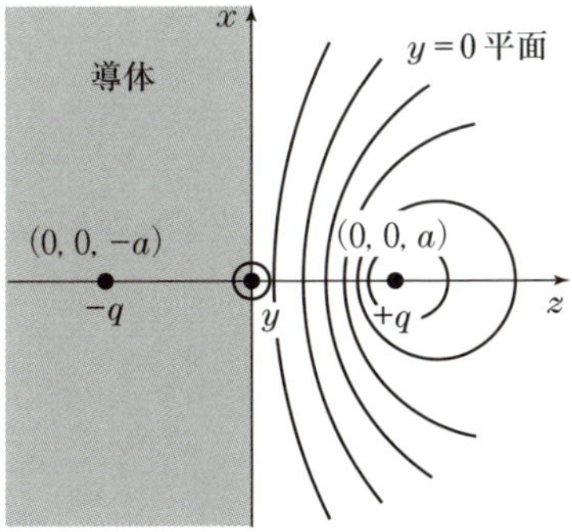

図 6.21　導体平板のつくる静電ポテンシャル

の条件を考慮した上で，表面電荷を直接導き出すのはなかなか厄介である．

ところが，図6.21に示すように，導体表面に対して対称な位置 $(0, 0, -a)$ に仮想的に負の電荷（鏡像電荷）$-q$ があると仮定すれば，この2つの点電荷 $+q$ と $-q$ が面 $z=0$ につくる静電ポテンシャルは一定となり，導体板が存在するのと同じ結果を与える．そして，ポアソン方程式の解の一意性により[補足 A.3]，2つの点電荷 $+q$ と $-q$ が $z>0$ の領域につくる静電ポテンシャルが，問題の正しい解答を与えることになる．

2つの点電荷による静電ポテンシャルと電場はすでに明らかである．ここでは導体の面電荷密度を求めておこう．

面 $z=0$ 上で原点 $(0, 0, 0)$ から距離 b の位置に2つの電荷がつくる電場は図6.22のように $-z$ 方向を向き，その z 成分は

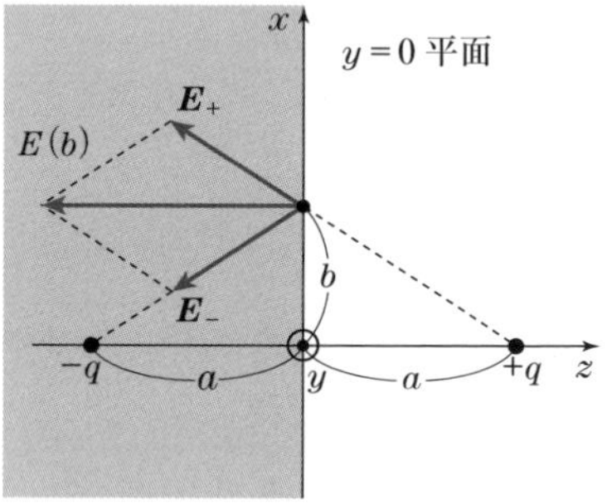

図6.22　導体平板の表面の電場

$$E(b) = -\frac{1}{4\pi\varepsilon_0}\frac{q}{\left(\sqrt{a^2+b^2}\right)^2}\cdot\frac{a}{\sqrt{a^2+b^2}}\cdot 2 = -\frac{qa}{2\pi\varepsilon_0(a^2+b^2)^{3/2}}$$

となる．したがって，(6.35) より

$$\sigma(b) = -\frac{1}{2\pi}\frac{qa}{(a^2+b^2)^{3/2}} \tag{6.37}$$

が得られる．

章末問題

6.1 電場 $\boldsymbol{E}$ による中性原子の分極を考える．原子を中心の原子核（電荷 Q）と，その周りをとりまく半径 R の球内に一様に分布する電子（電荷 $-Q$）からなるとし，電場によって電子が球状の分布を保ったまま，原子核から中心が距離 d（$< R$）ずれるとする．ずれによって生じる電気双極子 $\boldsymbol{p} = Q\boldsymbol{d}$ と電場 $\boldsymbol{E}$ との比例係数 α（$\boldsymbol{p} = \alpha\boldsymbol{E}$：分極率とよぶ）を求めよ．

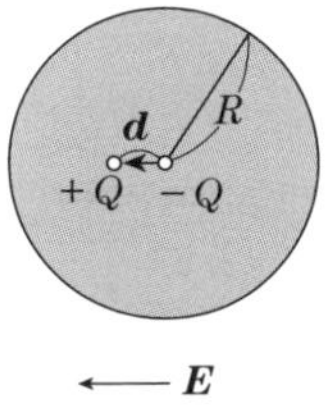

6.2 導体表面から距離 a に置かれた点電荷 q（図 6.22）によって導体表面に誘起される全誘起電荷が $-q$ に等しいことを，面電荷密度 (6.37) から示せ．

6.3 半径 a の導体球の中心 O から距離 b（$> a$）にある点 P_1 に電荷 q があるとき，導体球外の電場は，OP_1 線上の O から距離 a^2/b の点 P_2 に鏡像電荷 $q' = -aq/b$ を置くことによる電場に等しいことを示せ．ただし，「2 点からの距離の比が一定の点の軌跡は球である」という事実（アポロニウスの定理）を用いてよい．

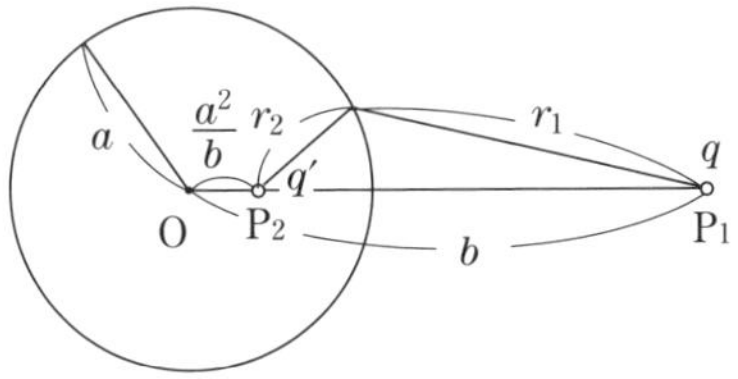

6.4 導体球（半径 R）の内部に任意の形状の空洞がある．点電荷 $+q$ を空洞内の任意の場所に置くとき，導体球外部（$r > R$）に生じる電場 $\boldsymbol{E}$ を考える．この電場が，半径 R の球殻状に一様に分布した電荷 $+q$ がつくる電場（6.1 節 (f) の (6.15)，ただし $r > R$，$Q = q$）に等しいことを示せ．

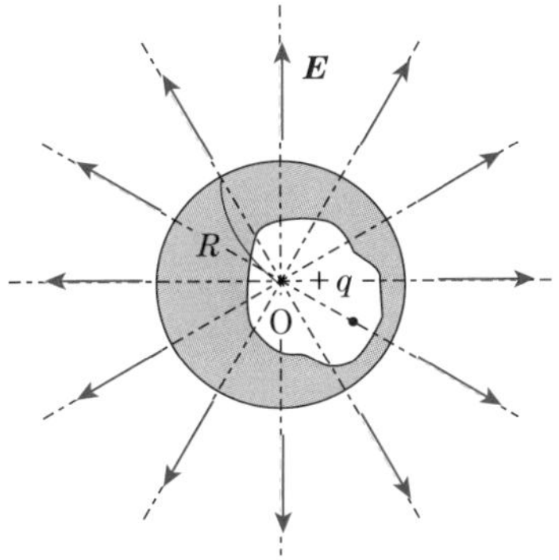

つまり，空洞の形や電荷の位置に依らず，導体球の中心から放射状に広がるクーロン電場に等しい．（ちなみに，空

洞内の電荷を振動させても $r > R$ の電場に変化は生じない．電荷の振動で，空洞内には第13章で扱う電磁波が発生するが，電磁波は空洞の内壁で完全反射され，失われることなく何度も反射されて内部に閉じこもり，その影響は外部に現れない．）

このように，導体で囲まれた空間内部から外部に漏れる情報は，内部の電荷の大きさだけであり，電荷の位置や運動状態の情報は一切漏れない．これは，導体による（静電）遮蔽とよばれる効果の一例である．

6.5 正電荷の合計が Q，負電荷の合計が $-Q$ の，全体で中性の n 個の点電荷 q_1 $(i = 1, 2, \cdots, n)$ がある．正電荷と負電荷の中心がベクトル $\boldsymbol{d}$ だけずれているとき，この電荷の集団を十分遠方からみれば，$\boldsymbol{p} = Q\boldsymbol{d}$ の電気双極子に等価である．このとき，$\boldsymbol{p} = \sum_{i=1}^{n} q_i \boldsymbol{r}_i$ ($\boldsymbol{r}_i$：i 番目の電荷の位置) となることを示せ．

6.6 十分に長い2つの同心円筒（半径 a と b）に，それぞれ面電荷密度 $+\sigma$ と $-a\sigma/b$ の電荷が均一に分布している．

(1) 中心軸から半径 r における電場 $E(r)$ と静電ポテンシャル $\phi(r)$ を求めよ．ただし，半径 a を静電ポテンシャルの基準点にとる．

(2) 半径 a と b の2つの円筒状金属極板からコンデンサーをつくるとき，単位長さ当たりの電気容量 C を求めよ．

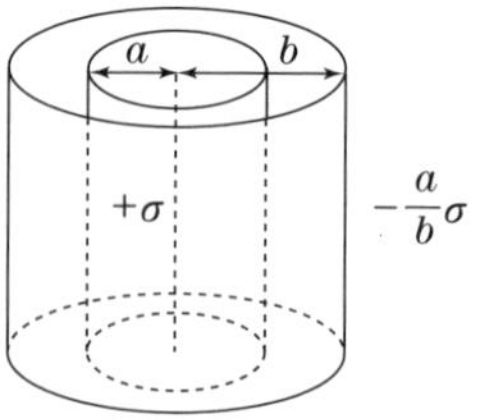

第 7 章

静電エネルギー

電荷の集団や，電場中に置かれた電荷は，クーロン力による位置エネルギーをもち，それは特に静電エネルギーとよばれる．本章では様々な具体例について静電エネルギーを計算で求めるとともに，静電エネルギーが空間に電場として分布することを示す．

7.1 一般論

ある電荷分布の**静電エネルギー**とは，その電荷分布をなすすべての電荷の要素が互いに無限に隔たった場所にある状態から出発して，それらを寄せ集めて現在の分布を形成するまでに必要な仕事のことである[1)]．

まず最初に，電荷分布として，複数の点電荷 q_1, q_2, $\cdots$, q_n が位置 $\boldsymbol{r}_1$, $\boldsymbol{r}_2$, $\cdots$, $\boldsymbol{r}_n$ にある場合（図 7.1）を考えよう．

この電荷分布による静電ポテンシャルは，すでに (5.12) として得られている．したがって，もしこの電荷分布に対してさらに，ある位置 $\boldsymbol{r}$ に新たな電荷 q を付け加えるなら，そのために要する仕事は $q\,\phi(\boldsymbol{r}) = \dfrac{q}{4\pi\varepsilon_0}\displaystyle\sum_{i=1}^{n}\dfrac{q_i}{|\boldsymbol{r}-\boldsymbol{r}_i|}$ である．しかしここで求めたいのは，新たな電荷を追加するのに要する仕事ではなく，この電荷分布を形成するのに要する仕事である．

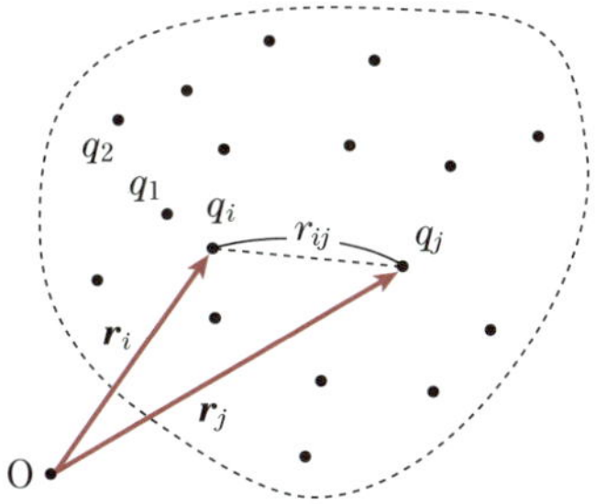

図 7.1 複数の点電荷

1) 基準は必ずしも無限遠点である必要はない．しかし，考える上で単純になることが多いので，本書では特に断らない限り無限遠点を基準にする．

$q_1, q_2, \cdots, q_n$ から任意の2つの点電荷 q_i と q_j を選ぶと，それらの間には r_{ij} をお互いの距離として，$\dfrac{q_i q_j}{4\pi\varepsilon_0 r_{ij}{}^2}$ のクーロン力がはたらいている．したがって，q_i と q_j は $\dfrac{q_i q_j}{4\pi\varepsilon_0 r_{ij}}$ の静電エネルギーをもち，クーロン力について重ね合わせの原理が成り立つことを考慮すれば，全電荷の静電エネルギーは，すべての電荷のペアがもつ静電エネルギーの総和，

$$U = \frac{q_1 q_2}{4\pi\varepsilon_0 r_{12}} + \frac{q_1 q_3}{4\pi\varepsilon_0 r_{13}} + \cdots + \frac{q_1 q_n}{4\pi\varepsilon_0 r_{1n}} + \frac{q_2 q_3}{4\pi\varepsilon_0 r_{23}} + \cdots + \frac{q_2 q_n}{4\pi\varepsilon_0 r_{2n}} + \cdots + \frac{q_{n-1} q_n}{4\pi\varepsilon_0 r_{n-1\,n}}$$

で与えられる．

この和の表記法として，

$$U = \sum_{i=1}^{n} \sum_{j<i}^{n} \frac{q_i q_j}{4\pi\varepsilon_0 r_{ij}} \tag{7.1}$$

のように，i と j の両方について和をとるが，同じペア（例えば $i, j = 1, 2$ と $i, j = 2, 1$）の重複を避けるために $j < i$ の制限を付ける．または，

$$U = \frac{1}{2} \sum_{i=1}^{n} \sum_{j\neq i}^{n} \frac{q_i q_j}{4\pi\varepsilon_0 r_{ij}} \tag{7.2}$$

のように，同一ペアの重複を許して和をとった上で，全体を2で割ってもよい．ただし，(7.2) の和の $j \neq i$ は，同一の点電荷自身による項を除外することを意味する．

(7.1) または (7.2) は，各々の点電荷が無限に離れていた場合に比べて，電荷を寄せ集めるためにこれだけの仕事が外部からなされ，その仕事が静電エネルギーとして蓄積されていることを意味する．(7.2) の中の $\sum_{j\neq i}^{n} \dfrac{q_j}{4\pi\varepsilon_0 r_{ij}}$ は，もともとの点電荷の中から，$\boldsymbol{r}_i$ にある点電荷 q_i を取り去った残りの電荷が $\boldsymbol{r}_i$ につくる静電ポテンシャルである．つまり，与えられた電荷分布の中で電荷 q_i が感じている静電ポテンシャルである．したがって，これを $\phi(\boldsymbol{r}_i)$ と書くと，(7.2) を

$$U = \frac{1}{2}\sum_{i=1}^{n}\sum_{j\neq i}^{n}\frac{q_i q_j}{4\pi\varepsilon_0 r_{ij}} = \frac{1}{2}\sum_{i=1}^{n}\phi(\boldsymbol{r}_i)\, q_i \tag{7.3}$$

と表すことができる.

点電荷ではなく，電荷密度 $\rho(\boldsymbol{r})$ で表される連続的な電荷分布の場合は，図 7.2 のように空間を微小体積に分割し，位置 $\boldsymbol{r}$ の微小体積 dV を含む電荷 $\rho(\boldsymbol{r})\, dV$ を用いることで，(7.2) は

$$U = \frac{1}{2}\cdot\frac{1}{4\pi\varepsilon_0}\iint\frac{\rho(\boldsymbol{r}_i)\,\rho(\boldsymbol{r}_j)}{r_{ij}}\, dV_i\, dV_j \tag{7.4}$$

と表せる.

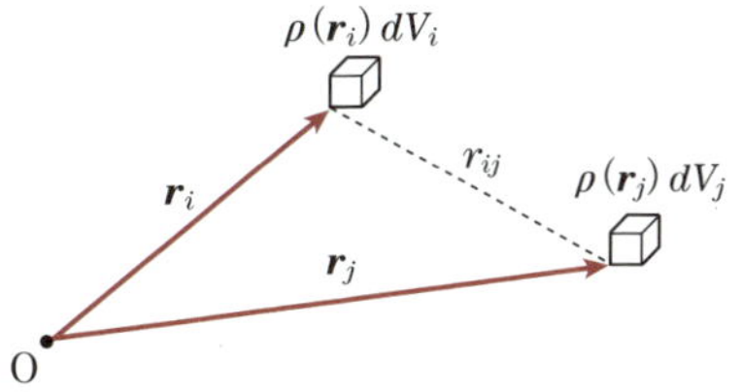

図 7.2 連続的な電荷分布

そして，$\dfrac{1}{4\pi\varepsilon_0}\displaystyle\int\frac{\rho(\boldsymbol{r}_j)\, dV_j}{r_{ij}}$ は $\boldsymbol{r}_i$ におけるポテンシャルなので，これを $\phi(\boldsymbol{r}_i)$ と書くと，

$$U = \frac{1}{2}\cdot\frac{1}{4\pi\varepsilon_0}\iint\frac{\rho(\boldsymbol{r}_i)\,\rho(\boldsymbol{r}_j)}{r_{ij}}\, dV_i\, dV_j = \frac{1}{2}\int\phi(\boldsymbol{r}_i)\,\rho(\boldsymbol{r}_i)\, dV_i$$

を得るが，最後の項の添字 i は積分を実行する上では特に意味がないので省略してもよく，

$$U = \frac{1}{2}\int\phi(\boldsymbol{r})\,\rho(\boldsymbol{r})\, dV \tag{7.5}$$

と表せる.

7.2 いくつかの例

静電エネルギーの具体例をいくつか考えよう．対称性を考慮することで手際よく結果を求めることができる場合があるのは，いままでと同様である．

(a) 一様に帯電した球

半径 R の一様な帯電球 (図 7.3 (a)) を考えよう．全電荷を $Q\,(>0)$ とする．

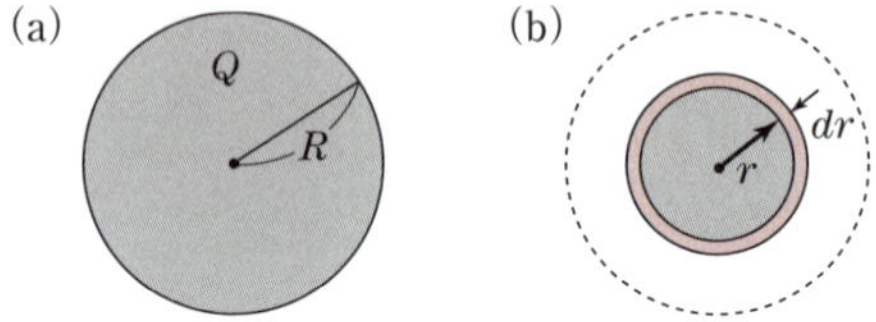

図 7.3 一様に帯電した球

中心から球対称性を保ちつつ，雪だるまをつくるように電荷を付け加えて半径 r をゼロから R まで増大させることを考える．電荷密度 $\rho = \dfrac{Q}{4\pi R^3/3}$ を用いると，半径 r の状態で球に含まれる電荷は $q = \dfrac{4\pi r^3 \rho}{3}$ と書け，ここに厚さ dr の球殻状電荷を付け加えるための仕事は，r での静電ポテンシャルが $\dfrac{q}{4\pi\varepsilon_0 r}$ であることから $\dfrac{q}{4\pi\varepsilon_0 r}\,dq$ (ただし，$dq = 4\pi r^2 \rho\,dr$) である．ρ を Q に戻して r をゼロから R まで積分すれば

$$U = \int_0^R \frac{1}{4\pi\varepsilon_0 r}\left(\frac{r}{R}\right)^3 Q \cdot \frac{3r^2 Q}{R^3}\,dr = \int_0^R \frac{3Q^2}{4\pi\varepsilon_0 R^6} r^4\,dr = \frac{3}{5}\cdot\frac{Q^2}{4\pi\varepsilon_0 R} \tag{7.6}$$

を得る．

このように，静電エネルギー U は電荷分布の半径に反比例する．小さく押し縮めれば縮めるほど，半径に反比例して大きなエネルギーが蓄えられる．

(b) 一様に帯電した球殻

導体球を帯電させると，6.3 節に記したように電荷は導体内部には分布せず，互いに斥け合って表面に分布する．ここでは，半径 R の球殻上に電荷 Q

が一様に分布する場合（図 7.4）を考えよう．

半径 R の球対称性を保ちつつ，電荷をゼロから Q まで付け加えることを考えればよい．電荷が q となった状態での球面での静電ポテンシャルが $\dfrac{q}{4\pi\varepsilon_0 R}$ で，そこに微小な電荷 dq を付け加えるのに必要な仕事が $\dfrac{q}{4\pi\varepsilon_0 R}\,dq$ であることから，これを $q = 0$ から $q = Q$ まで積分することで，

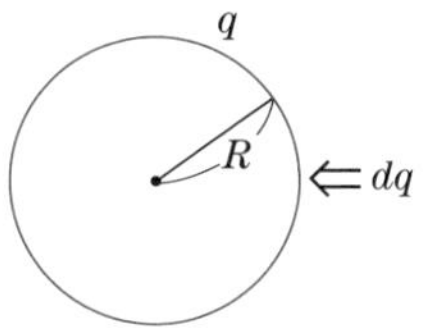

図 7.4 一様に帯電した球殻

$$U = \int_0^Q \frac{q}{4\pi\varepsilon_0 R}\,dq = \frac{1}{2}\cdot\frac{Q^2}{4\pi\varepsilon_0 R} \tag{7.7}$$

を得る．

一様な球状分布に比べると，電荷が表面に広がることで静電エネルギーが減少する．(7.6) と比べると，その比率が 5/6 であることがわかる．

(c) 平行平板コンデンサー

図 7.5 のような平行平板コンデンサー（面積 S，極板間隔 d）の上下の極板にそれぞれ $\pm Q$ の電荷が一様に分布しているときの静電エネルギーを求める．極板は十分に広く，端の効果は無視できるものとする．6.1 節に出てきたように，極板上の面電荷密度は $\sigma = Q/S$，極板間の電場は $E = \sigma/\varepsilon_0 = \sigma S/\varepsilon_0 S = Q/\varepsilon_0 S$，極板間の静電ポテンシャル差（電圧 V）は $V = Ed = Qd/\varepsilon_0 S$，電気容量は $C = Q/V = \varepsilon_0 S/d$ である．

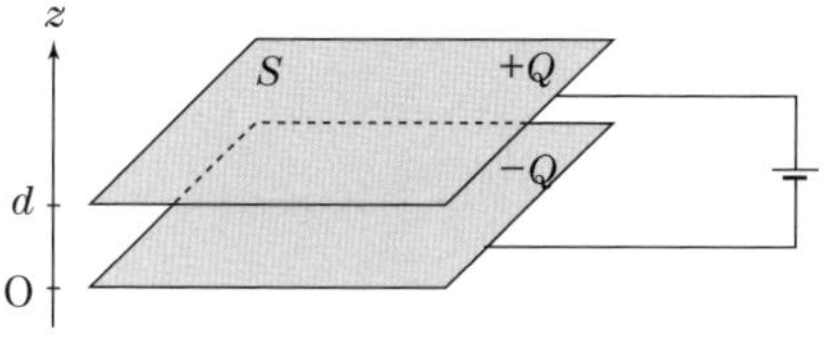

図 7.5 平行平板コンデンサー

コンデンサーを充電する際は，極板上の電荷がゼロの状態から出発して，一方の極板から他方の極板に少しずつ電荷を運んで，電荷をゼロから Q に

する．そのときに要する仕事が静電エネルギーになるように，エネルギーの基準点を選びたい．それには，それぞれの極板上の電荷がゼロの状態を基準とすればよい．（いままでのように，電荷 $\pm Q$ が互いに無限遠に隔たっている状態を基準とするとどうなるか，考えてみよ．）

さて，充電の途中，極板上の電荷が q になったときの極板間の電圧は $\dfrac{q}{C}$ なので，微小電荷 dq をさらに追加するための仕事は $\dfrac{q}{C}dq$ であり，これを $q=0$ から $q=Q$ まで積分することで，静電エネルギーが

$$U=\int_0^Q \frac{q}{C}\,dq=\frac{Q^2}{2C}=\frac{1}{2}QV \tag{7.8}$$

と得られる．この式の 1/2 の因子は，(7.5) の 1/2 の因子に対応することに注意しよう．

(d)　電場中の電気双極子

6.2 節で学んだ電気双極子モーメント $\boldsymbol{p}=q\boldsymbol{d}$ が図 7.6 のように一様な z 方向の電場 $\boldsymbol{E}$ の中に置かれている場合を考えよう．ただし，$+q$，$-q$ の電荷，およびずれの大きさ d は不変（つまり $\boldsymbol{p}$ の大きさは不変）だが，$\boldsymbol{p}$ の電場に対する向きが xz 面内で自由に変わるとする．

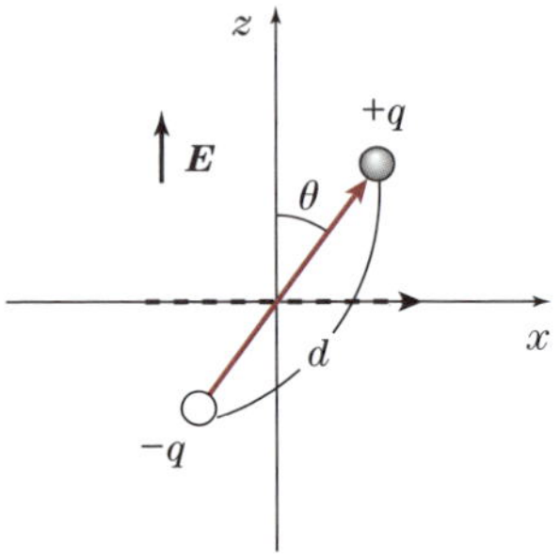

図 7.6　電場中の電気双極子

$\boldsymbol{p}$ の電場（z 軸）に対する角度が θ のとき，$+q$ と $-q$ の電荷の位置エネルギーは $\theta=\pi/2$（図 7.6 の点線）の場合を基準として，ともに $-qEd\cos\theta/2$ で与えられる．したがって，電気双極子モーメントを電場から角度 θ 傾けたときの位置エネルギーは，

$$U=-qEd\cos\theta \tag{7.9}$$

となる．ここで qd は電気双極子モーメント $\boldsymbol{p}$ の大きさなので，ベクトル記

号を用いて,

$$U = -\boldsymbol{p} \cdot \boldsymbol{E} \tag{7.10}$$

と表すことができる.

この表式は，第8章で誘電体を取り扱うための重要な基礎を与える.

7.3　静電場のエネルギー

静電エネルギーが空間のどこに蓄えられているのか，という問いを考えてみよう．例えば，7.2節で一様に帯電した球の静電エネルギー U を計算したが，このエネルギーは空間のどこに存在しているのだろうか．電荷のある球の内部だけか，それとも球の外にも広がっているのだろうか．それとも，そんな疑問にはもともと意味がないだろうか.

力学において，バネ定数 k のつるまきバネを自然長から x 縮めれば，$kx^2/2$ の位置エネルギーが蓄えられるが，この場合のエネルギーは，バネを構成する材質の部分部分にひずみとして蓄えられている．縮んだバネの材料の一部をそのまま変形させず切り取って力を解放すれば，その部分に蓄えられていたひずみのエネルギーが解放されることから，その事実を直接確かめることができるのである.

静電エネルギーの場合はどうだろうか．7.1節で，電荷分布が $\rho(\boldsymbol{r})$，静電ポテンシャルが $\phi(\boldsymbol{r})$ で与えられるときの静電エネルギーが，一般に (7.5) の

$$U = \frac{1}{2}\int_{\text{全空間}} \phi(\boldsymbol{r})\,\rho(\boldsymbol{r})\,dV$$

で与えられることを示したが，この式を変形していくことでヒントが得られる．電荷分布 ρ がポアソン方程式 $\nabla^2\phi = -\dfrac{\rho}{\varepsilon_0}$ を満たすので，この式は,

$$U = -\frac{\varepsilon_0}{2}\int_{\text{全空間}} \phi\,\nabla^2\phi\,dV \tag{7.11}$$

と変形される．ここで，被積分関数の $\phi\,\nabla^2\phi$ はベクトル演算の公式 (4.10)

より

$$\phi \nabla^2 \phi = \nabla \cdot (\phi \nabla \phi) - (\nabla \phi) \cdot (\nabla \phi)$$

であり，さらに $\boldsymbol{E} = -\nabla \phi$ より，$\phi \nabla^2 \phi = \nabla \cdot (\phi \nabla \phi) - \boldsymbol{E} \cdot \boldsymbol{E}$ となる．したがって，静電エネルギーの一般式 (7.5) が，結局

$$U = -\frac{\varepsilon_0}{2} \int_{\text{全空間}} \nabla \cdot (\phi \nabla \phi)\, dV + \frac{\varepsilon_0}{2} \int_{\text{全空間}} \boldsymbol{E} \cdot \boldsymbol{E}\, dV \qquad (7.12)$$

に変形される．

(7.12) の右辺第1項にガウスの定理 (3.17) を用いれば，

$$-\frac{\varepsilon_0}{2} \int_{\text{全空間}} \nabla \cdot (\phi \nabla \phi)\, dV = -\frac{\varepsilon_0}{2} \int_{\Gamma_\infty \text{の表面}} (\phi \nabla \phi) \cdot \boldsymbol{n}\, dS$$

となり，無限に大きな球面からの $\phi \nabla \phi$ の発散に等しい．ここで十分遠方の距離 r を考えると，点電荷の場合は $\phi \propto 1/r$，$\nabla \phi \propto 1/r^2$ となるため，被積分関数の $\phi \nabla \phi$ は $1/r^3$ で減衰する．また，点電荷以外の電荷分布であっても，複数の点電荷の組み合わせとみなすことができ，$\phi \nabla \phi$ は $1/r^3$ 以下で減衰する (電気双極子モーメントの場合，$\phi \propto 1/r^2$，$\nabla \phi \propto 1/r^3$ であることを思い出そう)．一方，積分を行う閉曲面の表面積は r^2 でしか増大しないので，無限に大きな球面上での積分はゼロになる．

したがって，結局 (7.12) の第1項目はゼロになり，最終的な結果

$$\boxed{U = \frac{\varepsilon_0}{2} \int_{\text{全空間}} \boldsymbol{E} \cdot \boldsymbol{E}\, dV} \qquad (7.13)$$

を得る．

この式は，電場が静電エネルギーを担っていることを意味している．さらに，(7.13) は，空間の各場所に，そこでの電場の2乗に比例したエネルギーが密度

$$u = \frac{\varepsilon_0}{2} \boldsymbol{E} \cdot \boldsymbol{E} \qquad (7.14)$$

で分布することを示唆している．(7.13) は全空間で積分した量に対して成立

する等式であり，局所的なエネルギー密度 u に関する (7.14) が導かれたわけではない．しかし，後に 12.5 節でより詳しく述べるように，電磁場によるエネルギーが局所的に保存する，という合理的仮定から，(7.14) が確からしいことを示す結果がさらに導かれる．

例題 7.1

電荷 Q が蓄えられた電気容量 C の平行平板コンデンサーの静電エネルギーを (7.13) から求め，結果が (7.8) に一致することを確かめよ．

【解】 極板面積を S，極板間隔を d とすると，極板間の電場を E とすると，E は一定で $E = V/d = Q/Cd$．(7.13) より，

$$U = \frac{\varepsilon_0}{2}\int_{\text{全空間}} E^2\,dV = \frac{\varepsilon_0}{2} SdE^2$$

ここで $C = \varepsilon_0 \dfrac{S}{d}$ より，(7.8) と同じ結果 $U = \dfrac{Q^2}{2C}$ を得る．

7.4　点電荷のエネルギー

静電エネルギーの式 (7.13)

$$U = \frac{\varepsilon_0}{2}\int_{\text{全空間}} \boldsymbol{E}\cdot\boldsymbol{E}\,dV$$

によれば，1 つの点電荷 q も静電エネルギーをもつことになる．(7.6) で帯電した球の半径 R をゼロにすれば明らかなように，その値は無限大である．一方，点電荷が 1 つだけの場合の静電エネルギーはゼロ，ということが 7.1 節の一般論のそもそもの前提だった．点電荷を複数含む系の静電エネルギーを一般化して導いた (7.13) は常に成り立つ式であるはずなのに，どうしてこうなるのだろうか．

その理由は，点電荷に対する式 (7.2) から，連続的な電荷分布に対する式 (7.4) に移行する際に，“無限小の電荷要素が互いに力を及ぼす”ことを認め

てしまったことにある．そのために，点電荷を含む場合に (7.13) を適用すると発散の困難が生じるのである．ここでもう少し詳しく考えてみよう．

点電荷を扱う場合は，点電荷をすでに与えられたものととらえ，点電荷をさらに小さな電荷のかけらに分割できるとは考えない．もし点電荷を分割できるなら，分割した電荷のかけらを，無限遠から寄せ集めて点電荷をつくるのに要するエネルギーを考えるべきだが，点電荷を仮定する場合は，そのような，点電荷を生成するのに要するエネルギー (以下では特に“点電荷の自己エネルギー”とよぼう) は考えないのである．いわば，(7.2) 及び (7.3) は点電荷を作成し終わった後の状態をエネルギーの基準点にとっているといえるのである．しかし，(7.2) から (7.4) に移行した段階で，すべての電荷を無限小の電荷要素に分割し，各要素間の力を考慮することになるため，点電荷の自己エネルギーが計算に自動的に含まれてしまうのである．そのために，(7.4) と等価な (7.13) は

$$(7.13) = (7.2) + (\text{点電荷の自己エネルギー})$$

となって，無限大の点電荷の自己エネルギーが加わるのである．

(7.13) から点電荷の自己エネルギーを差し引けば，点電荷を含む場合にも適用可能な，より一般的な表式が得られる．図 7.7 のように，連続的な電荷密度 $\rho_{連続}$ に加えて，k 個の点電荷 q_i ($i = 1, 2, \cdots, k$) を含む電荷分布 $\rho(\boldsymbol{r}) = \rho_{連続}(\boldsymbol{r}) + \rho_{点}(\boldsymbol{r})$ を考えよう．

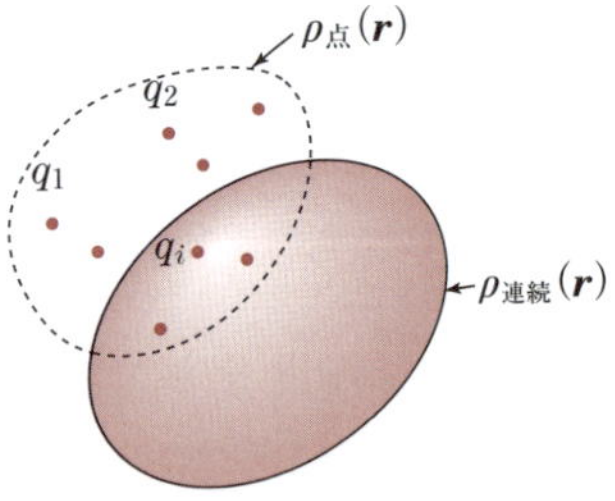

図 7.7　点電荷と連続的な電荷密度分布の共存

電場は，点電荷以外の (連続な) 電荷密度 $\rho_{連続}(\boldsymbol{r})$ による電場 $E_{連続}$ と，点電荷による寄与の和

$$\boldsymbol{E}(\boldsymbol{r}) = \boldsymbol{E}_{連続} + \sum_{i=1}^{k} \boldsymbol{E}_i \tag{7.15}$$

である．ただし，$\boldsymbol{E}_i$ は i 番目の点電荷によるクーロン電場で，$\boldsymbol{E}_i(\boldsymbol{r})=\dfrac{1}{4\pi\varepsilon_0}\dfrac{q_i(\boldsymbol{r}-\boldsymbol{r}_i)}{|\boldsymbol{r}-\boldsymbol{r}_i|^3}$ である．(7.15) より，(7.13) の被積分関数は

$$\boldsymbol{E}\cdot\boldsymbol{E}=\boldsymbol{E}_{連続}\cdot\boldsymbol{E}_{連続}+2\sum_{i=1}^{k}\boldsymbol{E}_{連続}\cdot\boldsymbol{E}_i+\sum_{i=1}^{k}\sum_{j=1}^{k}\boldsymbol{E}_i\cdot\boldsymbol{E}_j$$

と書ける．

ここで，右辺第 1 項は $\rho_{連続}(\boldsymbol{r})$ の間の相互作用，第 2 項は $\rho_{連続}(\boldsymbol{r})$ と点電荷の相互作用，第 3 項は点電荷の間の相互作用を表す．第 3 項はさらに $\sum_{i=1}^{k}\sum_{j=1}^{k}\boldsymbol{E}_i\cdot\boldsymbol{E}_j=\sum_{i=1}^{k}\sum_{j\neq i}^{k}\boldsymbol{E}_i\cdot\boldsymbol{E}_j+\sum_{i=1}^{k}\boldsymbol{E}_i\cdot\boldsymbol{E}_i$ と書け，点電荷が自分自身と相互作用する項 $\sum_{i=1}^{k}\boldsymbol{E}_i\cdot\boldsymbol{E}_i$（点電荷の自己エネルギーを与える）を含んでいることがわかる．そこで，$\boldsymbol{E}\cdot\boldsymbol{E}$ から $\sum_{i=1}^{k}\boldsymbol{E}_i\cdot\boldsymbol{E}_i$ を差し引いた上で (7.13) に代入することで，点電荷の自己エネルギーを含まない静電エネルギーが以下のように得られる．

$$U=U_1+U_2+U_3$$

$$\begin{cases} U_1=\dfrac{\varepsilon_0}{2}\displaystyle\int_{全空間}\boldsymbol{E}_{連続}\cdot\boldsymbol{E}_{連続}\,dV \\ U_2=\varepsilon_0\displaystyle\int_{全空間}\left(\sum_{i=1}^{k}\boldsymbol{E}_{連続}\cdot\boldsymbol{E}_i\right)dV \\ U_3=\dfrac{\varepsilon_0}{2}\displaystyle\int_{全空間}\left(\sum_{i=1}^{k}\sum_{j\neq i}^{k}\boldsymbol{E}_i\cdot\boldsymbol{E}_j\right)dV \end{cases} \tag{7.16}$$

(7.16) において，点電荷が存在しなければ $U_2=U_3=0$ となって U_1 だけが残り，(7.13) に帰着する．点電荷が付け加わると，点電荷 q_i と連続的な電荷分布 $\rho_{連続}$ の相互作用によるエネルギー U_2 と，異なる点電荷同士の相互作用によるエネルギー U_3 が加わるのである．ちなみに，連続した電荷密度 $\rho_{連続}(\boldsymbol{r})$ が存在しなければ $U_1=U_2=0$ となり，異なる点電荷間の相互作用による（(7.2) に対応する）エネルギー U_3 だけが残る．

このように，(7.16) は連続的な電荷密度 $\rho_{連続}(\boldsymbol{r})$ と点電荷 $q_i(i=1,2,\cdots,k)$ が共存する場合の静電エネルギーを電場で表す一般的表式である．

章末問題

7.1 帯電した2つの導体球（半径 R_1, R_2）を十分長くて細い導線で結ぶ．それぞれの球の表面での電場の大きさ E_1, E_2 が球の半径に反比例して $E_2/E_1 = R_1/R_2$ となることを示せ．（導体の尖った部分に電場が集中する．）

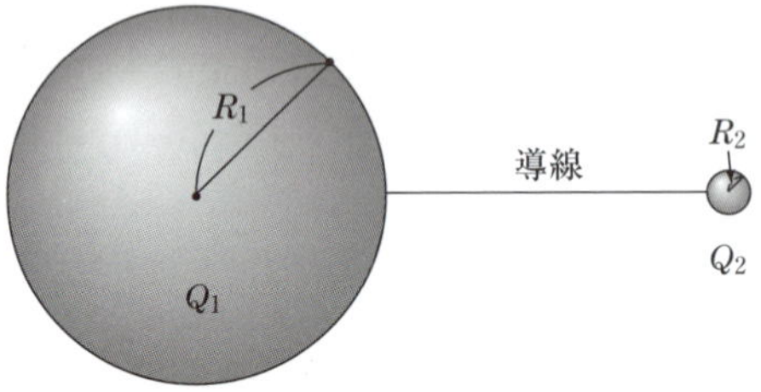

7.2 半径 R の球体内に電荷 Q を分布させる際，電荷密度 $\rho(r)$ が中心からの距離だけによる（つまり球対称性をもつ）として，どのような分布が最小の静電エネルギーをもたらすかを式で示せ．

7.3 電気容量 C_1, C_2 のコンデンサー 1, 2 が開いたスイッチを介してつながっており，1 の電圧が V_1, 2 の電圧がゼロとなっている．

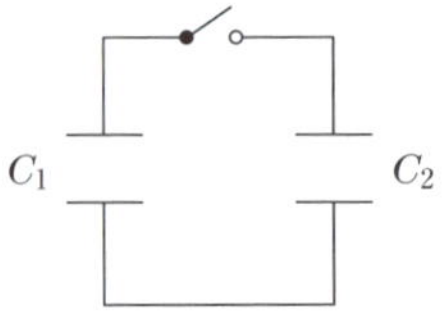

(1) スイッチを閉じたとき，双方のコンデンサーの電圧が等しくなるなら，その電圧はいくらか．
その際，両方のコンデンサーに蓄えられるエネルギーが，最初のエネルギー $C_1V_1^2/2$ より小さくなることを示せ．

(2) (1) の結果は何を意味するのか．途中の導線の抵抗は小さいがゼロではないとして，実際の回路で何が起こるかを考えよ．

7.4 一様な電場 $\boldsymbol{E}$ に置かれた双極子モーメント $\boldsymbol{p}$ が受ける力のモーメント $\boldsymbol{N}$ を求めよ．

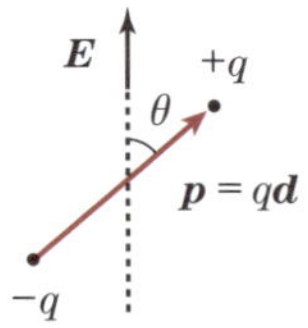

7.5 一様に帯電した球（全電荷 Q, 半径 R）の静電エネルギー U を (7.13) を用いて求め，結果が (7.6) に一致する

ことを確かめよ．

7.6 一様に帯電した球殻（全電荷 Q，球の半径 R）の静電エネルギー U を (7.13) を用いて求め，結果が (7.7) に一致することを確かめよ．

第 8 章

誘 電 体

本章では，物質中の静電気を考えよう．物質中を電荷が自由に動く導体の場合は，静電遮蔽によって物質中の電場がゼロになってしまうため，物質内部の電場を考える必要はないが，本章では，電荷が自由に移動できない**絶縁体**を考える．絶縁体では静電遮蔽は起こらず，電場が物質中に浸透するので，物質内部の電場を考慮する必要がある．

物質は原子や分子のおびただしい数の集合体であり，原子や分子の中では正電荷をもつ原子核の周りを負電荷をもつ電子が取り巻いている．いままでと同様，基礎となるのはマクスウェル方程式

$$\nabla \cdot \boldsymbol{E} = \frac{\rho}{\varepsilon_0} \qquad ①$$

$$\nabla \times \boldsymbol{E} = \boldsymbol{0} \qquad ②_{\mathrm{s}}$$

だが，電荷密度が場所の関数として極めて複雑に，原子スケールで変化することが問題である．

電荷密度の変化にともなって，電場も激しく変化する．原子スケールで複雑に変化する $\rho(\boldsymbol{r})$ および $\boldsymbol{E}(\boldsymbol{r})$ を，巨視的な領域の隅々まで正確に決めることは誰にもできない．したがって，マクスウェル方程式①，$②_{\mathrm{s}}$をこのままの形で解くことは不可能である．そこで，①，$②_{\mathrm{s}}$に何らかの近似を取り入れて，絶縁体を現実に取り扱うことができる理論体系を導く必要がある．それをどのように行い，そこからどんな帰結が得られるのかを本章で述べる．

8.1 分 極

我々が理解したいのは，コンデンサーの極板間に絶縁体を挟むと何が起こるのか，光が絶縁体の中でどのように進むのか（第 13 章で学ぶ），といった事柄である．そのためには，原子サイズ（10^{-10} m）での現象を問題にする必要はなく，膨大な数の原子・分子・イオンを含む，より大きな領域（10^{-9} m 程

度）での平均的な現象を考えればよい．本章で目指すのは，そのような平均的な取り扱いの方法である．

どんな絶縁体も（外部から電荷を特に加えない限り）正の電荷と負の電荷を等量含んでおり，空間的に平均すれば電気的に中性である．したがって，多数の原子を含むある程度の大きさをもった領域で平均すれば，電荷密度はゼロとみなして構わない．しかし，これは外部からの電場がゼロの場合である．

電場をかけると，正電荷と負電荷が電場によってそれぞれ反対向きに力を受けて位置が互いにわずかにずれる．これを**分極**とよぶ．分極はすべての絶縁体で共通に起こることであり，この分極によって，空間的に平均してもゼロとならない電荷分布が誘起される．この分極を定量的に取り扱い，それを理論に組み入れることで，多種多様な絶縁体の電気的性質を驚くほど簡単に記述することができるのである．なお，電場によって電荷が誘起されることから，絶縁体はしばしば**誘電体**とよばれる．

分極の定量的な取り扱いに進む前に，具体例をみておこう．例えば図 8.1 (a) の H_2O 分子は**極性分子**とよばれ，分子自体が電気双極子モーメント $\boldsymbol{p}$ をもつ（すなわち，電場がなくても正と負の電荷の中心がずれている）．水のような極性分子からなる物質の場合も，電場がなければ多数の分子が電場に対してランダムな向きを向くので，多数の分子を平均すれば正負の電荷の中心は重なって，平均の分極はゼロである．ところが，電場を加えると，それぞれの分子に対して $\boldsymbol{p}$ を電場の向きにそろえる力（(7.9)，(7.10) を参照）がはたらいて，平均として電場の向きに分極が生じる．これは**配向分極**とよばれる．

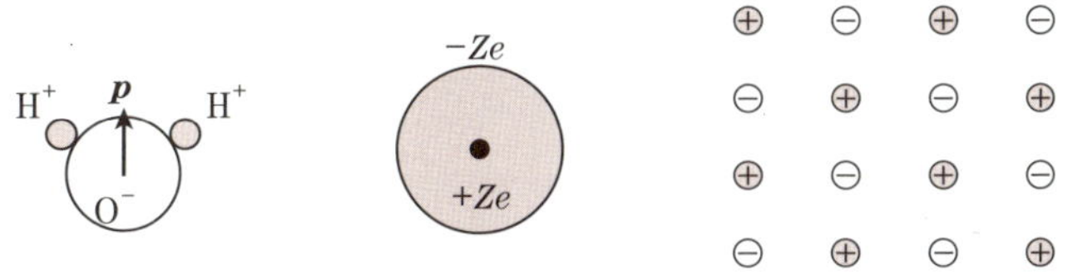

(a) 極性分子　(b) 共有結合結晶　(c) イオン性結晶

図 8.1 分極の具体例

次に，シリコン (Si) 結晶のような共有結合結晶の場合，電場がなければ中性の原子 (図 8.1 (b)) が並んでいるだけだが，電場がかかると，各原子の原子核 (正電荷) とその周りに分布した電子 (負電荷) がそれぞれ反対方向にわずかにずれて分極を生じる．これは**電子分極**とよばれる．

最後に，NaCl のようなイオン性結晶 (図 8.1 (c)) では，正と負のイオンが交互に規則正しく並んでおり，電場がなければ平均の分極は存在しない．しかし，電場がかかると正イオン (Na^+) と負イオン (Cl^-) の集団が反対方向にわずかにずれて分極が生じる．これは**イオン分極**とよばれる．

なお，すべての分極において，電場によって引き起こされる正負電荷のずれの大きさは，通常，原子サイズや隣接イオンの間隔に比べてはるかに小さい．

8.2 分極ベクトルと分極電荷

(a) 分極ベクトル

配向分極・電子分極・イオン分極のどれであろうと，電場がなければ (多数の原子・分子・イオンを含む領域での) 平均としての正と負の電荷の中心は重なっており，分極はゼロである．ところが，電場をかけると，正負の電荷の位置に小さなずれが生じ，付加的に電気双極子モーメントが誘起されて分極が生じる．この分極を定量的にどのように表せばよいだろうか．

分極は，誘電体中に電場によって誘起される原子スケールの多数の電気双極子モーメントの総和である．ただし，大きな領域にはその体積に比例して多数の電気双極子モーメントが含まれるので，場所ごとの分極の大きさを測るためには，単位体積に含まれる電気双極子モーメントの和を考える必要があ

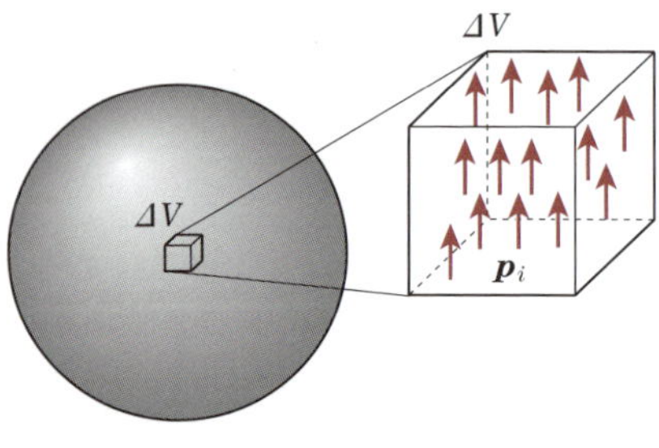

図 8.2 分極ベクトルの定義

る．そこで，図 8.2 のように位置 $\boldsymbol{r}$ における微小な（といっても多数の原子・分子・イオンを含む）体積 $\varDelta V$ に含まれる電気双極子モーメントの和を体積 $\varDelta V$ で割った

$$\boldsymbol{P}(\boldsymbol{r}) = \frac{1}{\varDelta V}\sum_{i=1}^{\varDelta N}\boldsymbol{p}_i \tag{8.1}$$

を，位置 $\boldsymbol{r}$ の分極ベクトルと定義しよう．ただし，体積 $\varDelta V$ の中に電気双極子モーメントが $\varDelta N$ 個存在するとし，$\boldsymbol{p}_i$ は i 番目の電気双極子モーメントを表す．

配向分極（図 8.3 (a)）の場合は $\boldsymbol{p}_i$ は i 番目の極性分子の電気双極子モーメントであり，電子分極（図 8.3 (b)）の場合は i 番目の原子の電気双極子モーメントである．そしてイオン性結晶の場合は，図 8.3 (c) のように隣り合う正負のイオンを任意に選んで双極子モーメントとして番号を付ければよく，その際のペアの選択は任意であり，結果に変わりはない．

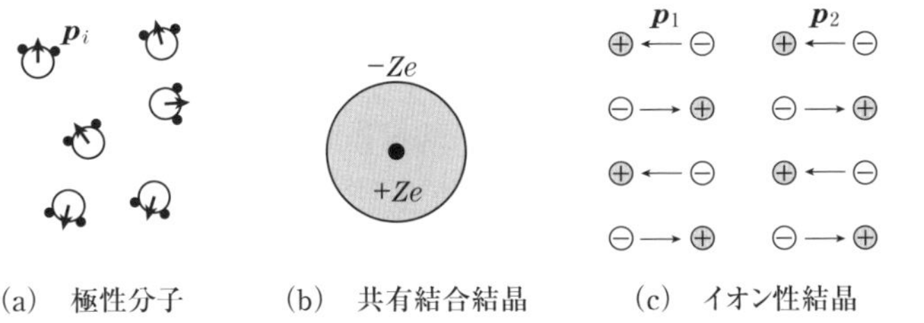

図 8.3　分極の様子

(8.1) は，電気双極子モーメントの数密度 n $(= \varDelta N/\varDelta V)$ と，電気双極子モーメントの平均 $\langle \boldsymbol{p} \rangle = \sum_{i=1}^{\varDelta N} \boldsymbol{p}_i/\varDelta N$ を用いて，$\boldsymbol{P}(\boldsymbol{r}) = n\langle \boldsymbol{p} \rangle$ と書いてもよい．さらに，電気双極子モーメントの表式 $\boldsymbol{p} = q\boldsymbol{d}$（$q > 0$，$\boldsymbol{d}$ は $-q$ から $+q$ へと向かうベクトル）を用いることで，

$$\boldsymbol{P}(\boldsymbol{r}) = nq\langle \boldsymbol{d} \rangle = \rho\langle \boldsymbol{d} \rangle \tag{8.2}$$

とも書ける．ここで，ρ は $\rho = nq$ で表される電荷密度である．

(8.2) の最終項が，最も端的に分極の物理的意味を表している．つまり，

誘電体は，「正の電荷密度（$+\rho$）と負の電荷密度（$-\rho$）が重なっている連続的な物質」とみなすことができ，電場がないときには重なりは完全で電荷は姿を表さないが，電場をかけると，互いの位置が $\boldsymbol{d}$ だけわずかにずれることで分極が生じるのである．

さて 8.1 節で述べたように，分極は電場によって生じるので，分極ベクトル $\boldsymbol{P}$ は電場 $\boldsymbol{E}$ の関数である．一般に，異方的な結晶では $\boldsymbol{P}$ の向きが電場 $\boldsymbol{E}$ の向きと等しくない場合があるが，多くの物質は等方的であり，$\boldsymbol{P}$ は $\boldsymbol{E}$ と同じ向きに生じる．そこで本書では，$\boldsymbol{P}$ が $\boldsymbol{E}$ と同じ向きに生じる場合だけを考えることにする[1]．さらに，分極ベクトルの大きさ P は，一般に電場の大きさ E に比例すると仮定してよい．なぜなら，P を E の関数として，$P = a_1 E + a_2 E^2 + a_3 E^3 + \cdots$ のようにベキ級数展開して考えると，電場 E が十分小さければ，線形項の $a_1 E$ が必ず他の高次項に比べて圧倒的に大きくなるからである[2]（バネに対して，フックの法則が成立するのと同様である）．そこで，分極の電場に対する比例関係を，

$$\boldsymbol{P} = \chi \varepsilon_0 \boldsymbol{E} \qquad (\chi > 0) \tag{8.3}$$

と表せる．真空の誘電率 ε_0 を用いることで，比例係数を χ（カイ）という無次元の正の数で表すことができ，この係数 χ を特に**電気感受率**とよぶ[3]．

このように，無数に存在する多種多様な誘電体を，電気感受率というたった1つの数値で特徴づけることができるのである．

1） 異方的物質で $\boldsymbol{P}$ の向きが $\boldsymbol{E}$ と異なる場合は，比例係数は単なる数（スカラー）ではなく，行列で表されるテンソルとなる．

2） 電場が大きければ非線形項が重要になるが，現実問題として，静電場の場合は，非線形項の影響が出るほど電場が大きいと誘電体が熱的に（絶縁）破壊されてしまうことが多い．ただし，強い光にともなう振動電場（$E = E_0 \sin \omega t$）の場合は，大きな振幅 E_0 に対しても物質は破壊されず，非線形項が主要となって，非線形光学とよばれる応用上重要な分野をもたらす．

3） χ を“分極率”とよびたいところだが，慣習上，“分極率”という用語は，個々の原子や分子の電気双極子モーメント $\boldsymbol{p}$ と電場の比例係数 α に対して使われる．つまり，$\boldsymbol{p} = \alpha \boldsymbol{E}$.

(b)　分 極 電 荷

分極が場所によらず空間的に一様なら，誘電体中に電荷が発生することはない．しかし，分極が空間的に変化する場合は正味の電荷が誘起され，それが誘電体の性質を決めることになる．分極によって生じる電荷は特に分極電荷とよばれるが，それが式でどのように与えられるかを以下で求めよう．

まず，最も単純な場合として，図 8.4 (a) のように，誘電体内に，表面に対して垂直な向きに一様な分極 $\boldsymbol{P}$ がある場合を考えよう．分極 $\boldsymbol{P}$ は誘電体の表面で突然ゼロになる．このとき (8.2) より，正の電荷が負の電荷に対して相対的に d だけずれているため，表面から厚さ d の領域には電荷密度 $+\rho$ が余分に生じ，したがって，単位面積当たり ρd の電荷が生じる．これは (8.2) の分極ベクトル $\boldsymbol{P}$ の大きさに等しい．

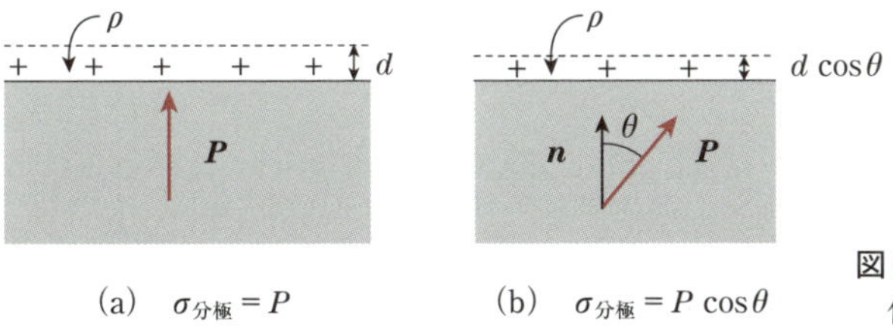

図 8.4　分極ベクトルと誘電体の表面に誘起する電荷

このように，分極によって (それに垂直な) 表面に生じる面電荷密度は，$\sigma_{分極} = \rho d = P$ である．

図 8.4 (b) のように，分極 $\boldsymbol{P}$ が表面の単位法線ベクトル $\boldsymbol{n}$ に対して角度 θ だけ傾いているなら，電荷密度 $+\rho$ が余分に生じる領域の厚さは $d\cos\theta$ なので，面電荷密度は $\sigma_{分極} = P\cos\theta$ となる．あるいは $\boldsymbol{n}$ を用いて

$$\sigma_{分極} = \boldsymbol{P}\cdot\boldsymbol{n} \tag{8.4}$$

と表せる．

分極が誘電体内部で空間的に変化する場合は，誘電体の内部にも電荷が生じる．その表式を導くために，図 8.5 のように，誘電体の内部に仮想的な閉曲

面Sを考えよう．

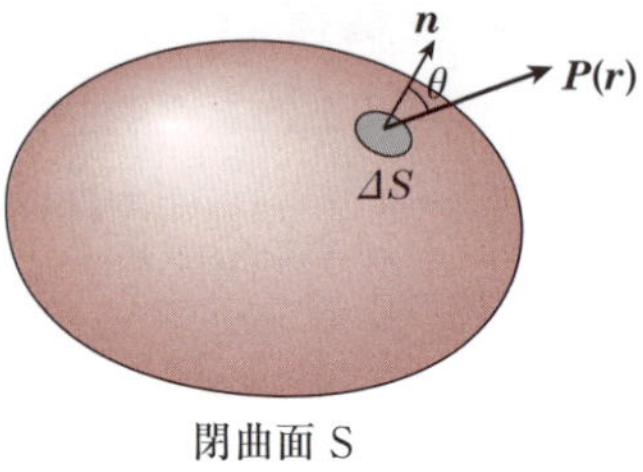

図 8.5　閉曲面S上における分極ベクトル

分極ベクトルが $\boldsymbol{P}(\boldsymbol{r})$ で与えられるとき，面S上の各場所では，$\boldsymbol{P}(\boldsymbol{r})$ に応じて電荷の移動が起こる．面S上の位置 $\boldsymbol{r}$ の微小面積 $\varDelta S$ を通って閉曲面Sから外部にもち出される電荷は，(8.4) と同様の考察により，微小面の単位法線ベクトルを $\boldsymbol{n}$ として，$\boldsymbol{P}(\boldsymbol{r})\cdot\boldsymbol{n}\,\varDelta S$ で与えられる (図 8.5)．この $\boldsymbol{P}(\boldsymbol{r})\cdot\boldsymbol{n}$ を閉曲面Sの上で面積分することにより，閉曲面Sから外部にもち出される電荷の総量が $\int_{\mathrm{S}}\boldsymbol{P}\cdot\boldsymbol{n}\,dS$ と求まる．そして，閉曲面Sの内部から外部に電荷がもち出された分だけ，閉曲面の内部にはそれとは逆符号の電荷

$$Q_{分極} = -\int_{\mathrm{S}}\boldsymbol{P}\cdot\boldsymbol{n}\,dS \tag{8.5}$$

が生じる．つまり，閉曲面Sの内部に生じる分極電荷が (8.5) で与えられるのである．

(8.5) の右辺をガウスの定理によって変形すれば，体積積分で

$$Q_{分極} = -\int_{\mathrm{V}}\nabla\cdot\boldsymbol{P}\,dV \tag{8.6}$$

と表せる．この式が任意の閉曲面Sで囲まれる体積 V に対して成り立つので，(8.6) の被積分関数にマイナスを付けた $-\nabla\cdot\boldsymbol{P}$ が分極電荷の密度 (これを**分極電荷密度**という) であり，これを $\rho_{分極}$ で表して

$$\boxed{\rho_{分極} = -\nabla\cdot\boldsymbol{P}} \tag{8.7}$$

と書く．

このように，分極 $\boldsymbol{P}$ によって，そのダイバージェンスの逆符号の電荷密度が誘電体中に誘起されるのである．

8.3 誘電体のマクスウェル方程式

マクスウェル方程式①の $\nabla \cdot \boldsymbol{E} = \rho/\varepsilon_0$ に現れる電荷密度 ρ には，分極によって物質中に誘起される分極電荷密度である (8.7) の $\rho_{分極} = -\nabla \cdot \boldsymbol{P}$ が含まれることがわかった．この分極電荷と区別するために，導体中の自由に動ける電荷や，外部から付け加えた電荷を本書では自由電荷とよぶことにし[4]，その密度を $\rho_{自由}$ と書いて自由電荷密度とよぼう．①の中の電荷密度 ρ は，これら2つの和

$$\rho = \rho_{自由} + \rho_{分極} \tag{8.8}$$

である．

マクスウェル方程式①の ρ に (8.7)，(8.8) を代入すると

$$\nabla \cdot \boldsymbol{E} = \frac{\rho_{自由} - \nabla \cdot \boldsymbol{P}}{\varepsilon_0}$$

が得られる．両辺に ε_0 を掛けて右辺の $-\nabla \cdot \boldsymbol{P}$ を左辺に移項し，ダイバージェンスの項をまとめると

$$\nabla \cdot (\varepsilon_0 \boldsymbol{E} + \boldsymbol{P}) = \rho_{自由}$$

となる．左辺に現れる $\varepsilon_0 \boldsymbol{E} + \boldsymbol{P}$ は**電束密度**とよばれ，

$$\boxed{\boldsymbol{D} = \varepsilon_0 \boldsymbol{E} + \boldsymbol{P}} \tag{8.9}$$

と表される．誘電体のマクスウェル方程式①は，この電束密度 $\boldsymbol{D}$ を用いて，

$$\boxed{\nabla \cdot \boldsymbol{D} = \rho_{自由}} \tag{8.10}$$

と書いてもよい．

結局，誘電体ではマクスウェル方程式①，②$_s$ の①がこのように変形され，

---

4) $\rho_{自由}$ は“真電荷（密度）”とよばれることが多い．しかし，それでは分極電荷（密度）が，あたかも見かけの，真実ではない電荷であるような誤解を与える．分極電荷は真実の電荷なので，本書では誤解を避けるためにあえて真電荷という言葉は避けて自由電荷とよぶ．ただし，“自由電荷”は金属の伝導電子のような自由に動く電荷だけではなく，金属の母体結晶を形成する陽イオンのように，自由に動けない電荷も含むことを付記しておく．要するに，自由電荷は分極電荷以外の電荷である．

②$_s$ は変形の必要がないので，まとめて，

$$\begin{cases} \nabla \cdot \boldsymbol{D} = \rho_{自由} & ①_m \\ \nabla \times \boldsymbol{E} = \boldsymbol{0} & ②_s \end{cases}$$

と表される．最初の式 $\nabla \cdot \boldsymbol{D} = \rho_{自由}$ は ① の変形なので式番号を ①$_m$ とすると，マクスウェル方程式 ①$_m$ は，誘電体を考える際に物質内部の複雑な電荷分布を一切忘れてよいことを示している (分極電荷の存在すら忘れてよい)．自由電荷密度 $\rho_{自由}$ だけに注意して，ガウスの法則 ($\nabla \cdot \boldsymbol{D} = \rho_{自由}$) によって自由電荷から電束密度 $\boldsymbol{D}$ が湧き出すことを考慮すればよいのである．

なお，①$_m$ は，多数の電気双極子の平均値をとることによって，マクスウェル方程式 ① から導出された近似式であることを忘れてはならない．原子スケールに比べて十分大きな領域で考える場合には，①$_m$ は極めて良い近似だが，原子を数個程度しか含まないような微小な領域で起こる現象を取り扱う際には ①$_m$ では十分でなく，① に戻る必要がある．

ここで，8.2 節 (a) で述べたように，分極 $\boldsymbol{P}$ はほとんどの物質において (8.3) のように電場 $\boldsymbol{E}$ に比例し，したがって，(8.9) で与えられる電束密度 $\boldsymbol{D}$ も電場 $\boldsymbol{E}$ に比例することが重要である．その事実があるからこそ，マクスウェル方程式 ①$_m$ は誘電体を取り扱うのに極めて便利なのである．つまり，物質によって決まる電気感受率 χ がわかれば，(8.3)，(8.9) より，

$$\boldsymbol{D} = \varepsilon_0(1 + \chi)\boldsymbol{E} \tag{8.11}$$

となって，電束密度 $\boldsymbol{D}$ の電場 $\boldsymbol{E}$ に対する比例定数 $\varepsilon_0(1 + \chi)$ も定まる．

この比例係数をまとめて

$$\varepsilon = \varepsilon_0(1 + \chi) \tag{8.12}$$

と書けば，(8.11) は

$$\boldsymbol{D} = \varepsilon \boldsymbol{E} \tag{8.13}$$

と表せる．ε は (物質の) **誘電率**とよばれ，真空の誘電率 ε_0 との比

$$\kappa = \frac{\varepsilon}{\varepsilon_0} = 1 + \chi \tag{8.14}$$

は**比誘電率**とよばれる．電気感受率 χ は，通常の物質では正の数なので，物質の誘電率 ε は真空の誘電率 ε_0 より大きく，比誘電率は1より大きい．つまり，$\chi > 0$，$\varepsilon > \varepsilon_0$，$\kappa > 1$ である．

もし，誘電率が一様な1つの誘電体を考えるなら，$\nabla \cdot \boldsymbol{D} = \nabla \cdot \varepsilon \boldsymbol{E}$ において，誘電率 ε が空間的に変化せず（定数とみなせるので）ダイバージェンスの外に出すことができ，①$_{\rm m}$，②$_{\rm s}$ は

$$\begin{cases} \nabla \cdot \boldsymbol{E} = \dfrac{\rho_{自由}}{\varepsilon} \\ \nabla \times \boldsymbol{E} = \boldsymbol{0} \end{cases} \tag{8.15}$$

と単純化される．つまり，物質中の静電気は，真空の誘電率 ε_0 を物質の誘電率でおきかえたマクスウェル方程式によって支配される．したがって，前章までに学んだ（真空中の）静電気の結果すべてにおいて，ε_0 を ε でおきかえれば，それらが正しい結果を与えるのである．

誘電体のマクスウェル方程式および関係する量（静電気）

積分形	微分形	
$\displaystyle\int_{\rm S} \boldsymbol{D} \cdot \boldsymbol{n}\, dS = \int_{\rm V} \rho_{自由}\, dV$	$\nabla \cdot \boldsymbol{D} = \rho_{自由}$	①$_{\rm m}$
$\displaystyle\oint_{\rm C} \boldsymbol{E} \cdot d\boldsymbol{r} = 0$	$\nabla \times \boldsymbol{E} = \boldsymbol{0}$	②$_{\rm s}$

・分極ベクトル：$\boldsymbol{P} = \dfrac{1}{\Delta V} \displaystyle\sum_{i=1}^{\Delta N} \boldsymbol{p}_i$

・分極電荷密度：$\rho_{分極} = -\nabla \cdot \boldsymbol{P}$　ただし，$\rho = \rho_{自由} + \rho_{分極}$

・電束密度：$\boldsymbol{D} = \varepsilon_0 \boldsymbol{E} + \boldsymbol{P}$

・電気感受率 χ：$\boldsymbol{P} = \chi \varepsilon_0 \boldsymbol{E}$

・物質の誘電率：$\varepsilon = \varepsilon_0(1 + \chi)$，物質の比誘電率：$\kappa = \dfrac{\varepsilon}{\varepsilon_0} = 1 + \chi$

例題 8.1

比誘電率 $\kappa(>1)$ の誘電体で満たされた空間の原点 O に点電荷 q がある．

(1) 位置 $\boldsymbol{r}$ における電束密度 $\boldsymbol{D}$，電場 $\boldsymbol{E}$，分極ベクトル $\boldsymbol{P}$ を，真空の誘電率 ε_0 と比誘電率 κ で表せ．

(2) 原点 O を中心とする半径 r の球面内に生じる分極電荷 $Q_{分極}$ の符号と大きさを q と比べよ．また，$Q_{分極}$ は r にどのように依存するか，その依存性から何がいえるか，考察して記せ．

【解】 (1) ①$_{\rm m}$ (積分形) を半径 r の球面に適用して $D=\dfrac{q}{4\pi r^2}$ が得られる．原点から $\boldsymbol{r}$ へ向かう単位ベクトルを $\boldsymbol{e}_r=\boldsymbol{r}/r$ とすれば，$\boldsymbol{D}=\dfrac{q}{4\pi r^2}\boldsymbol{e}_r$，$\boldsymbol{D}=\kappa\varepsilon_0\boldsymbol{E}$ より，$\boldsymbol{E}=\dfrac{q}{4\pi\kappa\varepsilon_0 r^2}\boldsymbol{e}_r$，また (8.9) より $\boldsymbol{P}=\dfrac{q}{4\pi r^2}\left(1-\dfrac{1}{\kappa}\right)\boldsymbol{e}_r$ が導かれる．

(2) (8.5) より $Q_{分極}=-\int_{\rm S}\boldsymbol{P}\cdot\boldsymbol{n}\,dS=-4\pi r^2 P$．これにより，(1) で求めた $\boldsymbol{P}$ を用いて $Q_{分極}=q\left(\dfrac{1}{\kappa}-1\right)$ を得る．$\kappa>1$ なので ( ) の中は負となり，$Q_{分極}$ は q とは反対符号をもつ．q によるクーロン電場が反対符号の $Q_{分極}$ によって弱められるため，誘電体中の電場は真空中の電場に比べて小さい．また，$Q_{分極}$ の大きさは半径 r に依存しないことから，分極電荷は原点以外でゼロであり，原点に点電荷として存在することがわかる．(自由電荷である) 点電荷 q に反対符号の (分極) 点電荷 $Q_{分極}$ が原点で重なることにより，q より小さな点電荷 $q+Q_{分極}=q/\kappa$ が原点に存在することになる．✍

例題 8.2

面積 S の 2 枚の金属板を距離 d に固定して平行平板コンデンサーとし，極板間を誘電率 ε の誘電体で隙間なく満たして極板間に電位差 V を与える．

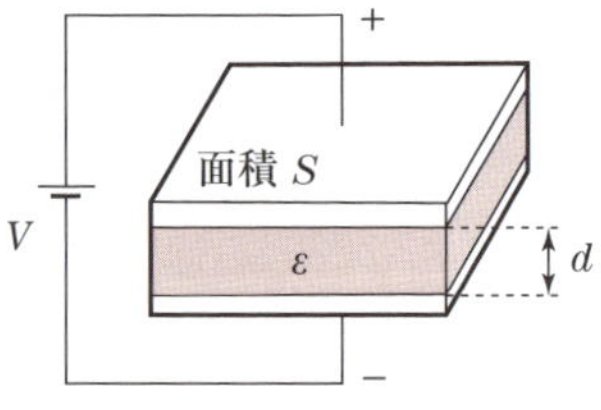

(1) コンデンサーの電気容量 C を求めよ．また，誘電体中の電場 $\boldsymbol{E}$，電束密度 $\boldsymbol{D}$，分極ベクトル $\boldsymbol{P}$ の向きと大きさを求めよ．

(2) 自由電荷と分極電荷はどこにどれだけの大きさで存在するか．また，コンデンサーの電気容量 C と自由電荷または分極電荷との関連を記せ．

【解】 (1) 誘電体が存在しないなら $C = \varepsilon_0 S/d$．電場 $\boldsymbol{E}$ は一様で＋の極板から－の極板を向き，大きさは $E = V/d$．また，当然 $\boldsymbol{P} = \boldsymbol{0}$ なので $\boldsymbol{D}$ は (8.9) より $\boldsymbol{E}$ と同じ向きで，$D = \varepsilon_0 V/d$．極板間を誘電体で満たせば，ε_0 を ε でおきかえて，$C = \varepsilon S/d$, $E = V/d$, $D = \varepsilon V/d$ を得る（極板外の空間を誘電体で満たすとしても，その影響がないことを考慮）．$\boldsymbol{P}$ は (8.9) より向きは $\boldsymbol{E}$，$\boldsymbol{D}$ と同じで，大きさは $P = (\varepsilon - \varepsilon_0)V/d$ となる．

(2) 自由電荷は極板の表面に存在し，分極電荷は誘電体内部で $\boldsymbol{P}$ が一定なので存在せず，表面だけに存在する．

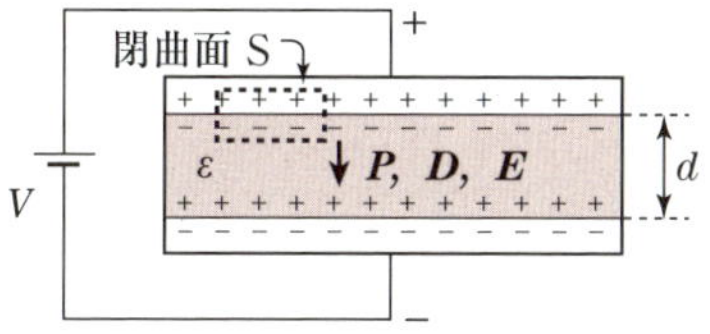

閉曲面Sとして，図のように，誘電体と＋極板内にそれぞれ底面と天井面（面積 ΔS）をもつ平たい円筒を考える．この円筒Sからの $\boldsymbol{D}$ の湧き出しは，①$_{\rm m}$ の $\int_{\rm S} \boldsymbol{D} \cdot \boldsymbol{n}\, dS = Q_{自由}$ より，Sの内部の自由電荷 $Q_{自由}$ に等しい．金属内では $\boldsymbol{E} = \boldsymbol{0}$ かつ $\boldsymbol{D} = \boldsymbol{0}$ であることを考慮して，$D\Delta S = \sigma_{自由} \Delta S$ となり，自由電荷の面電荷密度として，$\sigma_{自由} = D = \varepsilon V/d$ を得る（－極板の $\sigma_{自由}$ は反対符号）．誘電体の上下の表面に生じる分極電荷密度は，図8.4で解説したように，＋極板に接する表面では $\sigma_{分極} = -P = -(\varepsilon - \varepsilon_0)V/d$ である（－極板側の $\sigma_{分極}$ は反対符号）．コンデンサーの電気容量の定義式 $C = Q/V$ における Q は，外部回路とコンデンサーの間を自由に出入りできる自由電荷 $Q_{自由}$ を意味するので，$C = Q_{自由}/V = \sigma_{自由} S/V = \varepsilon S/d$ となる．

8.4 異なる誘電体の境界

2つの異なる誘電体1と2（誘電率はそれぞれ ε_1 と ε_2）が図8.6のように平面の境界で接しているとしよう（自由電荷は存在しないとする）．それぞれの誘電体中の電束

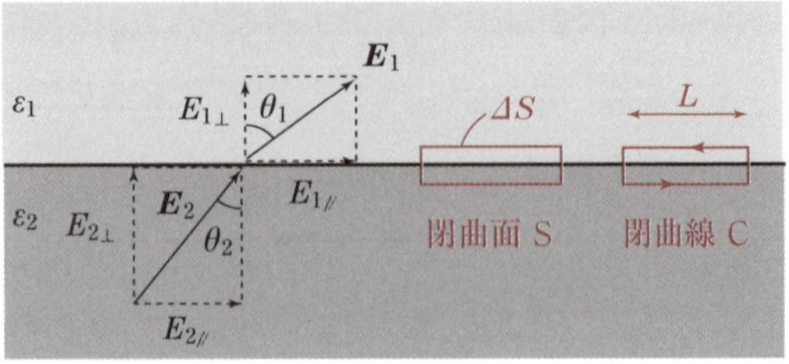

図8.6 誘電体の境界面における電場

密度 $\boldsymbol{D}_1$，$\boldsymbol{D}_2$ はそれぞれの電場 $\boldsymbol{E}_1$，$\boldsymbol{E}_2$ に比例して $\boldsymbol{D}_1 = \varepsilon_1\boldsymbol{E}_1$，$\boldsymbol{D}_2 = \varepsilon_2\boldsymbol{E}_2$ となっている．境界面に平行な成分と垂直な成分を，$/\!/$ と $\perp$ の下付きの添字を付けて区別して表せば，$D_{1/\!/} = \varepsilon_1 E_{1/\!/}$，$D_{1\perp} = \varepsilon_1 E_{1\perp}$，$D_{2/\!/} = \varepsilon_2 E_{2/\!/}$，$D_{2\perp} = \varepsilon_2 E_{2\perp}$ となる．

それぞれの誘電体に底面と天井面（面積 ΔS）をもつ平たい円筒形の閉曲面S（図8.6）を考えると，この閉曲面Sからの電束密度 $\boldsymbol{D}$ の湧き出しは，①$_\mathrm{m}$ より $\int_\mathrm{S} \boldsymbol{D}\cdot\boldsymbol{n}\,dS = Q_{\text{自由}}$ なので，閉曲面内の自由電荷 $Q_{\text{自由}}$ に等しい．つまり，$D_{1\perp}\,\Delta S + (-D_{2\perp})\cdot\Delta S = Q_{\text{自由}}$ となるが，$Q_{\text{自由}} = 0$ なので，

$$\boxed{D_{1\perp} = D_{2\perp}} \tag{8.16}$$

となる．(8.16) は $D_{1\perp} = \varepsilon_1 E_{1\perp}$，$D_{2\perp} = \varepsilon_2 E_{2\perp}$ より，

$$\frac{E_{1\perp}}{E_{2\perp}} = \frac{\varepsilon_2}{\varepsilon_1} \tag{8.17}$$

を意味する．

次に，境界線をまたぐ長さ L の細長い閉曲線C（図8.6）を考え，この閉曲線に沿う電場の循環は，②$_\mathrm{s}$ より $\oint_\mathrm{C} \boldsymbol{E}\cdot d\boldsymbol{r} = 0$ なのでゼロに等しく，$E_{2/\!/}L + (-E_{1/\!/})\cdot L = 0$ より，

$$\boxed{E_{1/\!/} = E_{2/\!/}} \tag{8.18}$$

となる．(8.18) は $D_{1/\!/} = \varepsilon_1 E_{1/\!/}$，$D_{2/\!/} = \varepsilon_2 E_{2/\!/}$ より，

$$\frac{D_{1/\!/}}{D_{2/\!/}} = \frac{\varepsilon_1}{\varepsilon_2} \tag{8.19}$$

を意味する．

なお，$\boldsymbol{E}_1$（または $\boldsymbol{D}_1$）と $\boldsymbol{E}_2$（または $\boldsymbol{D}_2$）が境界面の法線方向となす角度をそれぞれ θ_1，θ_2 とすると，(8.16) ～ (8.19) より，

$$\frac{\tan\theta_2}{\tan\theta_1} = \frac{E_{1\perp}}{E_{2\perp}} = \frac{D_{2/\!/}}{D_{1/\!/}} = \frac{\varepsilon_2}{\varepsilon_1} \tag{8.20}$$

の関係がある．

8.5 誘電体のエネルギー

静電エネルギーが電場の 2 乗の体積積分として

$$U = \frac{\varepsilon_0}{2}\int_V \boldsymbol{E}\cdot\boldsymbol{E}\,dV$$

と表せることを 7.3 節で述べた．さらに，静電エネルギーが空間にエネルギー密度

$$u = \frac{\varepsilon_0}{2}\boldsymbol{E}\cdot\boldsymbol{E}$$

をもって分布すると考えられることも述べた．

7.3 節では真空を考えたが，誘電率 ε の一様な誘電体が空間を満たしている場合は，マクスウェル方程式の中で ε_0 が ε に変更されるだけである．したがって，7.3 節と全く同様の考察が成立し，得られる結果の中の ε_0 を ε に変更することで，誘電体の静電エネルギー U および静電エネルギー密度 u が

$$\begin{cases} U = \dfrac{\varepsilon}{2}\displaystyle\int_V \boldsymbol{E}\cdot\boldsymbol{E}\,dV = \dfrac{1}{2}\displaystyle\int_V \boldsymbol{D}\cdot\boldsymbol{E}\,dV \\[2ex] u = \dfrac{\varepsilon}{2}\boldsymbol{E}\cdot\boldsymbol{E} = \dfrac{1}{2}\boldsymbol{D}\cdot\boldsymbol{E} \end{cases} \tag{8.21}$$

と与えられる（最後の等式は (8.13) を考慮した）.

結果だけで満足するならこれで終わりだが，なぜこうなるのかを，以下でもう少し掘り下げて理解しておこう.

(8.21) は，電場の大きさが同じなら，誘電体 ($\varepsilon > \varepsilon_0$) は真空より大きなエネルギーを蓄えることを示している．誘電体と真空の違いは分極が存在すること，つまり，正味の電気双極子モーメントが存在することである．誘電体は普段は正電荷と負電荷の中心が重なり合っているが，電場をかけることによってずれが生じ，これが分極（平均の電気双極子モーメント）となる．電場をかけなければ，正電荷と負電荷は互いに引き合って，可能な限り互いに近い位置に存在することでエネルギーが最も低い状態になっている．この正電荷と負電荷の位置をずらすために電場が行った仕事が分極（電気双極子モーメント）のエネルギーとして蓄えられ，それが誘電体がもつ余分のエネルギーとして付け加わっているのである.

分極のエネルギーを具体的に計算してみよう．分極ベクトル $\boldsymbol{P}$ が (8.3) より，

$$\boldsymbol{P} = \chi\varepsilon_0\boldsymbol{E}$$

と表せて電場に比例すること，および分極ベクトルの内容が (8.2) より，

$$\boldsymbol{P} = nq\boldsymbol{d}$$

と解釈できることはすでに述べた．$q\boldsymbol{d}$ は微小領域に生じる平均の電気双極子モーメント，$\boldsymbol{d}$ はその変位ベクトル，n は電気双極子モーメントの数密度である.（$\boldsymbol{P}$, $\boldsymbol{E}$, $\boldsymbol{d}$ のベクトルはすべて向きが等しいので，以下では数値だけを問題にする.）

上に記した P の 2 つの式より，変位は

$$d = \frac{\varepsilon_0\chi}{nq}E$$

であり，電場による力 qE によって $qE = \dfrac{nq^2}{\varepsilon_0\chi}d$ で与えられる（電場に比例する）変位 d が生じることがわかる．つまり，復元力 $F = -\dfrac{nq^2}{\varepsilon_0\chi}d$ がはたらい

ており，その復元力と外力 qE のつり合いの条件から d が決まっているのである[5)].

変位を Δd だけ増大させるために電場がする仕事は，$\Delta d = \dfrac{\varepsilon_0 \chi}{nq}\Delta E$ より

$$qE\,\Delta d = \frac{\varepsilon_0 \chi}{n} E\,\Delta E$$

であり，単位体積当たりの分極をつくるために電場がする仕事は，電気双極子モーメントが単位体積当たり n 個あることから，上式に n を掛けて，電場について 0 から E まで積分すればよく，

$$u_{\text{分極}} = \int_0^E n \cdot \frac{\varepsilon_0 \chi}{n} E\,dE = \frac{1}{2}\varepsilon_0 \chi E^2$$

となる．つまり，この $u_{\text{分極}}$ が分極に蓄えられる静電エネルギー密度である．これに，真空のエネルギー密度

$$u_{\text{真空}} = \frac{1}{2}\varepsilon_0 E^2$$

を加えることで，全体の静電エネルギー密度は，

$$u = u_{\text{真空}} + u_{\text{分極}} = \frac{1}{2}\varepsilon_0 E^2 + \frac{1}{2}\chi\varepsilon_0 E^2$$

となる．(8.12) より，この u は確かに (8.21) の $u = \varepsilon E^2/2$ に等しい．

このように，$u = \varepsilon E^2/2$ は真空のエネルギー密度 $u_{\text{真空}} = \varepsilon_0 E^2/2$ と，物質に分極の形で蓄えられる静電エネルギー密度 $u_{\text{分極}} = \chi\varepsilon_0 E^2/2$ の和からなるのである．

発展　水素原子と半導体の不純物準位

Si 結晶などの半導体は，純粋なら絶縁体 (誘電体) だが，不純物原子を少量加えることで自由に動ける自由電荷が生じる．このことを理解する 1 つの鍵が，Si など

5)　電子分極の復元力が d に比例することは，章末問題 6.1 の単純化したモデルで示した．ただし，本節の考察で重要なのは，復元力をもたらす物理的機構がどんなものであれ，ずれが小さければ，復元力がずれ $\boldsymbol{d}$ に比例することである．

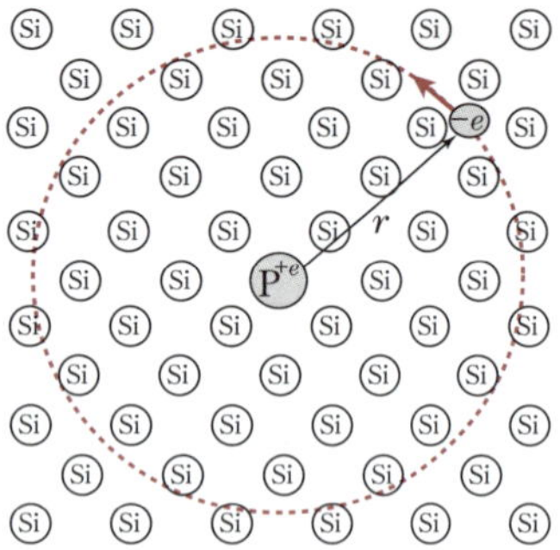

の結晶の誘電率が大きいこと（Si 結晶では $\kappa_{\mathrm{Si}} = \varepsilon_{\mathrm{Si}}/\varepsilon_0 = 11.2$）にある．Si 結晶にごく少量の 5 価の元素，例えば P を添加すると，結晶の所々で 4 価の Si 元素が P に置き換わる．P の荷電子のうち 4 個は Si と同様，共有結合に使われるが，余った 1 個の電子（$-e$）が $+e$ に帯電した P のイオン核（P^{+e}）によるクーロン引力によって束縛され，古典的にいえば P^{+e} の周りを周回することになる．この状況は原子核（$+e$）に電子（$-e$）が 1 個束縛された水素原子と似ている．

水素原子の最小の半径（ボーア半径）a_0 や，最低エネルギー状態のエネルギー E_0 が，プランク定数 $h = 6.626 \times 10^{-34}\,\mathrm{J\,s}$ を用いて

$$a_0 = \frac{h^2\varepsilon_0}{\pi e^2 m} \fallingdotseq 0.53\,\text{Å}, \qquad E_0 = -\frac{e^4 m}{8h^2{\varepsilon_0}^2} \fallingdotseq -13.6\,\mathrm{eV}$$

$$(1\,\text{Å} = 10^{-10}\,\mathrm{m},\quad 1\,\mathrm{eV} = 1.6 \times 10^{-19}\,\mathrm{J})$$

と求められる．Si 結晶の不純物準位に対する結果は，これらの表式をそのまま使い，ただ，式の中の ε_0 を単に ε におきかえれば得られる．すなわち，その半径 a と全エネルギー E は

$$a = \frac{h^2\varepsilon}{\pi e^2 m} \fallingdotseq 5.9\,\text{Å}, \qquad E = -\frac{e^4 m}{8h^2\varepsilon^2} \fallingdotseq -0.11\,\mathrm{eV}$$

となる．Si 結晶中では大きな誘電率のためにクーロン力が約 11 分の 1 に弱まり，その結果，水素原子の 11 倍程度大きな半径を電子がゆっくり回り，また，全エネルギーが誘電率の 2 乗に反比例することから，エネルギーが 100 分の 1 以下になる．これは，不純物準位から電子を解放するのに必要なエネルギーが $|E| = 0.11\,\mathrm{eV}$ という，室温の熱エネルギー（$k_{\mathrm{B}}T \fallingdotseq 0.025\,\mathrm{eV}$，$k_{\mathrm{B}}$：ボルツマン定数，$T = 300\,\mathrm{K}$）と大差ない値になる点が重要であり，そのために，常温ではほとんどの電子が束縛状態から解放されて，自由に Si 結晶中を動くことになるのである．その結果，添加した不純物の個数だけ自由に動く電子をもつ半導体が得られ，それを材料として，有用な電子素子がつくられるのである．

物性理論とよばれる進んだ理論によれば，実は電子の質量 m が，結晶中では**有効質量**とよばれる，真空中の電子質量 m より小さな値（数％から数十％程度）になるので，上に記した a と E の式より軌道半径はさらに大きくなり，また，エネルギーはさらにより小さくなる．

章末問題

8.1 図のように，薄くて面積の広い平板の誘電体と，球状の誘電体があり，いずれも一様な分極ベクトル $\boldsymbol{P}$ をもっている．分極によって誘電体内に生じる電場 $\boldsymbol{E}_{反}$（反電場とよばれる）がそれぞれ (1) ～ (3) の値となることを示せ．

(1) **$\boldsymbol{P}$ が平板に垂直**　(2) **$\boldsymbol{P}$ が平板に平行**　(3) **球**

$\boldsymbol{E}_{反} = -\dfrac{\boldsymbol{P}}{\varepsilon_0}$　$\boldsymbol{E}_{反} \fallingdotseq \boldsymbol{0}$　$\boldsymbol{E}_{反} = -\dfrac{\boldsymbol{P}}{3\varepsilon_0}$

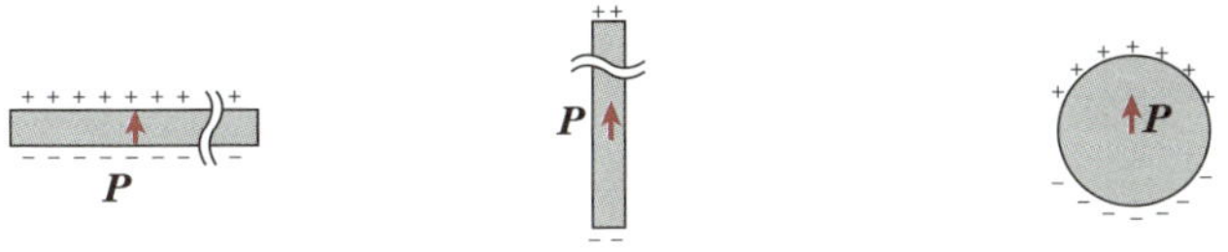

8.2 前問での誘電体の分極 $\boldsymbol{P}$ は一様な外部の電場 $\boldsymbol{E}_0$ 中に置くことで生じており，誘電体内の電場は $\boldsymbol{E}_0 + \boldsymbol{E}_{反}$ となっている．

誘電体の比誘電率を κ として，次の (1) ～ (3) の場合について，$\boldsymbol{P}$ と $\boldsymbol{E}_0$ の関係が以下の図のように与えられることを示せ．また，(1)，(2) を大きさが有限の板（面積 S，厚さ d），(3) を半径 a の球とし，全体として 1 つの電気双極子 $\boldsymbol{p}$ とみなしたときの，有効分極率 α（$\boldsymbol{p}$ と $\boldsymbol{E}_0$ の比例係数：$\boldsymbol{p} = \alpha \boldsymbol{E}_0$）が以下のように与えられることを示せ．

(1) $\boldsymbol{P} = \dfrac{(\kappa - 1)\varepsilon_0}{\kappa}\boldsymbol{E}_0$　(2) $\boldsymbol{P} = (\kappa - 1)\varepsilon_0 \boldsymbol{E}_0$　(3) $\boldsymbol{P} = \dfrac{3(\kappa - 1)\varepsilon_0}{\kappa + 2}\boldsymbol{E}_0$

$\alpha = \dfrac{Sd(\kappa - 1)\varepsilon_0}{\kappa}$　$\alpha = Sd(\kappa - 1)\varepsilon_0$　$\alpha = \dfrac{4\pi a^3(\kappa - 1)\varepsilon_0}{\kappa + 2}$

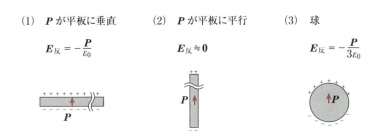

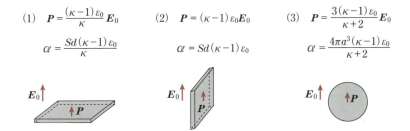

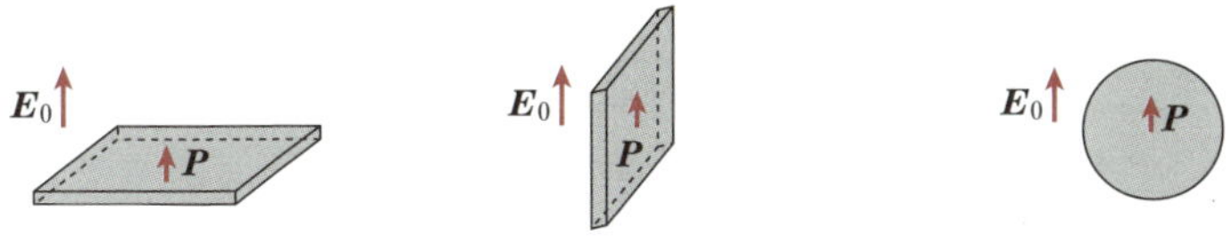

8.3 図のように，分極ベクトル $\boldsymbol{P}$ で一様に分極した誘電体中に，章末問題 8.1 の (1) ～ (3) の誘電体と同じ形をした空洞をつくる．分極によってこの空洞内部に

生じる電場 $\boldsymbol{E}_{空洞}$ が図の (1) ～ (3) のように与えられることを示せ.

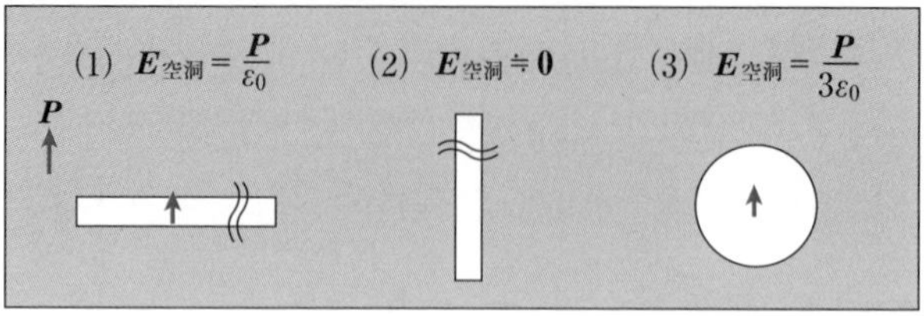

8.4 面積 S の 2 枚の金属板を距離 d だけ隔てて固定し，平行平板コンデンサーとした極板間の上部と下部に隙間なく誘電率 ε_1，ε_2 の誘電体 1，2 を挿入し，起電力 V の電池をつないだ．上部，下部の誘電体の電束密度，電場，分極のそれぞれの大きさ D_1，D_2，E_1，E_2，P_1，P_2 を求めよ．ただし，金属板の端における電場の乱れは無視せよ．

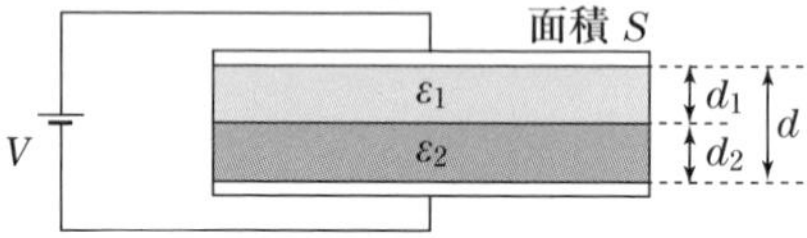

8.5 図のように半径 R_2 の誘電体球の中に半径 R_1 の空洞があり，中心に $+q$ の点電荷が置かれている．誘電体の誘電率を ε とし，誘電体中には自由電荷が存在しないとして，以下の量を求めよ．

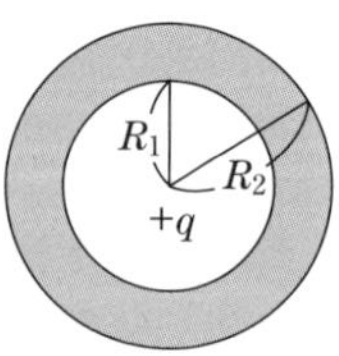

(1) 空洞内 ($r < R_1$) の電場 $\boldsymbol{E}$.

(2) 誘電体内 ($R_1 < r < R_2$) の電場 $\boldsymbol{E}$，電束密度 $\boldsymbol{D}$，分極ベクトル $\boldsymbol{P}$.

(3) 球外 ($r > R_2$) の電場 $\boldsymbol{E}$.

(4) 誘電体内部の分極電荷密度 $\rho_{分極}$，空洞表面と外側表面に誘起される分極面電荷密度 σ_1, σ_2.

8.6 誘電体は一様な電場中では力を受けないが，勾配がある電場からは力を受ける．このことを，電気双極子が電場 $\boldsymbol{E}$ の中でエネルギー $U = -\boldsymbol{p}\cdot\boldsymbol{E}$ をもつことから示せ.

8.7 図のように，電圧 V に保たれた平行平板コンデンサーの極板間に誘電体が挟まれている．誘電体には極板間に引き込まれる力がはたらく．そのため，引き抜くためには力が必要であり，外から仕事をする必要がある．

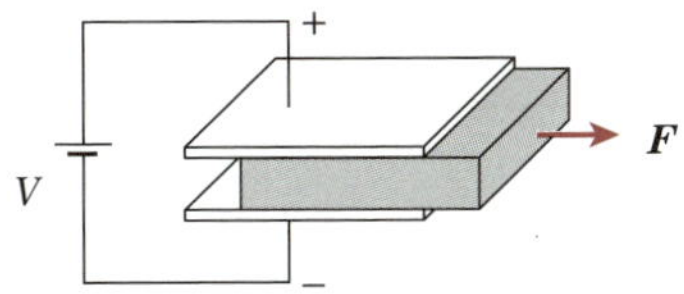

(1)　なぜ力がはたらくのかを，前問の結果をもとに定性的に説明せよ．

(2)　誘電体を引き抜くことで，コンデンサーの静電エネルギー U は増加するか，減少するか，定性的に答えよ．

(3)　誘電体を引き抜くために外から仕事をしたにも関わらず，もしコンデンサーの静電エネルギー U が減少するなら，エネルギーは一体どこに行ったのか．定性的に述べよ．

第 9 章

静 磁 気

静磁気の基礎となる法則はマクスウェル方程式 ③ と ④$_s$ である．

積分形	微分形	
$\int_S \boldsymbol{B}\cdot\boldsymbol{n}\,dS = 0$	$\nabla\cdot\boldsymbol{B} = 0$	③
$c^2\oint_C \boldsymbol{B}\cdot d\boldsymbol{r} = \frac{1}{\varepsilon_0}\int_S \boldsymbol{j}\cdot\boldsymbol{n}\,dS$	$c^2\nabla\times\boldsymbol{B} = \frac{\boldsymbol{j}}{\varepsilon_0}$	④$_s$

静磁場をつくる源は電流であり，その規則を与えるのが ④$_s$ である．ただし，④$_s$ だけでは生じる磁場を一意的に定めることができず，任意性が残る．磁場には ③ という制約が課せられており，④$_s$ が ③ と一緒になることで，任意の電流分布に対する磁場が一意的に定まるのである．

9.1　マクスウェル方程式から導かれるよく知られた法則

電流を流すと磁場が生じる．任意の電流を流したときに生じる磁場を一般解として求めることができるが，それは 9.3 節で行うことにする．まず本節では，電流が単純な流れ方をする 2 つの場合を考え，③と④$_s$ に対称性の考察を加えることで磁場を導出しておこう．

(a)　直線電流による磁場

図 9.1 のように，十分に長い直線 (z 軸) に沿って $+z$ 方向に流れる一定電流 I がつくる磁場は 2.4 節 (b) ですでに求めたが，ここで改めて考えてみよう．

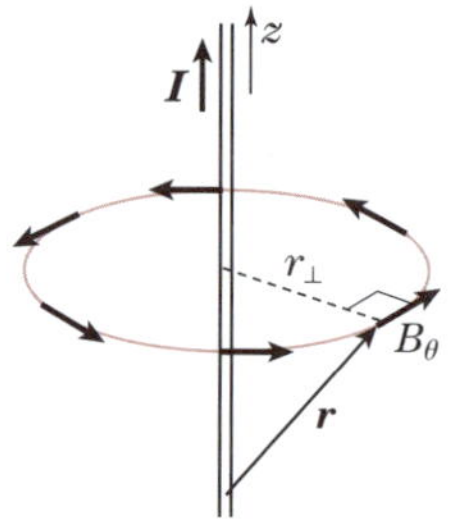

図 9.1　直線電流による磁場

z 軸を中心とする半径 $r_\perp$ の円周に沿う磁

場の成分 B_θ は

$$B_\theta = \frac{I}{2\pi\varepsilon_0 c^2 r_\perp}$$

で与えられ，動径方向の成分 B_r と z 成分 B_z はゼロであったから，直線電流による磁場 $\boldsymbol{B}$ は，電流の向きを含めた電流ベクトル $\boldsymbol{I}$ と，z 軸上の任意の点からの位置ベクトル $\boldsymbol{r}$ を用いることで，ベクトルとして

$$\boldsymbol{B} = \frac{1}{2\pi\varepsilon_0 c^2}\frac{\boldsymbol{I}\times\boldsymbol{r}}{{r_\perp}^2} \tag{9.1}$$

と表せた．なお，$r_\perp$ は電流が流れている直線（z 軸）からの距離を表す．

2.4 節 (b) でこの磁場を導出した過程では，マクスウェル方程式 ④$_\mathrm{s}$（積分形）に対しては z 軸を中心とする xy 面上の円周 C（図 2.17）を考え，また，マクスウェル方程式 ③（積分形）に対しては z 軸を中心とする円筒閉曲面 S（図 2.18）を考えた．そのようにして求めた (9.1) は，実際には，任意の閉曲線 C と任意の閉曲面 S に対して，それぞれ ③ と ④$_\mathrm{s}$ を満たす．だからこそ，(9.1) はマクスウェル方程式 ③，④$_\mathrm{s}$ を満たすといえるのだが，それを確かめるのは読者に任せよう．

(b) ソレノイドを流れる電流による磁場の生成

図 9.2 (a) のように，z 軸を中心として半径 a で，単位長さ当たりの巻き数 n が十分に多いソレノイドがある．ここでは，ソレノイドに電流 I を流すときに生じる磁場 $\boldsymbol{B}$ を求めよう．

位置 $\boldsymbol{r}(z, r, \theta)$ における磁場を $\boldsymbol{B}(z, r, \theta)$ で表そう．ただし，(z, r, θ) は図 9.2 (a) に示すように，z 軸の座標を z，z 軸からの距離を r，x 軸からの偏角を θ とする円筒座標である．ソレノイドは十分に長いので $\boldsymbol{B}(z, r, \theta)$ は z 座標によらず，また，z 軸の周りの対称性から θ にもよらない．したがって，磁場 $\boldsymbol{B}(z, r, \theta)$ は r だけの関数となる．

実際に，磁場 $\boldsymbol{B}$ の xy 面上での動径方向の成分 B_r，円周方向の成分 B_θ，

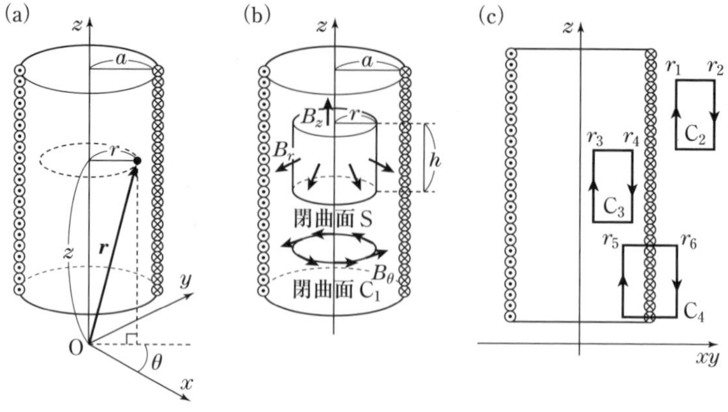

図 9.2 ソレノイドの電流による磁場

および z 方向の成分 B_z について，順番に求めてみよう．

まず，z 軸を中心とする円筒形の閉曲面 S (図 9.2 (b)) を考える．この閉曲面 S からの磁場の発散が，マクスウェル方程式 ③ によりゼロでなければならない．円筒の上面と下面を貫く流束は B_z で決まり，その値は z 座標によらないので互いにキャンセルする．したがって，発散は円筒の側面を貫く流束に等しく，それが ③ によりゼロなので $B_r \cdot 2\pi rh = 0$ となる．ただし，r と h は円筒の半径と高さであり，どんな値をとってもよい．したがって，

$$B_r = 0$$

となる．なお，円筒の半径 r はソレノイドの半径 a より大きくてもよいので，この結果がソレノイドの内側でも外側でも共に成立することに注意しよう．

次に，z 軸を中心として xy 面上に円周の閉曲線 C_1 (図 9.2 (b)) を考えよう．この円周に沿う磁場の循環は，マクスウェル方程式 $④_s$ より C_1 が張る面を貫く電流に比例しなければならないが，それはゼロなので $c^2 B_\theta \cdot 2\pi r = 0$ となる．ただし，r は円の半径であり，どんな値をとってもよい．したがって，

$$B_\theta = 0$$

となる．r が a より大きくても小さくてもよいので，この結果もソレノイド

の内側でも外側でも共に成立する．

以上から，磁場は z 成分 B_z だけをもつことがわかった．そこで $B_z(r)$ を求めるために，ソレノイドの外側に，z 軸に平行な 2 辺をもつ長方形の閉曲線 C_2（図 9.2 (c)）を考えよう．この閉曲線 C_2 に沿う磁場の循環はマクスウェル方程式 ④$_s$ よりゼロである．したがって，長方形の 2 辺の z 軸からの距離を r_1, r_2，長方形の z 方向の長さを l とすれば，$c^2\{B_z(r_1)\,l - B_z(r_2)\,l\} = 0$ となる．これは，もしソレノイドの外側に磁場が存在するなら，

$$B_z(r_1) = B_z(r_2)$$

となること，つまり，いたるところで z 方向に一定の磁場が存在することを意味する．

このような一定の磁場がもし存在することになれば，電流がゼロでも常に磁場が存在することになり，これは，物理的な考察から除外される[補足 A.2]．したがって，

$$B_z(r) = 0 \qquad (r > a)$$

である．

次に，ソレノイドの内側に，z 軸に平行な 2 辺をもつ長方形の閉曲線 C_3（図 9.2 (c)）を考えると，ソレノイドの外側の長方形 C_2 に対してと同様の考察により，$B_z(r_3) = B_z(r_4)$ $(r_3,\ r_4 < a)$ となり，ソレノイドの内側で $B_z(r)$ は一定になることがわかる．そして，その値は，ソレノイドの内側と外側をまたぐ長方形 C_4 に沿う磁場の循環を考えることで求まる．

いま，C_4 の z 方向の高さを l，内側と外側の辺の z 軸からの距離をそれぞれ $r_5\ (< a)$，$r_6\ (> a)$ とすると，循環は $B_z(r_5)\,l - B_z(r_6)\,l$ となるが，ソレノイドの外側では $B_z(r_6) = 0\ (r_6 > a)$ である．ここで ④$_s$ より，C_4 を貫く電流が nIl であることを考慮して，$c^2B_z(r_5)\,l = nIl/\varepsilon_0$ より，$B_z(r_5) = nI/c^2\varepsilon_0$ が得られる．ここで先ほどの $B_z(r_3) = B_z(r_4)$ $(r_3,\ r_4 < a)$ を考慮すれば，ソレノイドの内部の一様な磁場 B_z が

$$B_z(r) = \frac{nI}{\varepsilon_0 c^2} \qquad (r < a)$$

と求まり，ソレノイドの内側だけに，長さ方向に一様な磁場が存在することがわかる．

9.2 ベクトルポテンシャル

4.4節の例題4.2の下の文で述べたように，ダイバージェンス（発散・湧き出し）がいたるところゼロのベクトルは，必ず，ある別のベクトルのローテーション（回転）として表すことができる[補足 A.5]．

したがって，$\boldsymbol{B}$ はマクスウェル方程式の ③ でこの条件を満たすために，ある別のベクトル $\boldsymbol{A}$ によって，

$$\boldsymbol{B} = \nabla \times \boldsymbol{A}$$

つまり，

$$B_x = \frac{\partial A_z}{\partial y} - \frac{\partial A_y}{\partial z}, \quad B_y = \frac{\partial A_x}{\partial z} - \frac{\partial A_z}{\partial x}, \quad B_z = \frac{\partial A_y}{\partial x} - \frac{\partial A_x}{\partial y} \tag{9.2}$$

と表すことができる．なお，磁場に対するこのベクトル $\boldsymbol{A}$ は，特別に**ベクトルポテンシャル**とよばれている．

同一の磁場を表すベクトルポテンシャルには任意性がある．なぜなら，4.4節の例題4.2で示したように，任意のスカラー関数 ψ は $\nabla \times (\nabla\psi) = \mathbf{0}$ を満たすので，ある $\boldsymbol{A}$ が与えられたときに，任意のスカラー関数 ψ から得られる $\nabla\psi$ を $\boldsymbol{A}$ に加えてつくった

$$\boldsymbol{A}' = \boldsymbol{A} + \nabla\psi$$

も $\nabla \times \boldsymbol{A}' = \nabla \times \boldsymbol{A}$ となり，$\boldsymbol{A}$ も $\boldsymbol{A}'$ も同じ $\boldsymbol{B}$ を表すことになるからである．

このような任意性を減らすためには，$\nabla \cdot \boldsymbol{A}$ がある決まった値になるように制限を加えるのが便利である．なお，この $\nabla \cdot \boldsymbol{A}$ の値は任意に選べる．なぜ

なら，$\boldsymbol{A}' = \boldsymbol{A} + \nabla\psi$ のダイバージェンスは $\nabla\cdot\boldsymbol{A}' = \nabla\cdot\boldsymbol{A} + \nabla^2\psi$ だが，この値は ψ を適当に選ぶことで任意に選べるからである[1)]．特に，静磁場では

$$\nabla\cdot\boldsymbol{A} = 0$$

とすることで計算を簡単にすることができる．この制限を**クーロンゲージ**とよぶ[2)]．

例題 9.1

次のベクトルポテンシャル $\boldsymbol{A}_1, \boldsymbol{A}_2$ の概形を図示するとともに，$\boldsymbol{A}_1, \boldsymbol{A}_2$ が表す磁場 $\boldsymbol{B}_1, \boldsymbol{B}_2$ を求めよ．また，クーロンゲージ $(\nabla\cdot\boldsymbol{A}=0)$ が満たされることを確認せよ．ただし，B は定数である．

(1) $\boldsymbol{A}_1 = \left(-\dfrac{By}{2}, \dfrac{Bx}{2}, 0\right)$, (2) $\boldsymbol{A}_2 = (0, Bx, 0)$

【解】 $\boldsymbol{A}_1$ と $\boldsymbol{A}_2$ は z 方向の一様な磁場 $\boldsymbol{B} = (0, 0, B)$ を表す．

(1) $\boldsymbol{B}_1 = \nabla\times\boldsymbol{A}_1 = (0, 0, B)$，$\nabla\cdot\boldsymbol{A}_1 = \left(\dfrac{\partial}{\partial x}, \dfrac{\partial}{\partial y}, \dfrac{\partial}{\partial z}\right)\cdot\left(-\dfrac{By}{2}, \dfrac{Bx}{2}, 0\right) = 0$

(2) $\boldsymbol{B}_2 = \nabla\times\boldsymbol{A}_2 = (0, 0, B)$，$\nabla\cdot\boldsymbol{A}_2 = \left(\dfrac{\partial}{\partial x}, \dfrac{\partial}{\partial y}, \dfrac{\partial}{\partial z}\right)\cdot(0, Bx, 0) = 0$

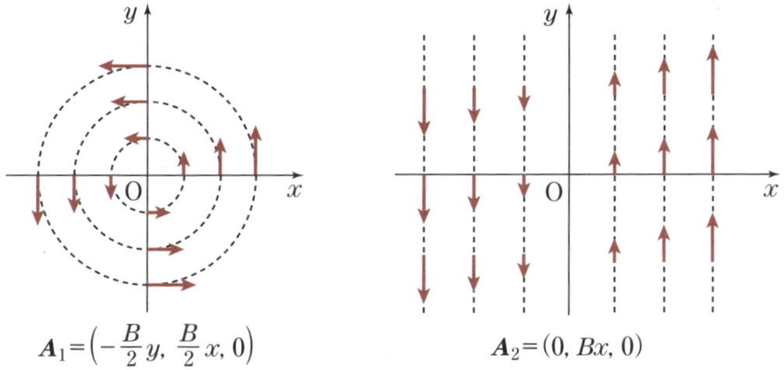

$\boldsymbol{A}_1 = \left(-\dfrac{B}{2}y, \dfrac{B}{2}x, 0\right)$　　$\boldsymbol{A}_2 = (0, Bx, 0)$

1) $\nabla^2\psi = f(\boldsymbol{r})$ が任意の関数 $f(\boldsymbol{r})$ に関して $\psi(\boldsymbol{r})$ をもつことで保証されるが，それは 5.4 節においてポアソン方程式 $\nabla^2\phi = -\rho/\varepsilon_0$ が任意の関数 $\rho(\boldsymbol{r})$ に関して (5.13) の解をもつことでも示したとおりである．

2) このような制限を設けても，$\nabla^2\psi = 0$ となる解 $\psi(\boldsymbol{r})$ が無数に存在するため，$\boldsymbol{A}$ の任意性がなくなるわけではない．例題 9.1 の $\boldsymbol{A}_1$ と $\boldsymbol{A}_2$ はその例である．

このように，$\boldsymbol{A}_1$，$\boldsymbol{A}_2$ は同じ磁場を表しており，これはクーロンゲージの条件を課しても，ベクトルポテンシャルが一意的に決まるわけではないことを示す．$\boldsymbol{A}_1$ の選び方は特に**対称ゲージ**とよばれ，$\boldsymbol{A}_2$ は**ランダウゲージ**とよばれる．

ベクトルポテンシャルを使ってマクスウェル方程式を書き換えてみよう．磁場を $\boldsymbol{B} = \nabla \times \boldsymbol{A}$ と表すことで，自動的に

$$\nabla \cdot \boldsymbol{B} = \nabla \cdot (\nabla \times \boldsymbol{A}) = 0$$

が満たされるので，マクスウェル方程式 ③ は忘れてよい．次に，マクスウェル方程式 ④$_s$ に $\boldsymbol{B} = \nabla \times \boldsymbol{A}$ を代入すると $c^2 \nabla \times (\nabla \times \boldsymbol{A}) = \boldsymbol{j}/\varepsilon_0$ となり，左辺に対して $\nabla \times (\nabla \times \boldsymbol{A}) = \nabla(\nabla \cdot \boldsymbol{A}) - \nabla^2 \boldsymbol{A}$（4.4 節の例題 4.3）と $\nabla \cdot \boldsymbol{A} = 0$（クーロンゲージ）を考慮すると，

$$\nabla^2 \boldsymbol{A} = -\frac{\boldsymbol{j}}{\varepsilon_0 c^2} \tag{9.3}$$

に変形できる．

このように，(9.3) と $\nabla \cdot \boldsymbol{A} = 0$ がマクスウェル方程式 ③ と ④$_s$ と等価な枠組みを与えるのである（磁場を知りたければ，もちろん $\boldsymbol{B} = \nabla \times \boldsymbol{A}$ を思い出す必要がある）．

$\nabla^2 \boldsymbol{A} = -\dfrac{\boldsymbol{j}}{\varepsilon_0 c^2}$ $\nabla \cdot \boldsymbol{A} = 0$ $(\boldsymbol{B} = \nabla \times \boldsymbol{A})$	⟷ 等価	マクスウェル方程式 ③ ④$_s$

(9.3) を x, y, z の各成分に対して書き下すと，

$$\nabla^2 A_x = -\frac{j_x}{\varepsilon_0 c^2}, \quad \nabla^2 A_y = -\frac{j_y}{\varepsilon_0 c^2}, \quad \nabla^2 A_z = -\frac{j_z}{\varepsilon_0 c^2} \tag{9.4}$$

となるが，これは幸運にも，第5章で扱ったポアソン方程式 (5.8) と全く同じ形をしている．さらに，(5.8) の完全な解が (5.13) として与えられていることを思い出そう．つまり，電流密度の成分 j_x，j_y，j_z が与えられたとき，

(9.4) がどのような解をもつかを改めて考える必要はなく，(5.13) の ρ を j_x/c^2，j_y/c^2，j_z/c^2 におきかえることで，直ちに

$$A_x = \frac{1}{4\pi\varepsilon_0 c^2}\int_V \frac{j_x(\boldsymbol{r}')}{|\boldsymbol{r}-\boldsymbol{r}'|}dV', \quad A_y = \frac{1}{4\pi\varepsilon_0 c^2}\int_V \frac{j_y(\boldsymbol{r}')}{|\boldsymbol{r}-\boldsymbol{r}'|}dV',$$

$$A_z = \frac{1}{4\pi\varepsilon_0 c^2}\int_V \frac{j_z(\boldsymbol{r}')}{|\boldsymbol{r}-\boldsymbol{r}'|}dV'$$

を得る．これはベクトルの式にまとめて次のように表すことができる．

$$\boxed{\boldsymbol{A}(\boldsymbol{r}) = \frac{1}{4\pi\varepsilon_0 c^2}\int_V \frac{\boldsymbol{j}(\boldsymbol{r}')}{|\boldsymbol{r}-\boldsymbol{r}'|}dV'} \tag{9.5}$$

(9.5) は，ある位置 $\boldsymbol{r}'$ の微小体積 $\varDelta V'$ に存在する電流密度 $\boldsymbol{j}(\boldsymbol{r}')$ が，空間のあらゆる位置 $\boldsymbol{r}$ に，$\boldsymbol{j}(\boldsymbol{r}')$ と同じ向きで大きさが電流からの距離に反比例するベクトルポテンシャル，

$$\varDelta\boldsymbol{A}(\boldsymbol{r}) = \frac{1}{4\pi\varepsilon_0 c^2}\frac{\boldsymbol{j}(\boldsymbol{r}')}{|\boldsymbol{r}-\boldsymbol{r}'|}\varDelta V'$$

をつくることを意味する (図 9.3 (a) を参照)．

図 9.3 (b) のように，経路 C 上の導線に電流 I が流れている場合は，電流密度と電流との関係が，位置 $\boldsymbol{r}'$ における導線の断面積を S，電流の向きの微

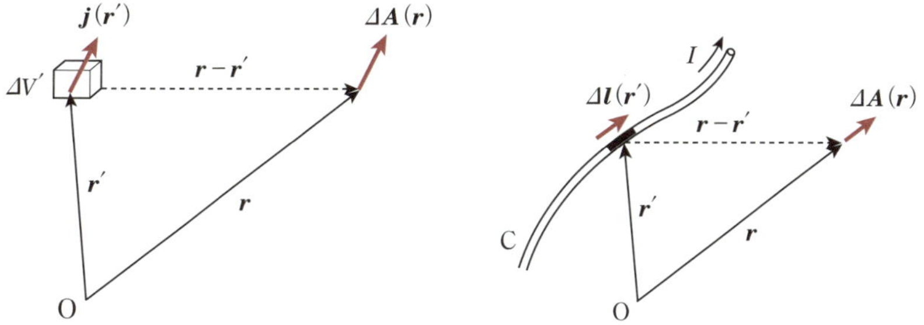

(a)　$\varDelta\boldsymbol{A}(\boldsymbol{r}) \propto \frac{\boldsymbol{j}(\boldsymbol{r}')}{|\boldsymbol{r}-\boldsymbol{r}'|}\varDelta V'$　　(b)　$\varDelta\boldsymbol{A}(\boldsymbol{r}) \propto \frac{I}{|\boldsymbol{r}-\boldsymbol{r}'|}\varDelta\boldsymbol{l}(\boldsymbol{r}')$

図 9.3　電流によるベクトルポテンシャルの生成

小線分ベクトルを $d\boldsymbol{l}$ として，

$$\boldsymbol{j}(\boldsymbol{r}')\,dV' = \boldsymbol{j}(\boldsymbol{r}')\,S\,dl = I\,d\boldsymbol{l}$$

（$d\boldsymbol{l}$ は電流の向き，S は導線の断面積）で与えられることから，

$$\boldsymbol{A}(\boldsymbol{r}) = \frac{I}{4\pi\varepsilon_0 c^2}\int_{\mathrm{C}} \frac{1}{|\boldsymbol{r}-\boldsymbol{r}'|}\,d\boldsymbol{l} \tag{9.6}$$

となる．これより，位置 $\boldsymbol{r}'$ の電流素片 $I\,\varDelta\boldsymbol{l}$ が位置 $\boldsymbol{r}$ につくるベクトルポテンシャルは

$$\varDelta\boldsymbol{A}(\boldsymbol{r}) = \frac{I}{4\pi\varepsilon_0 c^2}\frac{\varDelta\boldsymbol{l}(\boldsymbol{r}')}{|\boldsymbol{r}-\boldsymbol{r}'|} \tag{9.7}$$

となる．

例題 9.2

z 軸上に置かれた無限に長い半径 a の導線中を，大きさ I の電流が $+z$ 方向に流れている．z 軸から距離 $r\ (> a)$ 離れた点におけるベクトルポテンシャル $\boldsymbol{A}$ を求め，次に $\boldsymbol{A}$ から磁場 $\boldsymbol{B}$ を導け．また，結果が (9.1) に一致することを確かめよ．

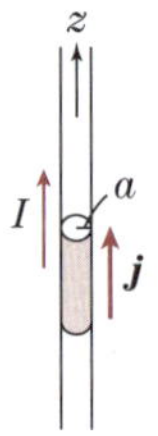

【解】 5.3 節の例題 5.2 で，無限に長い一様な線電荷密度 λ による静電ポテンシャルが，r_0 を任意の長さの次元をもつ定数として $\phi = -\dfrac{\lambda}{2\pi\varepsilon_0}\log_e\dfrac{r}{r_0}$ で与えられることを示した．そこで，ρ を $\boldsymbol{j}/c^2$ でおきかえることでベクトルポテンシャルを求める．

線電荷密度 λ と電荷密度 ρ の関係 $\lambda = \pi a^2\rho$ に注意すると $\boldsymbol{A} = -\dfrac{a^2}{2\varepsilon_0}\cdot\dfrac{\boldsymbol{j}}{c^2}\log_e\dfrac{r}{r_0}$ が得られ，さらに，電流密度が z 成分 j_z のみをもつこと，および $I = j_z\cdot\pi a^2$ より，

$$\boldsymbol{A} = (A_x,\ A_y,\ A_z) = \left(0,\ 0,\ -\frac{I}{2\pi\varepsilon_0 c^2}\log_e\frac{r}{r_0}\right)$$

を得る．また，磁場は $r = \sqrt{x^2+y^2}$ を考慮して，$\boldsymbol{B} = \nabla\times\boldsymbol{A}$ より，

$$(B_x,\, B_y,\, B_z) = \left(-\frac{I}{2\pi\varepsilon_0 c^2}\frac{\partial}{\partial y}\left(\log_e \frac{r}{r_0}\right),\ \frac{I}{2\pi\varepsilon_0 c^2}\frac{\partial}{\partial x}\left(\log_e \frac{r}{r_0}\right),\ 0\right)$$

$$= \left(-\frac{I}{2\pi\varepsilon_0 c^2}\frac{y}{r^2},\ \frac{I}{2\pi\varepsilon_0 c^2}\frac{x}{r^2},\ 0\right)$$

となり，この磁場は (9.1) の $\boldsymbol{B} = \dfrac{1}{2\pi\varepsilon_0 c^2}\dfrac{\boldsymbol{I}\times\boldsymbol{r}}{r^2}$ に等しい．

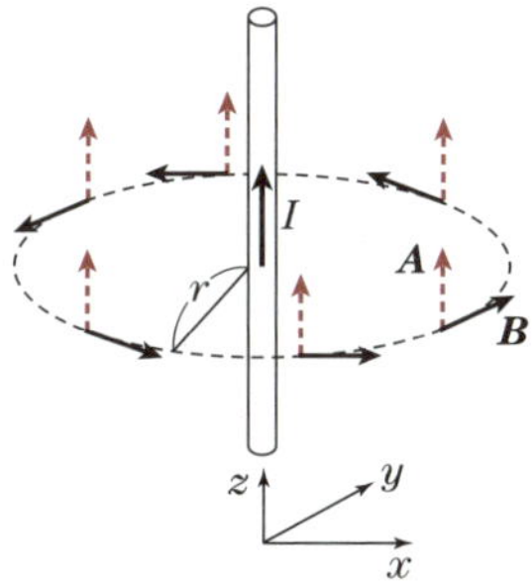

図のように，ベクトルポテンシャル $\boldsymbol{A}$ は導線に沿い，磁場 $\boldsymbol{B}$ は導線の周りの円周方向を向き，導線からの距離 r に対して A は $-\log r$ で減衰し，B は $1/r$ で減衰する．

9.3　ビオ - サバールの法則

任意の電流密度 $\boldsymbol{j}$ に対して (9.5) によりベクトルポテンシャル $\boldsymbol{A}$ が定まり，さらに $\boldsymbol{A}$ より磁場 $\boldsymbol{B}$ が得られる．この事情は，静電気において，電荷密度 ρ からスカラーポテンシャル ϕ が定まり，さらに ϕ から電場 $\boldsymbol{E}$ が得られることに類似している．

ある電流密度 $\boldsymbol{j}$ が与えられたときに，まず個々の問題ごとにベクトルポテンシャル $\boldsymbol{A}$ を求め，それから磁場 $\boldsymbol{B}$ を計算してもよいが，電流密度 $\boldsymbol{j}$ を直接磁場 $\boldsymbol{B}$ に結び付ける式を導出しておけば，$\boldsymbol{A}$ をいちいち求めることなく，磁場を直接計算で求めることができる．ここでは，その表式を求めてみよう．

(9.5) の両辺のローテーションをとることで

$$\boldsymbol{B}(\boldsymbol{r}) = \nabla \times \left(\frac{1}{4\pi\varepsilon_0 c^2}\int_{\mathrm{V}} \frac{\boldsymbol{j}(\boldsymbol{r}')}{|\boldsymbol{r}-\boldsymbol{r}'|}dV'\right)$$

を得る．ここで，ローテーション $(\nabla \times)$ は変数 $\boldsymbol{r} = (x, y, z)$ のみに作用し，$\boldsymbol{r}' = (x', y', z')$ には無関係で影響を与えないことが重要である．つまり，$\nabla \times$ の微分を行う際，$\boldsymbol{r}'$ に関わる座標は定数と考えてよいので，$\nabla \times$ を積分の中に入れて

$$\boldsymbol{B}(\boldsymbol{r}) = \frac{1}{4\pi\varepsilon_0 c^2}\int_{\mathrm{V}} \nabla \times \frac{\boldsymbol{j}(\boldsymbol{r}')}{|\boldsymbol{r}-\boldsymbol{r}'|}\,dV'$$

としてよい．この式の x 成分を書き下せば

$$B_x(\boldsymbol{r}) = \frac{1}{4\pi\varepsilon_0 c^2}\int_{\mathrm{V}} \left[j_z \frac{\partial}{\partial y}\frac{1}{|\boldsymbol{r}-\boldsymbol{r}'|} - j_y \frac{\partial}{\partial z}\frac{1}{|\boldsymbol{r}-\boldsymbol{r}'|}\right]dV'$$

となる．

被積分関数の 1 項目の y に関する偏微分を実行すると，

$$\frac{\partial}{\partial y}\frac{1}{|\boldsymbol{r}-\boldsymbol{r}'|} = -\frac{1}{|\boldsymbol{r}-\boldsymbol{r}'|^2}\frac{\partial}{\partial y}|\boldsymbol{r}-\boldsymbol{r}'| = -\frac{y-y'}{|\boldsymbol{r}-\boldsymbol{r}'|^3}$$

となる．ただし，最後の等号には，偏微分に対して y' や $\boldsymbol{r}'$ を定数として扱ってよいこと，および第 3 章の章末問題 3.6 で示した $\nabla r = \boldsymbol{r}/r$ $(r = |\boldsymbol{r}|)$ の y 成分の式を利用した．

同様に，2 項目の z に関する偏微分は，

$$\frac{\partial}{\partial z}\frac{1}{|\boldsymbol{r}-\boldsymbol{r}'|} = -\frac{z-z'}{|\boldsymbol{r}-\boldsymbol{r}'|^3}$$

となり，結局

$$B_x(\boldsymbol{r}) = \frac{1}{4\pi\varepsilon_0 c^2}\int_{\mathrm{V}} \frac{j_y(z-z') - j_z(y-y')}{|\boldsymbol{r}-\boldsymbol{r}'|^3}dV'$$

を得る．なお，この式の被積分関数の分子はベクトル $\boldsymbol{j} \times (\boldsymbol{r}-\boldsymbol{r}')$ の x 成分に等しいので

$$B_x(\boldsymbol{r}) = \frac{1}{4\pi\varepsilon_0 c^2}\int_{\mathrm{V}} \frac{\{\boldsymbol{j}\times(\boldsymbol{r}-\boldsymbol{r}')\}_x}{|\boldsymbol{r}-\boldsymbol{r}'|^3}dV'$$

と表すことにする．

$\boldsymbol{B}$ の x 成分と同様に，y 成分と z 成分を求めると，上に記した B_x の表式中の $\boldsymbol{j}\times(\boldsymbol{r}-\boldsymbol{r}')$ の x 成分をそれぞれ y 成分と z 成分におきかえたものが得られ，このことから

$$\boxed{\boldsymbol{B}(\boldsymbol{r}) = \frac{1}{4\pi\varepsilon_0 c^2}\int_{\mathrm{V}} \frac{\boldsymbol{j}(\boldsymbol{r}')\times(\boldsymbol{r}-\boldsymbol{r}')}{|\boldsymbol{r}-\boldsymbol{r}'|^3}dV'} \qquad (9.8)$$

が導かれる．磁場を電流密度に直接結び付けるこの関係式は，**ビオ - サバールの法則**とよばれる．なお，ある位置 $\boldsymbol{r}$ の磁場 $\boldsymbol{B}(\boldsymbol{r})$ がどのように決まるのかについて，(9.8) が意味するのは以下のとおりである．

まず，図 9.4 (a) に示すように，ある位置 $\boldsymbol{r}'$ の電流密度 $\boldsymbol{j}(\boldsymbol{r}')$ は，空間の他のあらゆる位置 $\boldsymbol{r}$ に磁場をつくるのだが，その磁場は $\boldsymbol{j}(\boldsymbol{r}')\times(\boldsymbol{r}-\boldsymbol{r}')$ の方向を向き，大きさが電流からの距離の 2 乗に反比例する磁場

$$\varDelta\boldsymbol{B}(\boldsymbol{r}) = \frac{1}{4\pi\varepsilon_0 c^2}\frac{\boldsymbol{j}(\boldsymbol{r}')\times(\boldsymbol{r}-\boldsymbol{r}')}{|\boldsymbol{r}-\boldsymbol{r}'|^3}\varDelta V'$$

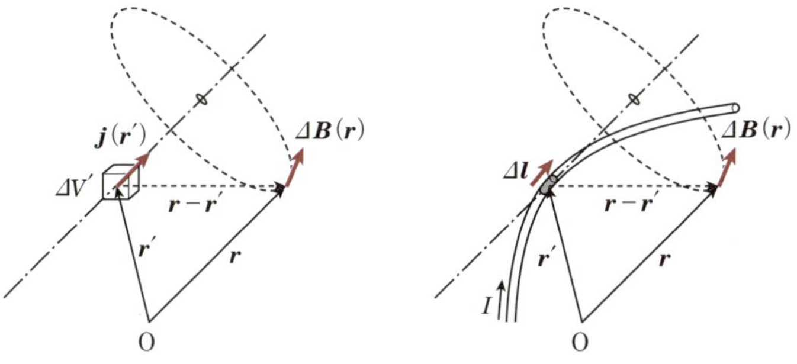

(a)　$\varDelta\boldsymbol{B}(\boldsymbol{r}) \propto \dfrac{\boldsymbol{j}(\boldsymbol{r}')\times(\boldsymbol{r}-\boldsymbol{r}')}{|\boldsymbol{r}-\boldsymbol{r}'|^3}\varDelta V'$　　(b)　$\varDelta\boldsymbol{B}(\boldsymbol{r}) \propto -\dfrac{I(\boldsymbol{r}-\boldsymbol{r}')\times\varDelta\boldsymbol{l}}{|\boldsymbol{r}-\boldsymbol{r}'|^3}$

図 9.4　電流による磁場の生成

で表される．ある位置 $\boldsymbol{r}$ の磁場 $\boldsymbol{B}(\boldsymbol{r})$ は，さまざまな場所の電流密度がこのようにしてつくる磁場を加え合わせることで得られるのである．

図 9.4 (b) のように，経路 C 上の導線に電流 I が流れている場合は，(9.6) を導いたときと同様に，(9.8) に対して

$$\boldsymbol{j}\,dV' = I\,d\boldsymbol{l}$$

のおきかえを行う．ここで $\boldsymbol{j}(\boldsymbol{r}') \times (\boldsymbol{r}-\boldsymbol{r}')\,dV' = I\,d\boldsymbol{l} \times (\boldsymbol{r}-\boldsymbol{r}') = -(\boldsymbol{r}-\boldsymbol{r}') \times I\,d\boldsymbol{l}$ を考慮すると，

$$\boldsymbol{B}(\boldsymbol{r}) = -\frac{I}{4\pi\varepsilon_0 c^2}\int_{\mathrm{C}} \frac{(\boldsymbol{r}-\boldsymbol{r}') \times d\boldsymbol{l}}{|\boldsymbol{r}-\boldsymbol{r}'|^3} \tag{9.9}$$

が導かれ，位置 $\boldsymbol{r}'$ の電流素片 $I\,\Delta\boldsymbol{l}$ が位置 $\boldsymbol{r}$ につくる磁場は，

$$\Delta\boldsymbol{B} = -\frac{I}{4\pi\varepsilon_0 c^2}\frac{(\boldsymbol{r}-\boldsymbol{r}') \times \Delta\boldsymbol{l}}{|\boldsymbol{r}-\boldsymbol{r}'|^3} \tag{9.10}$$

となる．

例題 9.3

無限に長い直線状の電線を流れる電流 I が，距離 $r_\perp$ 離れた点 P につくる磁場 $\boldsymbol{B}$ を (9.9) から求め，結果が 2.4 節 (b) と 9.1 節 (a) で導いた (9.1) に一致することを確かめよ．

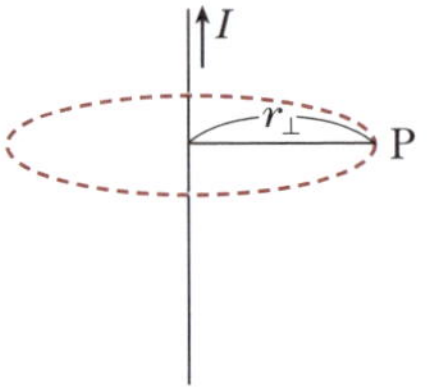

【解】 図のように，電線上の任意の点を原点 O とし，電線（電流）の向きを z 軸の正の向きにとる．位置 $\boldsymbol{r}'$ の電流素片 $I\,\Delta\boldsymbol{l}$ が位置 $\boldsymbol{r}$（点 P）につくる磁場

$$\Delta\boldsymbol{B}(\boldsymbol{r}) = -\frac{I}{4\pi\varepsilon_0 c^2}\frac{(\boldsymbol{r}-\boldsymbol{r}') \times \Delta\boldsymbol{l}}{|\boldsymbol{r}-\boldsymbol{r}'|^3}$$

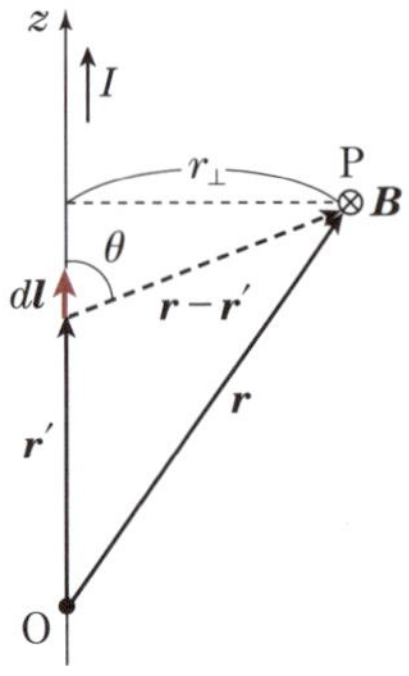

の向きは，電流素片の位置 $\boldsymbol{r}'$ によらずすべて一致し，電線の周りの円周方向である．したがって，$\Delta\boldsymbol{B}$ の大きさだけを考えて和（積分）をとればよい．

(9.9) において，$r_\perp = |\boldsymbol{r} - \boldsymbol{r}'|\sin\theta$，$dl = dz$ より，$|(\boldsymbol{r} - \boldsymbol{r}') \times d\boldsymbol{l}| = |\boldsymbol{r} - \boldsymbol{r}'|\,dl \sin\theta = r_\perp\,dz$ なので，

$$B = |\boldsymbol{B}| = \frac{I}{4\pi\varepsilon_0 c^2}\int_{-\infty}^{+\infty}\left(\frac{\sin\theta}{r_\perp}\right)^3 r_\perp\,dz$$

を得る．点 P の z 座標を H とすると，z と θ の関係が $H - z = r_\perp/\tan\theta$ で与えられることを使って z から θ へと変数変換し，$dz = r_\perp\,d\theta/\sin^2\theta$ を考慮して，

$$B = \frac{I}{4\pi\varepsilon_0 c^2}\int_0^\pi \frac{\sin^3\theta}{{r_\perp}^3}r_\perp\frac{r_\perp}{\sin^2\theta}d\theta = \frac{I}{4\pi\varepsilon_0 c^2}\int_0^\pi\frac{\sin\theta}{r_\perp}d\theta = \frac{I}{2\pi\varepsilon_0 c^2 r_\perp}$$

を得る．これは (9.1) の結果に一致する．

9.4　磁気モーメント

小さな電流のループがつくる磁場を考えよう．第 10 章で述べる磁性体を理解するためには，小さな電流ループが遠く離れた場所につくる磁場が重要となるので，この節で小さな電流ループの性質を詳しく調べる．

図 9.5 に示すような電流ループが，十分離れた点 P (位置 $\boldsymbol{r}$) につくる磁場を考えたい．電流ループは z 軸を中心とし，$z = 0$ の面上の長方形で，x 方向と y 方向の辺の長さがそれぞれ a と b である．電流 I は，z 軸の正の向きからみて反時計回りに流れているとする．磁場を求めるために，まず点 P におけるベクトルポテンシャル $\boldsymbol{A} = (A_x, A_y, A_z)$ を求めてみよう．

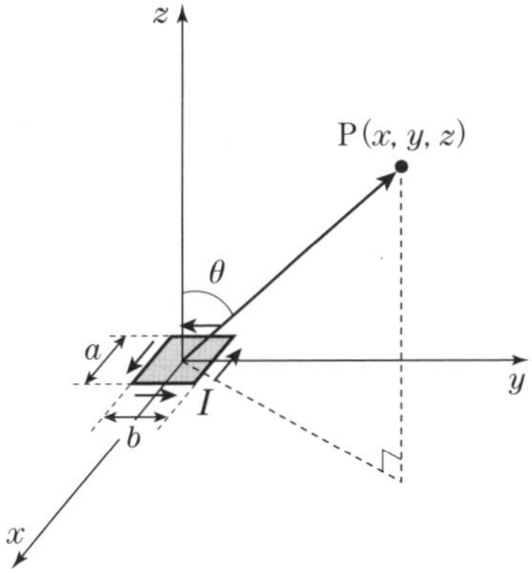

図 9.5　小さな電流ループ

x 成分 A_x から考えよう．(9.7) から明らかなように，A_x は電流ループの x 軸に平行な 2 つの辺 (長さ a) から生じる．2 つの辺を流れる電流は逆向き

(＋x 方向と $-x$ 方向) なので，生じるベクトルポテンシャルの符号は反対だが，それぞれの辺から点 P までの距離がわずかに違うために完全には打ち消し合わずに，差が残る．(9.7) を用いれば，

$$A_x = \frac{Ia}{4\pi\varepsilon_0 c^2}\frac{1}{\sqrt{x^2+\left(y+\frac{b}{2}\right)^2+z^2}} - \frac{Ia}{4\pi\varepsilon_0 c^2}\frac{1}{\sqrt{x^2+\left(y-\frac{b}{2}\right)^2+z^2}}$$

となる．ここで，点 P は電流ループからは十分離れた遠方 ($r \gg a$, b) にあるため，b の 2 次以上の項を無視し，$\delta \ll 1$ のときに $1/\sqrt{1\pm\delta} \fallingdotseq 1 \mp \delta/2$ が成り立つことを利用することができ，近似式として

$$A_x \fallingdotseq -\frac{Ia}{4\pi\varepsilon_0 c^2}\frac{by}{r^3}$$

を得る．ただし，$r = \sqrt{x^2+y^2+z^2}$ である．

同様に，y 成分 A_y は電流ループの y 軸に平行な 2 つの辺 (長さ b) から生じ，

$$A_y = \frac{Ib}{4\pi\varepsilon_0 c^2}\frac{1}{\sqrt{\left(x-\frac{a}{2}\right)^2+y^2+z^2}} - \frac{Ib}{4\pi\varepsilon_0 c^2}\frac{1}{\sqrt{\left(x+\frac{a}{2}\right)^2+y^2+z^2}}$$

$$\fallingdotseq \frac{Ib}{4\pi\varepsilon_0 c^2}\frac{ax}{r^3}$$

を得る．最後に，z 成分に関しては，電流ループに z 方向の電流はないため，

$$A_z = 0$$

となる．

このように，A_x と A_y は共に Iab に比例するので，$\mu = Iab$ とおいてまとめると，

$$A_x = -\frac{\mu}{4\pi\varepsilon_0 c^2}\frac{y}{r^3}, \quad A_y = \frac{\mu}{4\pi\varepsilon_0 c^2}\frac{x}{r^3}, \quad A_z = 0 \qquad (9.11)$$

と表せる．(9.11) が表すベクトルポテンシャル $\boldsymbol{A}$ は図 9.6 に示すように，xy 面上の z 軸を中心とする円の円周方向を向き，大きさは円周上で一定であり，μ に比例する．つまり，生じるベクトルポテンシャル $\boldsymbol{A}$ は，電流 I に

比例すると共に，電流ループの囲む面積 ab にも比例するのである．

ここで，電流 I と電流ループの面積 $S = ab$ を掛けた $\mu = IS$ を大きさとし，電流に対して右ネジが進む向きをもつベクトルを考え，それを $\boldsymbol{\mu}$ で表そう．このように定義されたベクトル $\boldsymbol{\mu}$ は**磁気モーメント**とよばれ，以下でわかるように，小さな電流ループと等価なベクトルである．なお，後で示すように，$\boldsymbol{\mu}$ が遠方でつくる磁場は，電気双極子 $\boldsymbol{p}$ による電場に似ており，そのため $\boldsymbol{\mu}$ は**磁気双極子**または**磁気双極子モーメント**とよばれることもある．

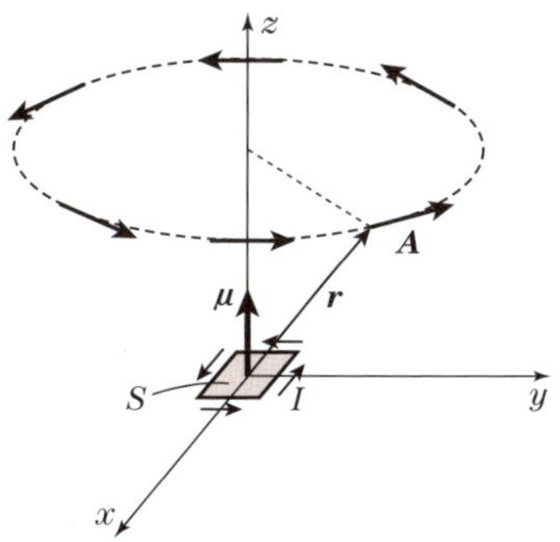

図 9.6 小さな電流ループによるベクトルポテンシャル

> 磁気モーメント $\boldsymbol{\mu}$
> 大きさ：$\mu = IS$
> 向き：電流に対して右ネジが進む向き
>
> 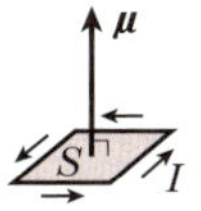
>

この $\boldsymbol{\mu}$ を用いると，(9.11) は

$$\boldsymbol{A} = \frac{1}{4\pi\varepsilon_0 c^2}\frac{\boldsymbol{\mu}\times\boldsymbol{r}}{r^3} \tag{9.12}$$

と表すことができる．(9.11) に用いた座標軸で表記すれば $\boldsymbol{\mu} = (0, 0, Iab)$ だが，(9.12) はベクトルの式であり，特定の座標軸によらないことに注意しよう．また，磁気モーメントの元になる電流ループは，長方形以外のどんな形状でもよく，ループが囲む面積 S だけが重要である．なぜなら，どのような形状であれ，それをより小さな多数の長方形に細分化し，それぞれの長方形の縁を循環する各電流 I を与えることで内部の電流はキャンセルし，最外周の縁を回る電流だけが残るからである．(この事情は，3.2 節 (c) でストー

クスの定理を導いた際，閉曲線の形状が任意でよかったことに似ている.)

磁場 $\boldsymbol{B}$ を (9.2) を使って (9.11) から求めよう．x 成分は

$$B_x = -\frac{\mu}{4\pi\varepsilon_0 c^2}\frac{\partial}{\partial z}\left(\frac{x}{r^3}\right)$$

となり，

$$\frac{\partial}{\partial z}\left(\frac{x}{r^3}\right) = x\frac{\partial}{\partial z}\left(\frac{1}{r^3}\right) = -3\frac{x}{r^4}\frac{\partial r}{\partial z} \quad \text{および} \quad \frac{\partial r}{\partial z} = \frac{z}{r}$$

から

$$B_x = \frac{\mu}{4\pi\varepsilon_0 c^2}\frac{3zx}{r^5}$$

を得る．y 成分も同様に求めることができ，

$$B_y = \frac{\mu}{4\pi\varepsilon_0 c^2}\frac{3zy}{r^5}$$

を得る．z 成分は

$$B_z = \frac{\mu}{4\pi\varepsilon_0 c^2}\left\{\frac{\partial}{\partial x}\left(\frac{x}{r^3}\right) - \frac{\partial}{\partial y}\left(-\frac{y}{r^3}\right)\right\}$$

に対して

$$\frac{\partial}{\partial x}\left(\frac{x}{r^3}\right) = \frac{1}{r^3} + x\frac{\partial}{\partial x}\left(\frac{1}{r^3}\right) \quad \text{と} \quad \frac{\partial}{\partial y}\left(\frac{y}{r^3}\right) = \frac{1}{r^3} + y\frac{\partial}{\partial y}\left(\frac{1}{r^3}\right)$$

を考慮し，

$$B_z = -\frac{\mu}{4\pi\varepsilon_0 c^2}\left(\frac{1}{r^3} - \frac{3z^2}{r^5}\right)$$

を得る．まとめると，

$$B_x = \frac{\mu}{4\pi\varepsilon_0 c^2}\frac{3zx}{r^5}, \quad B_y = \frac{\mu}{4\pi\varepsilon_0 c^2}\frac{3zy}{r^5}, \quad B_z = -\frac{\mu}{4\pi\varepsilon_0 c^2}\left(\frac{1}{r^3} - \frac{3z^2}{r^5}\right) \tag{9.13}$$

となる．この磁場は，電気双極子 $\boldsymbol{p}$ がつくる電場 (6.28) と同じ形をしてお

り，(6.28) のベクトル表記が (6.27) であることから，(9.13) のベクトル表記によって

$$\boldsymbol{B} = -\frac{1}{4\pi\varepsilon_0 c^2}\left\{\frac{\boldsymbol{\mu}}{r^3} - \frac{3(\boldsymbol{\mu}\cdot\boldsymbol{r})}{r^5}\boldsymbol{r}\right\} \tag{9.13$'$}$$

と書くこともできる.

図 9.7 は原点に置かれた $+z$ 方向を向く磁気双極子モーメント $\boldsymbol{\mu}$ が生成する磁場の様子を表し，図 6.15 の電気双極子 $\boldsymbol{p}$ がつくる電場のパターンと同じである. ちなみに，微小な磁石がつくる磁場を実験で調べてみると，磁気双極子モーメントがつくる磁場と同じであることがわかる. このことから，磁石は磁気モーメントが集まったもの，いいかえれば，小さな電流ループが集まったもの，と考えられる.

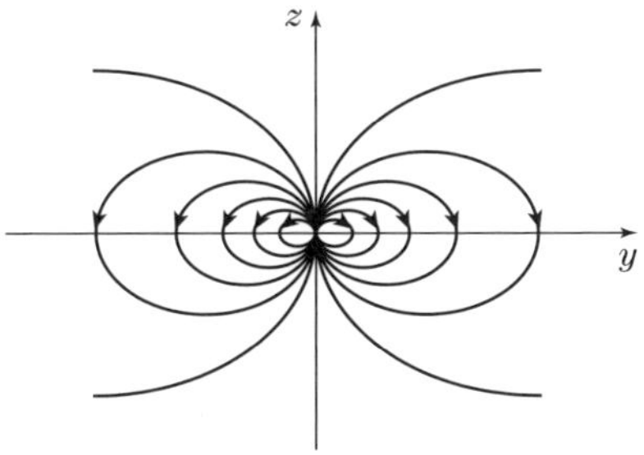

図 9.7 磁気モーメントがつくる磁場

このような考えを発展させて，磁石以外の物質一般の磁気的な性質を理解することができ，それを第 10 章で詳しく説明する.

磁気双極子と電気双極子がそれぞれつくるポテンシャルと場を，対比しつつまとめておく.

μ と p のつくるポテンシャルと場

磁気双極子 $\boldsymbol{\mu}$	電気双極子 $\boldsymbol{p}$
$\begin{cases} \boldsymbol{A} = \dfrac{1}{4\pi\varepsilon_0 c^2}\dfrac{\boldsymbol{\mu}\times\boldsymbol{r}}{r^3} \\ \boldsymbol{B} = \nabla\times\boldsymbol{A} \end{cases}$	$\begin{cases} \phi = \dfrac{1}{4\pi\varepsilon_0}\dfrac{\boldsymbol{p}\cdot\boldsymbol{r}}{r^3} \\ \boldsymbol{E} = -\nabla\phi \end{cases}$
$\Downarrow$	$\Downarrow$
$\boldsymbol{B} = -\dfrac{1}{4\pi\varepsilon_0 c^2}\left\{\dfrac{\boldsymbol{\mu}}{r^3} - \dfrac{3(\boldsymbol{\mu}\cdot\boldsymbol{r})}{r^5}\boldsymbol{r}\right\}$	$\boldsymbol{E} = -\dfrac{1}{4\pi\varepsilon_0}\left\{\dfrac{\boldsymbol{p}}{r^3} - \dfrac{3(\boldsymbol{p}\cdot\boldsymbol{r})}{r^5}\boldsymbol{r}\right\}$

9.5 電流にはたらく磁気力

(a) 単位長さ当たりの電流に及ぼす力

磁場はローレンツ力を通して電流に力を及ぼす．ここでは，断面積 S の導線に電流 I が流れているとき，長さ $\varDelta L$ の電流素片 $\boldsymbol{I}\varDelta L$ に磁場 $\boldsymbol{B}$ が及ぼす力 $\varDelta\boldsymbol{F}$ を求めてみよう（図 9.8）．

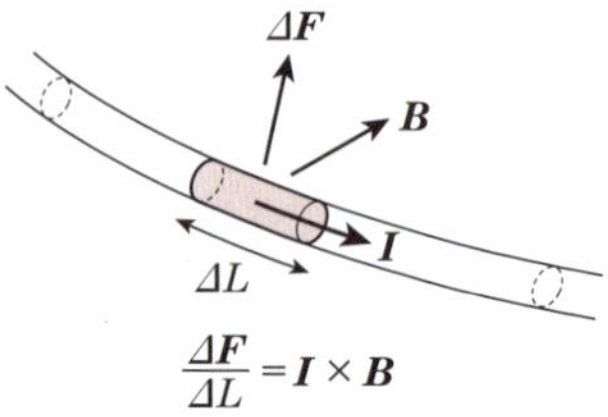

図 9.8 電流素片にはたらく力

導線には電荷 q が単位体積当たり n 個存在し，速さ v で動いているとすれば，電流素片の体積 $S\varDelta L$ の中には電荷 q が $\varDelta N = nS\varDelta L$ 個あり，それぞれの電荷がローレンツ力 $q\boldsymbol{v}\times\boldsymbol{B}$ を受けるので，電流素片の受ける力は $\varDelta\boldsymbol{F} = \varDelta N\,q\boldsymbol{v}\times\boldsymbol{B} = nS\varDelta L\,q\boldsymbol{v}\times\boldsymbol{B}$ となる．ところが，電流はベクトルとして向きまで含めて $\boldsymbol{I} = nSq\boldsymbol{v}$ と書けるので，$\varDelta\boldsymbol{F} = \varDelta L\,\boldsymbol{I}\times\boldsymbol{B}$ を得る．これは，電流が単位長さ当たりに受ける力が

$$\frac{\varDelta\boldsymbol{F}}{\varDelta L} = \boldsymbol{I}\times\boldsymbol{B} \tag{9.14}$$

であることを意味する．

距離 d 離れた 2 本の平行な導線 1，2 に等しい向き（$+y$ 方向）に電流 I_1，I_2 を流すとき，電流 I_1 が導線 2 の位置につくる磁場は，(9.1) より $B_2 = \dfrac{I_1}{2\pi\varepsilon_0 c^2 d}$ となり，向きは図の $+z$ 方向となる．この $\boldsymbol{B}_2$ により電流 I_2 は，$\boldsymbol{F}/\varDelta L = \boldsymbol{I}\times\boldsymbol{B}$ に従って電流 I_1 に引き寄せられる向き（$+x$ 方向）に単位長さ当たり

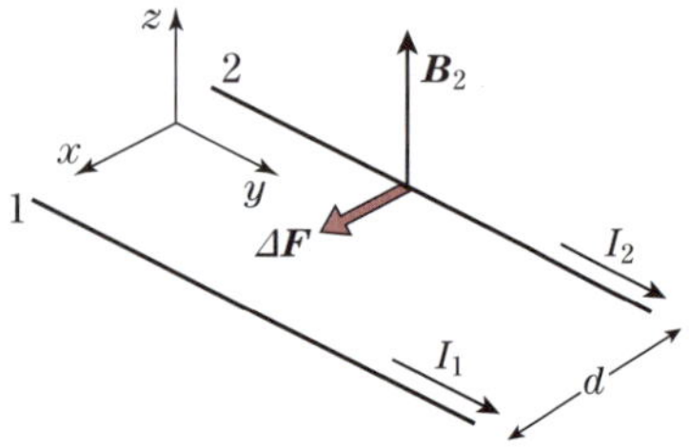

$$\left|\frac{\varDelta\boldsymbol{F}}{\varDelta L}\right| = \frac{I_1 I_2}{2\pi\varepsilon_0 c^2 d}$$

の力を受ける．同様に，導線 1 が受ける力は導線 2 が受ける力 $\Delta\boldsymbol{F}$ に大きさが等しく反対向きとなり，平行の電流は互いに引力を及ぼす．

なお，電流 1 A の定義は，$d = 1$ m の平行導線にはたらく長さ 1 m 当たりの力が $\Delta F = 2 \times 10^{-7}$ N/m となることである[3)]．

(b)　ループ電流にはたらく力とエネルギー

$+z$ 方向の磁場 $\boldsymbol{B} = (0, 0, B)$ の中に，図 9.9 のように y 軸を中心に回転できる長方形（辺の長さ a, b）のループ電流を置いたときに，このループ電流が受ける力を考えよう．

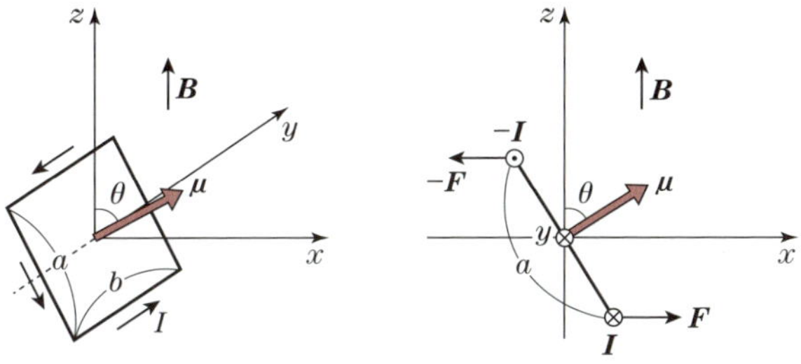

図 9.9　ループ電流にはたらく力

ただし，このループ電流による磁気双極子モーメント $\boldsymbol{\mu}$ が z 軸から角度 θ 傾いているとする（ループの面が xy 平面から角度 θ 傾いている）．

(9.14) より，長さ a の 2 辺に大きさの等しい逆向きの力がはたらくが，互いに打ち消し合う．一方，y 軸に平行な長さ b の 2 辺にも大きさが等しい（$F = IBb$）逆向き（$+x$ 方向と $-x$ 方向）の力がはたらくが，作用線がずれているために，力のモーメントが発生する．

力のモーメントの定義 $\boldsymbol{N} = \sum_{i=1}^{n} \boldsymbol{r}_i \times \boldsymbol{F}_i$（$\boldsymbol{r}_i$：力 $\boldsymbol{F}_i$ がはたらく位置）より，$\boldsymbol{N}$ の向きは $-y$ 方向で，大きさは

$$N = \frac{a \sin\theta}{2} \times F \times 2 = IabB \sin\theta = \mu B \sin\theta$$

である．磁気モーメントの向きを考慮すれば，ベクトルとして

3)　2019 年に，このアンペアの定義は改定された．

$$\boldsymbol{N} = \boldsymbol{\mu} \times \boldsymbol{B}$$

と表すことができる．

このように，磁気モーメント $\boldsymbol{\mu}$ には，磁場 $\boldsymbol{B}$ の方向に向きを揃えようとする力がはたらく．$\boldsymbol{\mu}$ の向きが $\boldsymbol{B}$ に完全に揃った $\theta = 0$ の状態がエネルギーが最低であり，そこから角度を傾ける $(\theta \neq 0)$ ためには，外力による仕事 W を必要とする．W としては $W = \int_0^\theta N\, d\theta$ を $N = \mu B \sin\theta$ に対して計算して

$$W = \mu B(1 - \cos\theta)$$

を得る．仕事の基点として $\theta = \pi/2$ を選べば定数 μB を省くことができ，$U = -\mu B \cos\theta$ を磁気双極子の磁場中でのエネルギーと考えることができる．ベクトルでは[4)]

$$U = -\boldsymbol{\mu} \cdot \boldsymbol{B}$$

と表される．

ここで導いた磁場 $\boldsymbol{B}$ の中の磁気双極子モーメント $\boldsymbol{\mu}$ の位置エネルギーの関係式が，電場 $\boldsymbol{E}$ の中の電気双極子 $\boldsymbol{p}$ が満たす関係式（第 7 章の章末問題 7.4 および (7.10) を参照）に類似していることに注意しよう．つまり，$\boldsymbol{p}$ は電場から力のモーメント $\boldsymbol{N} = \boldsymbol{p} \times \boldsymbol{E}$ を受け，また，静電エネルギー $U = -\boldsymbol{p} \cdot \boldsymbol{E}$ をもつ．

4) これは力学的エネルギーであり，ループ電流 I の大きさ，および磁場 $\boldsymbol{B}$ が変化しない場合の力を与える．

章末問題

9.1 z 軸を中心とし，xy 平面上 $(z = 0)$ の半径 a の円形導線に電流 I が流れている．z 軸上の点 $P(0, 0, z)$ における磁場 $\boldsymbol{B}$ を求めよ．

9.2 x 軸上に置かれた導線中を $+x$ 方向に電流 I が流れている．

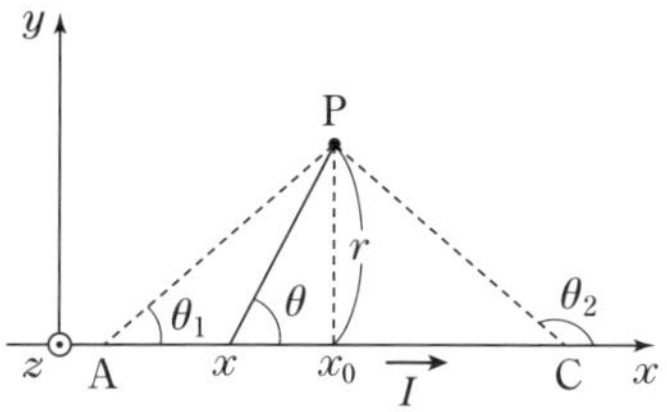

(1) AC 間の電流が点 P につくる磁場 $\boldsymbol{B}$ を求めよ．ただし，AP と x 軸，CP と x 軸がなす角度をそれぞれ θ_1，θ_2 とする．

(2) 導線は無限に長いとして，導線全体が点 P につくる磁場 $\boldsymbol{B}$ を求めよ．

9.3 前問 (1) の結果を用いて以下の量を求めよ．

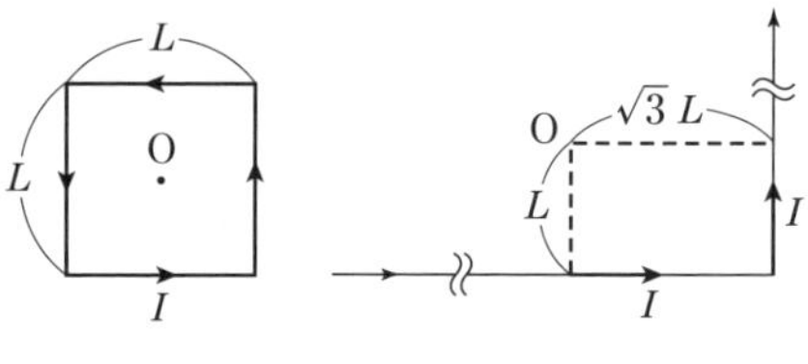

(1) 一辺 L の正方形の導線を反時計回りに流れる電流 I が中心 O につくる磁場．

(2) 直角に折れ曲がった無限に長い導線に流れる電流 I が，各直線から距離 L，$\sqrt{3}L$ の点 O につくる磁場．

9.4 外側の円筒導体 (内径 b) と内側の中心導体 (半径 a) からなる長い同軸線がある．同軸線の一方に電源 (電圧 V_0)，他端に負荷の抵抗がつながっており，一定の電流 I_0 が流れている．外側導体と中心導体の隙間は真空，また，導体の抵抗はゼロとして以下の量を求めよ．

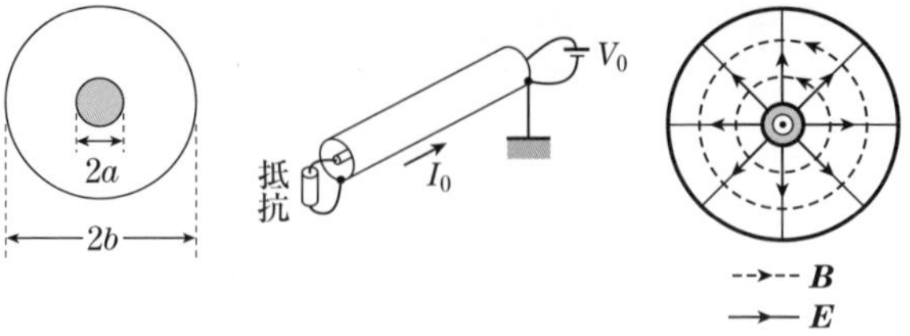

(1)　導体間の間隙 ($a < r < b$) および外側 ($r > b$) に生じる磁場 $\boldsymbol{B}$ と電場 $\boldsymbol{E}$ の大きさ．右図は，中心導体に紙面奥から手前に向く電流による $\boldsymbol{E}$ と $\boldsymbol{B}$ の向きを示す．

(2)　導体間の間隙 ($a < r < b$) に蓄えられる単位長さ当たりの電磁場のエネルギー．

9.5　z 方向の一様な磁場 $\boldsymbol{B} = (0, 0, B)$ の中での荷電粒子 (電荷 $q > 0$，質量 m) が，図のように，xy 平面内で円を描きつつ，z 方向に一定の速さをもつ運動になることを，速度 $\boldsymbol{v}(t)$ に対する運動方程式 $m\dot{\boldsymbol{v}} = \boldsymbol{F}$ を解いて示せ．

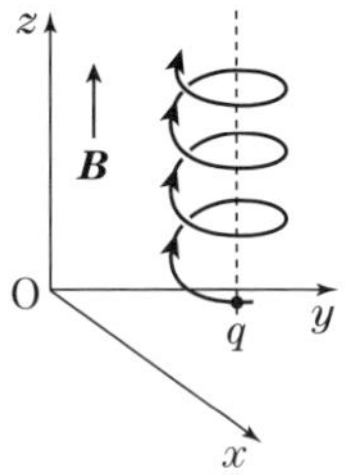

第 10 章

磁 性 体

磁気的な性質を示す物質は**磁性体**とよばれる．第 8 章で，物質（絶縁体）の電気的な性質は，物質を構成する微視的な正電荷と負電荷の中心が電場中でわずかにずれて生じる分極に起因することを述べた．物質の磁気的な性質も電気的な性質と同様，やはり物質中の原子スケールでの電荷の挙動に関連する．ただし，その際に重要なのは原子や電子の原子スケールの運動（電流）であり，その運動が磁気モーメントという形で姿を現す．本章では，マクスウェル方程式の観点からどのようにとらえられるのかについて述べる．

10.1　常磁性体・反磁性体・強磁性体

磁石は周りの空間に磁場 $\boldsymbol{B}$ をつくり，磁石同士は強い力を及ぼし合うが，磁石以外のあらゆる物質も，弱いながらも磁石から力を受ける．その際，磁石に引き付けられる物質と遠ざけられる物質があり，前者は**常磁性体**，後者は**反磁性体**とよばれる．磁石に引き付けられる物質で真っ先に思い出されるのは鉄だが，鉄は磁石の材料となる物質であり常磁性体とはよばない．鉄のような，磁石になる物質は特に**強磁性体**とよばれ，通常の常磁性体に比べてはるかに強い力を磁石から受ける．

このような物質の磁気的な性質は，図 10.1 のようなソレイドに電流 I を

図 10.1　物質による磁場の変化

流して磁場 $\boldsymbol{B}$ をつくり，そこに物質を挿入することで調べることができる．物質を挿入すると，磁場の大きさが一般的に変化するからである．常磁性体なら磁場が強まり（物質中の磁場 $B_1 > B$），特に強磁性体ならその効果は極めて大きい．反対に，反磁性体なら磁場が弱まる（物質中の磁場 $B_1 < B$）のである．

上記のように，どんな物質も磁気的性質をもつのだが，その原因を考えてみよう．

原子の中では電子が原子核の周りを運動しており，その運動にともなって角運動量（**軌道角運動量**とよばれる）をもつ．また，電子自体が自転運動に対応する固有の角運動量（**スピン角運動量**とよばれる）をもっている．軌道角運動量もスピン角運動量も，電荷の回転運動に対応し，それぞれの量に比例して磁気モーメントを生じる．原子の磁気モーメントは，原子の中のすべての電子のスピン角運動量と軌道角運動量による磁気モーメントを加え合わせたものであり[1)]，加え合わせの結果，多くの原子では原子全体での磁気モーメントは消失する．ただし，一部の原子ではゼロでない磁気モーメントが残る．

9.4節で述べたように，磁気モーメントは微細な電流ループと等価であり，互いの関係は

$$\mu = IS \qquad (10.1)$$

で与えられる．（図10.2を参照．磁気モーメント $\boldsymbol{\mu}$ は電流 I の循環する面に垂直で，電流に対して右ねじが進む向き．）ここで，常磁性体，反磁性体，強磁性体のあらましを，定性的に述べておこう．

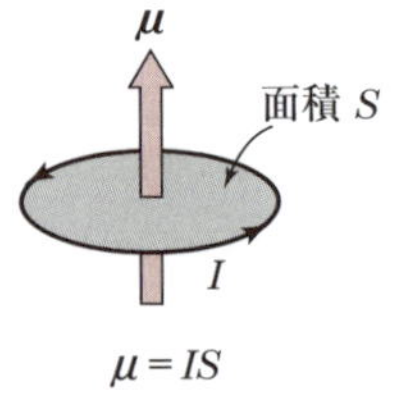

図10.2 微小電流ループと磁気モーメント

1) 原子核も磁気モーメントをもっているが，電子に比べてずっと小さいので無視できる．原子核は電子より2000倍以上質量が大きいにもかかわらず，角運動量は電子に比べてそれほどは違わない．それは，自転（スピン）が古典的にいえばずっとゆっくりしていることを意味し，その結果，付随する環状電流（磁気モーメント）が小さいのである．

［**常磁性体**］ 磁気モーメントをもつ原子が集まると常磁性体になる．図10.3のように，物質中のそれぞれの原子の磁気モーメントは，温度の影響で普段はバラバラな向きを向いており，物質として平均の磁気モーメントはゼロになっている．しかし，磁場 $\boldsymbol{B}$ をかけると，静磁気のエネルギー $U = -\boldsymbol{\mu}\cdot\boldsymbol{B} = -\mu B\cos\theta$ (9.5節を参照) のために，より多くの原子が磁場 $\boldsymbol{B}$ と同じ向きの磁気モーメントをもつことになって，平均として磁場 $\boldsymbol{B}$ と同じ向きの磁気モーメントが生じるのである．

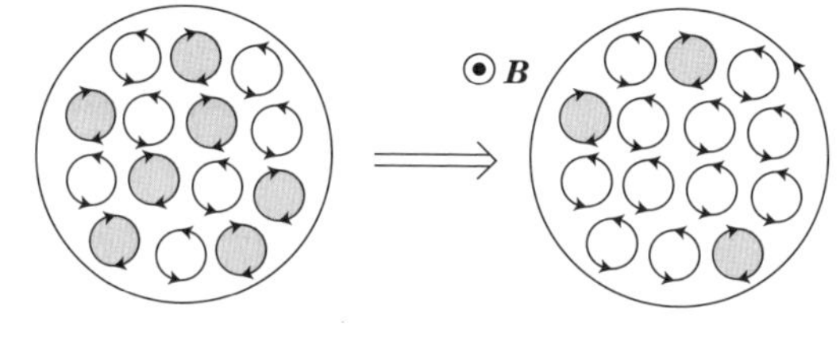

図 10.3 常磁性体の概念図

［**反磁性体**］ 磁気モーメントをもたない原子による物質は反磁性体となる (図10.4)．これは，原子を磁場中に置くと，原子中の電子の軌道運動が一般に変化するためなのだが，その機構は，電磁誘導の法則 $\varepsilon = -d\Phi/dt = -S\,dB/dt$ で理解できる．

まず，金属に磁場をかけることを考えよう．磁場が増加する間は，逆起電力 (誘導電場) によって磁場の増加を妨げる向きに金属中に環状の電流

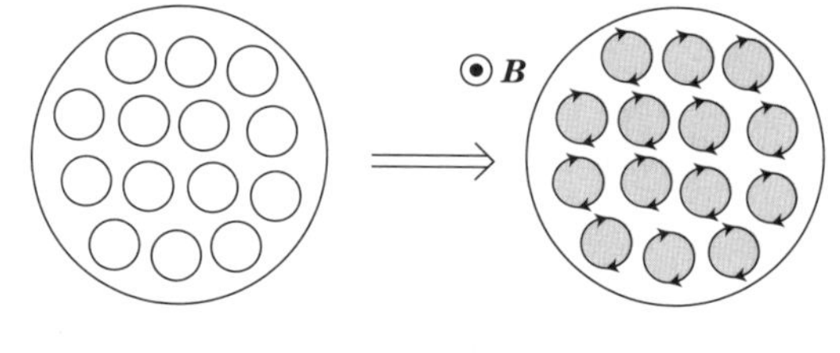

図 10.4 反磁性体の概念図

(磁気モーメント) が発生するが, 磁場の増加が止まると, 生じた電流はジュール熱によるエネルギー散逸によって消失してしまう. このように, 金属の場合は, 磁場の増加を止めれば磁気モーメントは消える.

原子の場合, 磁場が増加する間, 原子内の閉ループに沿って逆起電力 (誘導電場) が生じ, この逆起電力によって電子の軌道運動が変化し, 変化した軌道運動が, 磁場の増加を妨げる向きの環状電流 (磁気モーメント) をもつのである. ここまでは金属の場合と同様だが, 異なるのは, 原子中にはジュール熱の発生のようなエネルギー散逸の機構がないことである. そのため, 一旦変化した電子の軌道運動は磁場の増大が止まった後も保たれ, 誘起された原子内の環状電流 (磁気モーメント) は消失することなく保持される.

このように, 原子には磁場と反対向きの磁気モーメントが生じる. この効果は, あらゆる原子に共通の一般的な現象であり, したがって, 常磁性体を構成する原子にも例外なくこの効果が生じる. ただし, 磁気モーメントを元々もつ原子では, ほとんどの場合, 常磁性の効果の方が大きい.

[**強磁性体**] 常磁性体の場合は, それぞれの原子の磁気モーメントが温度の影響で普段はバラバラな向きを向いている. ところが, 一部の物質では, 原子スケールで隣接する磁気モーメントの間に, 互いの向きを揃えようとする強い相互作用がはたらく. その効果が, 温度による乱雑化の影響に打ち勝って, 多数の原子の磁気モーメントの向きを物質中で揃え, 強磁性体をつくるのである. この効果は, **強磁性交換相互作用**または**ハイゼンベルクの交換相互作用**とよばれる, 量子論から導かれる効果である. ここでは, この相互作用がなぜ生じるのかには触れずに, ただその存在を認めて, 先に進むことにしよう. 10.5 節で述べるように, 弱い磁場に対する強磁性体の性質は, 常磁性体 —— それも巨大な磁気モーメントをもった常磁性体 —— に類似している.

磁石とは, 磁気モーメントの向きが大きな領域に亘って良く揃っており, 特に, 試料全体で同じ向きを向いているような強磁性体のことである. その状況を簡略的に図 10.5 に示す. 隣り合う環状電流の隣接した辺を流れる電

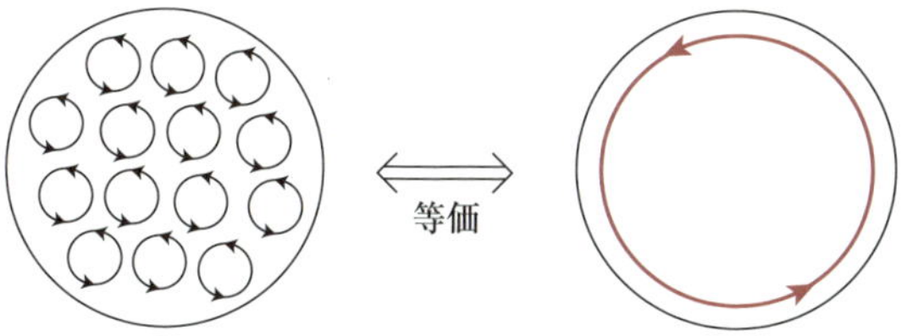

図 10.5　強磁性体（磁石）の概念図

流は逆向きで互いに打ち消し合うので（図 10.5 左），正味として，磁石の外側の境界を 1 周する電流（図 10.5 右）だけを考えればよい．この磁石が十分長い一様な円柱なら，ソレノイドコイルと同等であり，磁石がソレノイドコイルと同じ磁場をつくることがわかる．

10.2　磁気モーメントと磁化電流密度

前節で述べた常磁性，反磁性，強磁性の発生機構は，それぞれ最も基本的なすべての物質に共通な機構である．実際には，多様な物質の様々な特性を反映して物質固有の機構が多数存在する．物質の多様な磁気的性質を理解することは，現在でも物性物理学や物性物理化学の最先端の研究課題だが，それは本書の主眼ではない．常磁性，反磁性，強磁性がどんな機構で発生するにせよ，それらの磁気的性質をマクスウェル方程式にどのように取り入れて定量的に扱うのかを示すことが本章の目的である．これからそれを議論しよう．

磁場が時間的に変化しない（静的な）現象は静磁気のマクスウェル方程式

$$\nabla \cdot \boldsymbol{B} = 0 \qquad ③$$

$$c^2 \nabla \times \boldsymbol{B} = \frac{\boldsymbol{j}}{\varepsilon_0} \qquad ④_s$$

によって記述されることを思い出そう．③，$④_s$ は物質が存在しても成立するので，物質の磁気的性質も，これらのマクスウェル方程式を用いて記述できるはずである．もちろん，時間変化を含む，より一般的な場合を考えることもできるが，その場合には，磁気的性質と電気的性質が絡み合うために，マクスウェル方程式のフルセット①，②，③，④に戻る必要が生じる．そのような一般の場合は第11章で扱うことにし，ここでは，時間変化がない場合を考え，磁気的性質だけを分離して③，$④_s$ だけで記述できる場合を扱おう．

物質の磁気的性質は磁気モーメントによって生じるのだが，磁気モーメントは (10.1) の $\mu = IS$ によって環状電流 I に関連する．一方，$④_s$ の電流密度 $\boldsymbol{j}$ はあらゆる電流を含むので，当然，原子に付随した環状電流も含む．そこで，形式上の準備として，まず，原子に付随した環状電流を**磁化電流密度**とよんで $\boldsymbol{j}_{磁化}$ で表し，導体を流れる**伝導電流密度** $\boldsymbol{j}_{伝導}$ と区別して表すことにしよう．すなわち，$④_s$ に現れる $\boldsymbol{j}$ をそれらの和，

$$\boldsymbol{j} = \boldsymbol{j}_{伝導} + \boldsymbol{j}_{磁化} \tag{10.2}$$

として表す．

磁化電流密度 $\boldsymbol{j}_{磁化}$ は，おびただしい数の原子に付随した電流なので，空間の関数としてみれば原子スケールで極めて激しく複雑に変化する量であり，その結果として生じる磁場も，また同様に空間的に激しく変化する．しかし，興味があるのは，多数の原子を含むような，ある程度の大きさ（たとえば 1 nm 程度以上の広がり）をもつ領域での平均的な磁場である．そこで，これからの考察では，$\boldsymbol{j}_{磁化}$ および磁場 $\boldsymbol{B}$ として，多数の原子を含む領域で平均した量を考えることにしよう．

10.3 磁化ベクトル M

ある位置 $\boldsymbol{r}$ における磁気モーメントの体積当たりの平均を，$\boldsymbol{r}$ における**磁化ベクトル**または単に**磁化**とよび，微小体積 ΔV の中の原子に付随した磁気双極子 $\boldsymbol{\mu}_i (i = 1, 2, \cdots, \Delta N)$ の和 $\boldsymbol{\mu} = \sum_{i=1}^{\Delta N} \boldsymbol{\mu}_i$ を体積 ΔV で割った量

$$\boldsymbol{M}(\boldsymbol{r}) = \frac{1}{\Delta V}\sum_{i=1}^{\Delta N}\boldsymbol{\mu}_i \tag{10.3}$$

で定義する．以下で示すように，磁化ベクトル $\boldsymbol{M}$ を磁化電流密度 $\boldsymbol{j}_{磁化}$ に直接関連づけることができる．

図 10.6 のように，微小な直方体 ΔV を考え，そこでの磁化ベクトルが $\boldsymbol{M}$ で与えられるとする．ただし，$\boldsymbol{M}$ の方向に z 軸をとることにし，直方体の各辺を a，b，c とする．ΔV が含む磁気モーメントの和 $\boldsymbol{\mu} = \sum_{i=1}^{\Delta N}\boldsymbol{\mu}_i$ は，(10.3) より $\boldsymbol{\mu} = abc\boldsymbol{M}$ である．一方，(10.1) より磁気モーメント $\boldsymbol{\mu}$ は面 bc の縁を周回する環状電流 I で表すことができ，μ と I の関係は $\mu = bcI$ で与えられる．したがって，

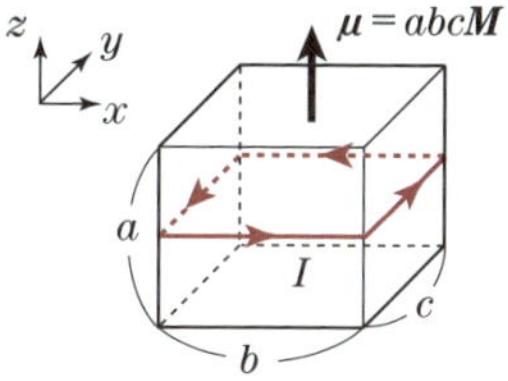

図 10.6　磁化ベクトル $\boldsymbol{M}$

$$I = aM \tag{10.4}$$

の関係が得られる．つまり，ある場所の磁化ベクトル $\boldsymbol{M}$ は，その場所にベクトル $\boldsymbol{M}$ を周回する環状電流 I が存在することを意味しており，その際，$\boldsymbol{M}$ の大きさは環状電流の単位長さ当たりの大きさに等しい．

磁化 $\boldsymbol{M}$ が等しい 2 つの微小な直方体 ($\boldsymbol{M}_1 = \boldsymbol{M}_2$) が yz 面内で隣接している場合は，図 10.7 のように境界面で電流が打ち消し合うので，yz 面内のいたるところで磁化電流はゼロである．

$\boldsymbol{M}(\boldsymbol{r})$ が空間的に変化するなら，隣り合う領域の境界面の電流が打ち消し合わずに正味の成分が残るので，物質中に磁化電流が生じることが示唆される．それを定量的に求めるために，図 10.7 の 2 つの領域の z 方向の磁化の大きさが変化する場合を手始めに考えよう．

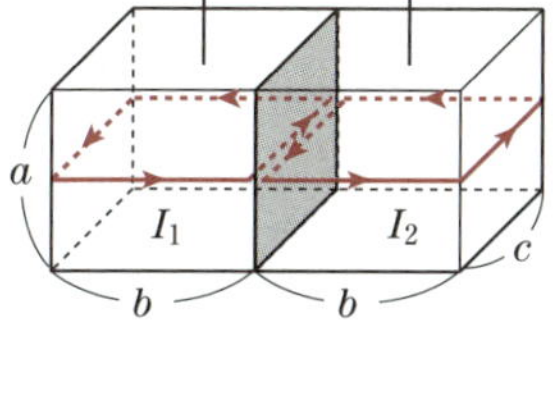

図 10.7　$\boldsymbol{M}_1 = \boldsymbol{M}_2$ なら境界面で電流が打ち消し合う

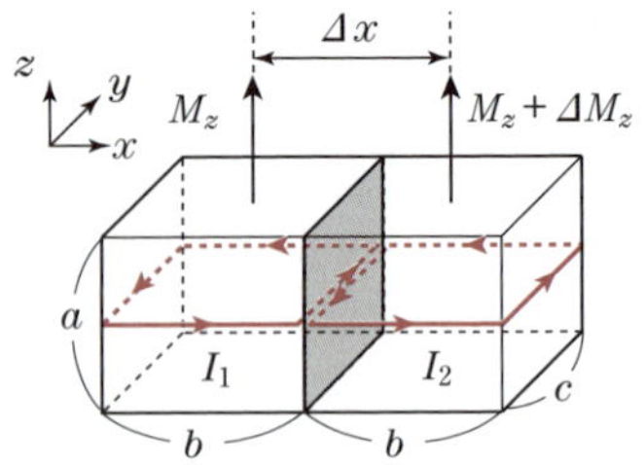

図 10.8 M_z が x 方向で変化

図 10.8 のように，x 方向に Δx だけずれた隣接した領域が，z 方向の磁化 M_z と $M_z + \Delta M_z$ をもつとすると，2つの領域の境界面（yz 面）には，2つの領域のそれぞれの磁化による電流（磁化電流）が流れる．左の M_z による電流は $+y$ 方向で，(10.4) より $I_1 = aM_z$ であり，右の $M_z + \Delta M_z$ による電流は $-y$ 方向で，$I_2 = a(M_z + \Delta M_z)$ である．このとき，境界面ではそれらが打ち消し合って，正味の電流

$$I_{y1} = I_1 - I_2 = -a\Delta M_z = -a\frac{\partial M_z}{\partial x}\Delta x$$

が残ることになる．そして，x 方向に Δx ずつずれた多数の同様な領域を考えれば，同様な電流 I_{y1} が xz 面の断面積 $a\,\Delta x$ ごとに生じることがわかるので，y 方向の磁化電流密度は

$$j_{y1} = \frac{I_{y1}}{a\,\Delta x} = -\frac{\partial M_z}{\partial x} \qquad (10.5)$$

で与えられる．

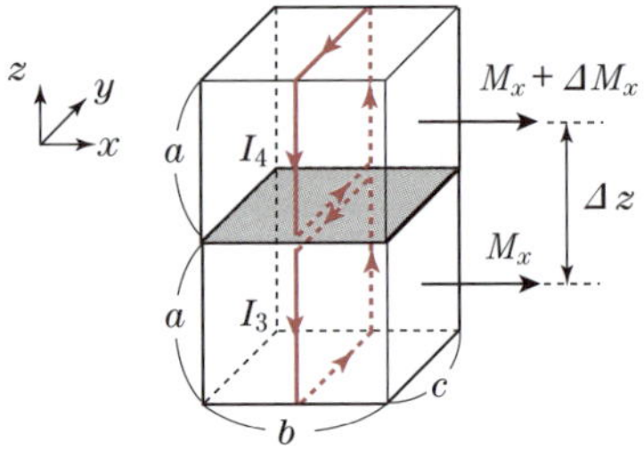

図 10.9 M_x が z 方向で変化

y 方向の磁化電流は，磁化の x 成分 $M_x(\boldsymbol{r})$ が z 方向に変化する場合にも発生する．図 10.9 は z 方向に Δz ずれた M_x と $M_x + \Delta M_x$ の 2 つの領域を示している．境界面（xy 面）では，下の M_x による $-y$ 方向の電流 $I_3 = bM_x$ と上の $M_x + \Delta M_x$ による $+y$ 方向の電流 $I_4 = b(M_x + \Delta M_x)$ が打ち消し合って

$$I_{y2} = I_4 - I_3 = b\varDelta M_x = b\frac{\partial M_x}{\partial z}\varDelta z$$

が得られる．この y 方向の電流が平均として断面 $b\varDelta z$ を貫いて流れるので，磁化電流密度として

$$j_{y2} = \frac{I_{y2}}{b\varDelta z} = \frac{\partial M_x}{\partial z} \qquad (10.6)$$

を得る．

y 方向の磁化電流が生じるのは，以上で考えた2つの場合に限られる．（図10.8や図10.9にならって異なる隣接領域を考えれば，他の場合には y 方向の電流が生じないことが明らかだろう．）したがって，(10.5) と (10.6) より y 方向の磁化電流密度が一般に

$$j_y = j_{y1} + j_{y2} = \frac{\partial M_x}{\partial z} - \frac{\partial M_z}{\partial x}$$

で与えられる．

同様に j_x，j_z を求めると，

$$j_x = \frac{\partial M_z}{\partial y} - \frac{\partial M_y}{\partial z}, \qquad j_z = \frac{\partial M_y}{\partial x} - \frac{\partial M_x}{\partial y}$$

が得られるので，すべてをまとめて，磁化電流密度 $\boldsymbol{j}_{磁化} = (j_x, j_y, j_z)$ は

$$\boldsymbol{j}_{磁化} = \nabla \times \boldsymbol{M} \qquad (10.7)$$

と表すことができる．

誘電体を扱った8.2節では，空間的に変化する分極ベクトル $\boldsymbol{P}$ が (8.7) に従って分極電荷 $\rho_{分極}$ を生じることを示したが，磁性体では空間的に変化する磁化 $\boldsymbol{M}$ が (10.7) に従って磁化電流 $\boldsymbol{j}_{磁化}$ を生じるのである．

なお，磁化電流はそもそも原子に付随した環状電流であるため，ある点から湧き出したり吸い込んだりしないので，必ず $\nabla \cdot \boldsymbol{j}_{磁化} = 0$ が成立する．一方，4.4節の例題4.2の下の文章でみたように，ダイバージェンスがゼロとなるベクトルは，必ずあるベクトルのローテーションで表せる[補足 A.5]．した

がって，$\boldsymbol{j}_{磁化}$ は必ず何か別のベクトルのローテーションで表せるはずであり，(10.7) はそれが磁化ベクトル $\boldsymbol{M}$ であることを示している．

蛇足だが，(10.7) は $\boldsymbol{M}$ が空間的に一様なら当然 $\boldsymbol{j}_{磁化} = \boldsymbol{0}$ となることを示しており，また，磁性体の表面では，外側で $\boldsymbol{M}$ がゼロとなって空間的に変化するので，$\boldsymbol{j}_{磁化}$ がゼロでないことも示している．

10.4 磁性体のマクスウェル方程式

マクスウェル方程式③，④$_s$ に戻ろう．物質の磁気的性質を考慮すると，③ はそのままで変化しないが，④$_s$ は (10.2) と (10.7) より

$$c^2 \nabla \times \boldsymbol{B} = \frac{\boldsymbol{j}_{伝導} + \nabla \times \boldsymbol{M}}{\varepsilon_0} \tag{10.8}$$

となる．このように，物質の磁気的性質を表す磁気モーメント (の平均) を，マクスウェル方程式に取り込むことができた．すでに (10.8) が重要な結果のほとんどすべてを表しているのだが，実用上便利な表式を得るために，もう少し先に進めよう．

(10.8) の両辺に ε_0 を掛けて右辺の $\nabla \times \boldsymbol{M}$ を左辺に移動し，ローテーションの項をまとめることで

$$\nabla \times (\varepsilon_0 c^2 \boldsymbol{B} - \boldsymbol{M}) = \boldsymbol{j}_{伝導}$$

を得る．ここで，左辺の $\varepsilon_0 c^2 \boldsymbol{B} - \boldsymbol{M}$ をまとめて

$$\boxed{\boldsymbol{H} = \varepsilon_0 c^2 \boldsymbol{B} - \boldsymbol{M}} \tag{10.9}$$

と書くことにする．または $\mu_0 = 1/\varepsilon_0 c^2$ を使って

$$\boldsymbol{B} = \mu_0(\boldsymbol{H} + \boldsymbol{M}) \tag{10.10}$$

と書いてもよい．

この $\boldsymbol{H}$ は本によっては「磁場の強さ」としていることがあるが，ベクトル量である $\boldsymbol{H}$ に対する呼び名として違和感があるので，本書では「磁場 $\boldsymbol{H}$」と

よぶことにする[2]．

このHを用いることで，マクスウェル方程式③，$④_s$は

$$\begin{cases} \nabla \cdot \boldsymbol{B} = 0 & ③ \\ \nabla \times \boldsymbol{H} = \boldsymbol{j}_{伝導} & ④_{m\text{-}s} \end{cases}$$

と表される．

ここで，**B**，**H**，および磁化ベクトル**M**の関係をもう少し考察しておこう．マクスウェル方程式$④_{m\text{-}s}$をみると，**H**の生成には伝導電流$\boldsymbol{j}_{伝導}$だけが寄与し，磁化ベクトル**M**は寄与しないかのような印象を抱くかもしれないが，それは間違いである．磁石を考えれば明らかで，伝導電流がどこにも存在しないにもかかわらず，$\boldsymbol{H} = \varepsilon_0 c^2 \boldsymbol{B}$が存在する（図10.10を参照）ことが(10.9)から明らかである．つまり，$\nabla \times \boldsymbol{H} = \boldsymbol{0}$だからといって$\boldsymbol{H} = \boldsymbol{0}$とは限らない．静電気では$\nabla \times \boldsymbol{E} = \boldsymbol{0}$だが$\boldsymbol{E} = \boldsymbol{0}$ではないのと同じである．

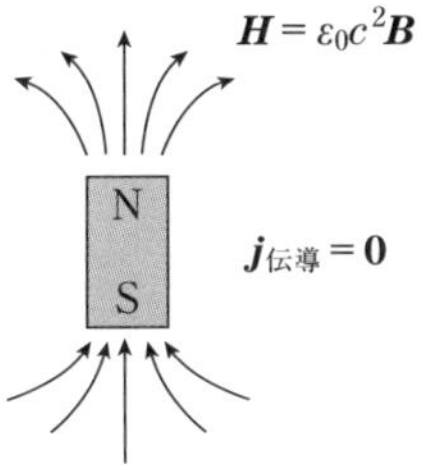

図10.10　磁石の外に電流は存在しないが，磁場**H**が存在する．

実際上重要な事実をさらに付け加えておこう．伝導電流が存在しない場合，磁場**H**に対するマクスウェル方程式は

$$\begin{cases} \nabla \cdot \boldsymbol{H} = -\nabla \cdot \boldsymbol{M} \\ \nabla \times \boldsymbol{H} = \boldsymbol{0} \end{cases} \qquad (10.11)$$

と表される．((10.11)の1番目の式は③と(10.10)から得られる.) この2つの式は，静電気のマクスウェル方程式

$$\begin{cases} \nabla \cdot \boldsymbol{E} = \dfrac{\rho}{\varepsilon_0} & ① \\ \nabla \times \boldsymbol{E} = \boldsymbol{0} & ②_s \end{cases}$$

2)　**H**を「磁場」，**B**を「磁束密度」と表記する場合も多いが，本書では**H**を「磁場**H**」，**B**を「磁場」と表記している．

と同じ形をしている．つまり，静磁気における $\boldsymbol{H}$ と $-\nabla\cdot\boldsymbol{M}$ が満たす方程式は，静電気の $\boldsymbol{E}$ と ρ/ε_0 が満たす方程式と同じである．さらに，自由電荷 $\rho_{自由}$ が存在しない場合は，分極 $\boldsymbol{P}$ を用いて $\rho=\rho_{分極}=-\nabla\cdot\boldsymbol{P}$ と表されるので，

$$\begin{cases} \nabla\cdot\boldsymbol{E}=-\nabla\cdot\dfrac{\boldsymbol{P}}{\varepsilon_0} \\ \nabla\times\boldsymbol{E}=\boldsymbol{0} \end{cases} \tag{10.12}$$

となり，静磁気の $\boldsymbol{H}$ と $\boldsymbol{M}$ が，静電気の $\boldsymbol{E}$ と $\boldsymbol{P}/\varepsilon_0$ に対応する．

このように，伝導電流が存在しないときの静磁気を記述する方程式は静電気を記述する式と同じ形をしているため，静磁気の多くの問題は，静電気の結果がわかっているなら改めて解く必要はなく，上に記した対応関係を用いて答えを得ることができる．また，$\nabla\times\boldsymbol{H}=\boldsymbol{0}$ より，磁場 $\boldsymbol{H}$ をあるスカラー関数のグラディエントで $\boldsymbol{H}=-\nabla\phi_{\mathrm{m}}$（$\phi_{\mathrm{m}}$：**磁気ポテンシャル**とよばれる）と表すことができ，磁気ポテンシャルに対するポアソン方程式も成立する．関連する問題をいくつか本章の章末問題に載せるので参照してほしい．

常磁性体または反磁性体の磁化ベクトル $\boldsymbol{M}$ は，$\boldsymbol{H}$ が小さいときには，一般に $\boldsymbol{H}$ に比例する．

$$\boldsymbol{M}=\chi_{\mathrm{m}}\boldsymbol{H} \tag{10.13}$$

その際の比例定数 χ_{m} を**帯磁率**とよぶ[3]．常磁性体の帯磁率は正（$\chi_{\mathrm{m}}>0$），反磁性体は負（$\chi_{\mathrm{m}}<0$）である．

$\boldsymbol{B}$ と $\boldsymbol{H}$ の関係を

$$\boldsymbol{B}=\mu\boldsymbol{H} \tag{10.14}$$

と書き，μ を（物質の）**透磁率**とよぶ．(10.13) が成り立つ場合は

$$\mu=\mu_0(1+\chi_{\mathrm{m}}) \tag{10.15}$$

が得られ，さらに真空の透磁率 μ_0 を単位として表した

3) **磁化率**または**磁気感受率**とよばれることもある．また，$\boldsymbol{M}$ と $\boldsymbol{B}$ の比例係数を帯磁率とする場合もある．

$$\kappa_{\mathrm{m}} = \frac{\mu}{\mu_0} = 1 + \chi_{\mathrm{m}}$$

は比透磁率とよばれる．(10.14)，(10.15) は，10.1 節の図 10.1 で述べたように，空芯のソレノイドに常磁性体を挿入すれば磁場が強まり，反磁性体を入れれば弱まることを示している．

マクスウェル方程式③，④$_{\mathrm{m\text{-}s}}$ には $\boldsymbol{B}$ と $\boldsymbol{H}$ が混じっているが，$\boldsymbol{B} = \mu\boldsymbol{H}$ の関係を使えば $\boldsymbol{H}$ だけの方程式にすることができる．しかし，透磁率 μ は，一般には磁性体の分布に応じた位置の関数であるため，ダイバージェンスの外に出すことはできず，一般に問題が単純になるわけではない．

もし，考える空間が一定の透磁率 μ の磁性体で満たされているなら $\nabla \cdot \boldsymbol{B} = \nabla \cdot (\mu\boldsymbol{H})$ において，透磁率 μ が空間的に変化しない定数なのでダイバージェンスの外に出すことができ，③，④$_{\mathrm{m\text{-}s}}$ は

$$\begin{cases} \nabla \cdot \boldsymbol{H} = 0 \\ \nabla \times \boldsymbol{H} = \boldsymbol{j}_{\text{伝導}} \end{cases} \tag{10.16}$$

と単純化される．これは磁性体のない空間での $\boldsymbol{H}$ に対する方程式と同一であり，空間が一様な磁性体で満ちているにもかかわらず，磁性体の存在を忘れて，伝導電流だけを考慮して $\boldsymbol{H}$ を求めればよいことがわかる．ただし，磁場 $\boldsymbol{B} = \mu\boldsymbol{H}$ は，真空の場合に比べて比透磁率の因子だけ大きさが異なることを忘れてはいけない．

例題 10.1

磁性体は一様な磁場中では力を受けないが，磁場に勾配があると力を受ける．磁石が常磁性体を引き付けることを示せ．ただし，磁石の磁場は磁気双極子による磁場 (9.13)′ で近似できるとし，また，磁性体の試料の体積は十分小さく，かつ帯磁率も小さいため，磁石のつくる磁場は試料によって変化しないとする．

【解】 左図に示すように，試料の体積を $\varDelta V$，帯磁率を χ_{m} とすると，磁場 $\boldsymbol{B}$ によって，試料には (10.3)，(10.13)～(10.15) より磁気モーメント $\varDelta\mu = \varDelta V \chi_{\mathrm{m}} H = \varDelta V \chi_{\mathrm{m}} B/\{\mu_0(1+\chi_{\mathrm{m}})\}$ が誘起される．磁気モーメント $\varDelta\boldsymbol{\mu}$ の受ける力 $\boldsymbol{F}$ は，9.5 節 (b) で求めた力学的エネルギー $U = -\varDelta\boldsymbol{\mu}\cdot\boldsymbol{B} = -\dfrac{\chi_{\mathrm{m}}\varDelta V}{\mu_0(1+\chi_{\mathrm{m}})}B^2$ から $\boldsymbol{F} = -\nabla U$ によって

$$\boldsymbol{F} = \frac{\chi_{\mathrm{m}}\varDelta V}{\mu_0(1+\chi_{\mathrm{m}})}\nabla B^2$$

となる[4]．

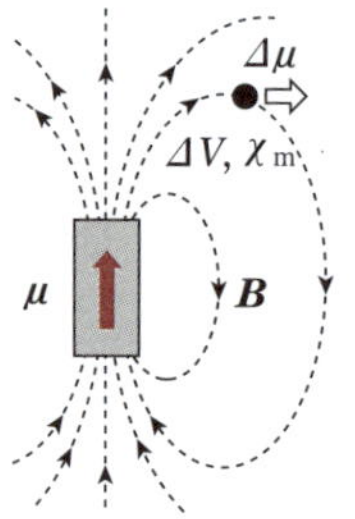

磁石による小さな磁性体の磁化

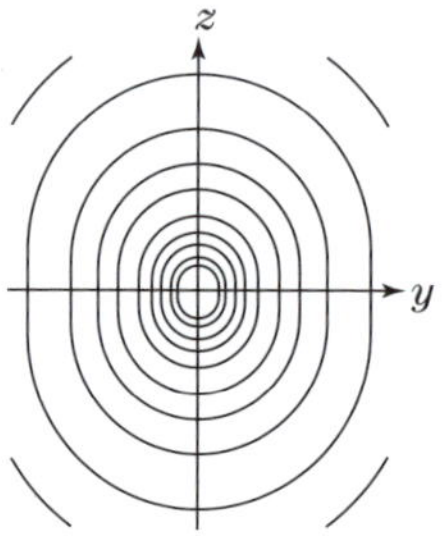

B ＝一定の曲面. 外側から $B \propto 1, 2, 5, 10, 20, 50, 100, 200, 500, 1000$

磁石による磁場 (9.13) は，磁石からの距離 r の 3 乗で減衰するので，常磁性体 ($\chi_{\mathrm{m}} > 0$) の場合，$\boldsymbol{B}$ が増加する（磁石へ近づく）向きに力を受ける．力の方向は，正確には B^2 ＝一定を与える曲面に垂直である．(9.13) より得られる $B^2 = \dfrac{\mu^2}{(4\pi\varepsilon_0 c^2)^2}\dfrac{3z^2+r^2}{r^8}$ を用いて，B^2 ＝一定となる点が $r(\theta) = C\,(3\cos^2\theta + 1)^{1/6}$ (C は定数，θ は r と z 軸がつくる角）と求まる．

右図は，B^2 の異なる値に対する相似形の，回転楕円体に似た曲面を示す．なお，$B^2 \propto r^{-6}$ なので，磁石のサイズを無視した場合，力は磁石からの距離 r の 7 乗に反比例して急激に減少する．

4) 常磁性体では原子に付随した個々の磁気双極子 $\boldsymbol{\mu}_i$ の大きさは変わらず，向きが揃うことで磁化が起こるので，9.5 節 (b) の $U = -\boldsymbol{\mu}\cdot\boldsymbol{B}$ から力を導くことができる．

発展 誘電体が電場から受ける力

誘電体も磁性体に似ており，第8章の章末問題8.6で示したように一様な電場からは力を受けないが，電場勾配によって力を受ける（電場の強い方向に引き付けられる）．バイオ研究に用いられる光ピンセットという技術では，レーザービームを小さな焦点（数 μm 程度）に集光し，強力な光にともなう強い電場によって，誘電体微粒子，細胞や菌などの，誘電率が大きな対象物を捕獲することができる．そのことで細胞や菌などを水溶液中で選別して移動し，解放する，といったミクロの操作を行うことができる．

10.5 強磁性体の磁区と磁化曲線

強磁性体では，隣接した原子の磁気モーメントの間に互いの向きを揃える相互作用がはたらくため，多数の原子の磁気モーメントの向きが揃う．しかし強磁性体の試料全体を調べると，図10.11のように，磁化ベクトル $\boldsymbol{M}$ の向きが異なる，磁区とよばれる小さな領域に分かれており，試料全体で磁化が打ち消し合って平均としてゼロになっている場合が多い．鉄のような強磁性体が，普通は永久磁石にならないのはこのためである．

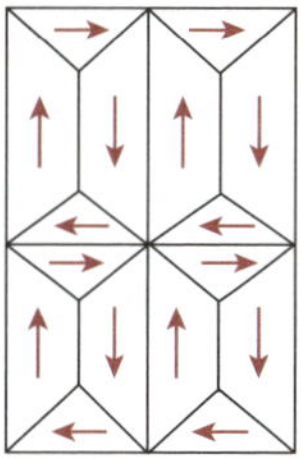

図10.11 強磁性体の磁区

なぜ磁区が形成されるのかを理解するために，図10.12のように，強磁性体試料中の小領域（磁気モーメント $\boldsymbol{\mu}_1$）が周辺につくる磁場を考えよう．$\boldsymbol{\mu}_1$ が横隣りの場所につくる磁場は $\boldsymbol{\mu}_1$ と逆向きである．ところが，9.5節の(b)で示したように，磁気モーメントには，磁場の向きに揃うように力のモーメントがはたらくために，$\boldsymbol{\mu}_1$ の横隣りの磁気モーメントは $\boldsymbol{\mu}_1$ とは逆方向を向くことがエネルギー的に好ましい．

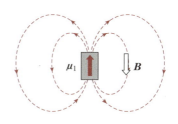

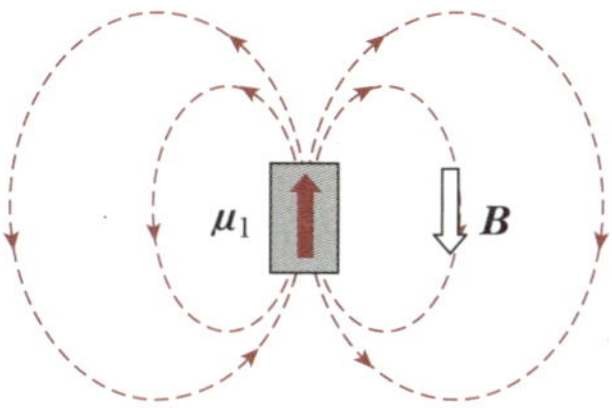

図10.12 磁気モーメントがつくる磁場

このように,隣り合う領域の2つの磁気モーメントは,磁気的なエネルギーを減らすために,互いに逆向きになろうとする.これは**古典的な磁気双極子相互作用**とよばれ,隣り合う原子の磁気モーメントを揃えようとする量子論的な交換相互作用とは逆向きのはたらきをする.

この,古典的な磁気双極子相互作用の観点からは,磁区をできる限り細かく分割することが好ましいのだが,そうなると磁区の境界(**磁壁**とよばれる)で磁気モーメントが反転することによって量子論的な交換相互作用のエネルギーが増大してしまう.つまり,向きを逆にしようとする古典論的な交換相互作用と,揃えようとする量子論的な交換相互作用という,2種類の相互作用のエネルギーが競合する.結局,それらの和が最小となるように,磁区の最適なサイズが決まるのである(多くの物質の磁区のサイズは,0.1 ~ 数 μm 程度である).

図 10.11 は磁区の構造を概念的に表しており,現実の磁区の形状がこのようになるわけではない.実際の形状やサイズは物質の種類や個々の試料によって異なり,また,多結晶試料の場合は,結晶粒界の影響を大きく受ける.大切なことは,強磁性体の試料全体としては磁化が内部で打ち消し合って平均としてゼロとなっていることである.

外部磁場 H がゼロのときには,このように強磁性体の試料全体の平均の磁化 M はゼロである.H が増加する場合を図 10.13 を用いて説明しよう.まず磁区の境界が移動して H の方向を向く磁化をもった磁区の領域が増大する.さらに H が増加すると,磁区の中で M が回転して H の向きに揃い,ついには試料全体で磁化の向きが H に揃うことで,M は**飽和磁化** $M_{飽}$ とよばれる値に飽和する.

飽和磁化に達した後,H を下げていくと,磁化 M はゼロから増大させたときに辿った曲線とは異なる軌跡を辿る.M は最初ゆっくりとゆるやかに減少し,$H = 0$ にしても磁化 M はゼロには戻らない.$H = 0$ で残る磁化は**残留磁化** $M_{残}$ とよばれる.

磁化をゼロに戻すためには逆向きの $H(<0)$ をかける必要があり，その大きさを**保持力** $H_{保}$ とよぶ．さらに H を逆向きにかければ，逆の飽和磁化 $M_{飽}$ (<0) に達し，その後，再び H を少しずつ上げていくと，$H=0$ で逆の残留磁化 $M_{残}(<0)$ をもち，また $H=H_{保}$ で $M=0$ を横切り，再度，飽和磁化 $M_{飽}(>0)$ に達する．

このように，M の描く磁化曲線は，行きと帰りで異なる曲線を描き，これを**ヒステリシス曲線**とよぶ．ヒステリシス曲線が得られる理由は，外部磁場 H によって引き起こされる磁区における磁化の変化が，エネルギー損失をともなう不可逆過程だからである．

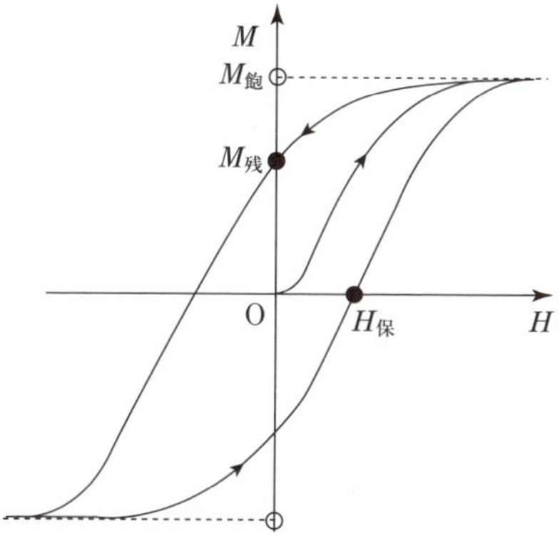

図 10.13 強磁性体の磁化曲線

強磁性体は我々の日常生活で広く応用されている．残留磁化 ($M_{残}$) と保持力 ($H_{保}$) が大きい強磁性体は，地磁気やその他の外界の磁場の影響を受けることなく大きな残留磁化を安定に保持することができるので，永久磁石として利用される．

一方，永久磁石とは正反対に，残留磁化 ($M_{残}$) と保持力 ($H_{保}$) が極めて小さく，ほぼゼロと見なせるような強磁性体も存在する．そのような強磁性体は，M が小さな磁場 H に対して極めて急激に変化し，しかも M と H の比例関係が成り立つ．そのため，帯磁率 χ_{m} ($\boldsymbol{M}=\chi_{\mathrm{m}}\boldsymbol{H}$) が通常の常磁性体より何桁も大きい常磁性体のように振る舞うのである．さらに，磁場の増減に対してヒステリシスが小さいために，磁場が時間的に変動してもエネルギー損失が無視できる．そのため，モーターを構成する電磁石や電気回路のインダクタンスのコアとなる磁性材料として，また磁気遮蔽のための材料として広く応用されている．

例題 10.2

現在，最も強力とされる，ネオジム・鉄・ホウ素を主成分とするネオジム磁石の磁化ベクトルの大きさ（残留磁化）は，$M = 8.0 \times 10^5$ A/m 程度に達する．円柱棒状のネオジム磁石が円柱軸方向に $M = 8.0 \times 10^5$ A/m で一様に磁化しているとき，円柱の側壁表面に流れる磁化電流の大きさを求めよ．また，導線を 1 cm 当たり 10 回巻いた空芯のソレノイドによって，ネオジム磁石と同じ磁場を発生しようとするとき，必要な電流値はいくらか．

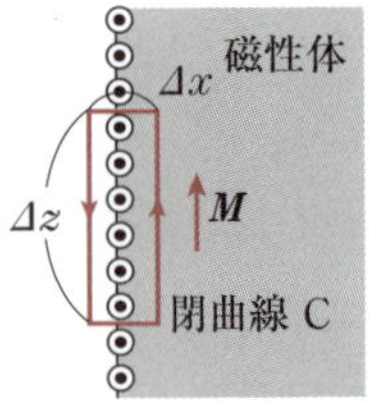

【解】 図のように磁石の側壁の表面の外側と内側を軸方向に沿って1周する細長い閉曲線 C（横 Δx，縦 Δz）を考え，C を貫く磁化電流を求める．$\boldsymbol{j}_{磁化} = \nabla \times \boldsymbol{M}$ を C が張る面 S で面積積分すれば，ストークスの定理より

$$\int_S \boldsymbol{j}_{磁化} \cdot \boldsymbol{n}\, dS = \int_S (\nabla \times \boldsymbol{M}) \cdot \boldsymbol{n}\, dS = \oint_C \boldsymbol{M} \cdot d\boldsymbol{r}$$

を得る．この式から，単位長さ当たりの表面電流密度 J として $J\Delta z = M\Delta z$，つまり $J = M = 8.0 \times 10^5$ A/m が導かれる．10 回/1 cm のソレノイドで同様な表面電流を実現するためには，$J \times 1$ cm/10 = 800 A 流すことが必要である．

このように，永久磁石の表面には，原子に付随した環状電流に由来する莫大な電流が流れているのである．

例題 10.3

図のように，十分長い円柱状の磁石の内部の磁化が一様で $\boldsymbol{M} = (0, 0, M)$ とする．以下の量を求めよ．

(1) 内部の磁場 $\boldsymbol{B}_1$，$\boldsymbol{H}_1$

(2) 側面外部の磁場 $\boldsymbol{B}_2$，$\boldsymbol{H}_2$

(3) 端面の外部で端面近傍の磁場 $\boldsymbol{B}_3$，$\boldsymbol{H}_3$

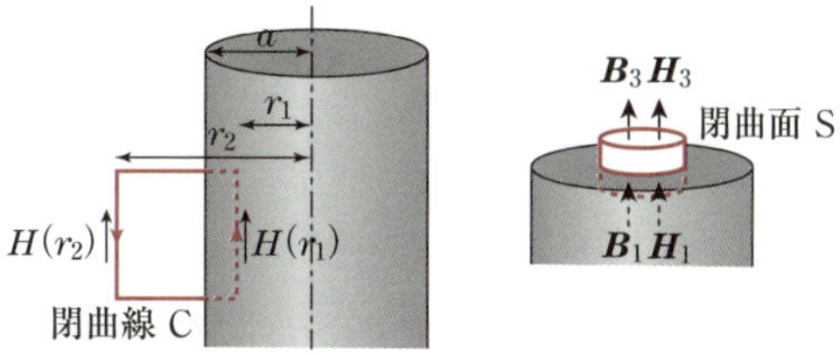

【解】 すべての設問の $\boldsymbol{B}$，$\boldsymbol{H}$ は対称性から，中心軸からの距離 r のみの関数である．また，z 方向の値のみ考える．

まず，伝導電流は存在しないので，マクスウェル方程式④$_{\text{m-s}}$ の積分形より，任意の閉曲線Cに対して $\oint_{C} \boldsymbol{H}\cdot d\boldsymbol{r} = 0$ である．左の図のように，閉曲線Cとして磁石の中心から r_1 と r_2 に辺をもつ z 方向の長さ l の長方形を考えれば，$H(r_1)\,l - H(r_2)\,l = 0$ より $H(r_1) = H(r_2)$ である．なお，図は $r_1 < a$，$r_2 > a$ の場合を描いているが，r_1，r_2 は磁石の内部でも外部でもよいので，側壁の外部および円柱内部で磁場 $\boldsymbol{H}$ は一定値をとる．

ここで，無限の彼方 ($r_2 \to \infty$) で $\boldsymbol{H} = \boldsymbol{0}$ となることから，磁場 $\boldsymbol{H}$ はいたるところでゼロ，つまり $\boldsymbol{H}_1 = \boldsymbol{H}_2 = (0, 0, 0)$ となり，(10.10) より $\boldsymbol{B}_1 = (0, 0, \mu_0 M)$，$\boldsymbol{B}_2 = (0, 0, 0)$ を得る．また，端面近傍を考えるために，マクスウェル方程式③の積分形 $\int_{S} \boldsymbol{B}\cdot\boldsymbol{n}\,dS = 0$ を，右の図に示すように端面近傍の内側と外側に平行な面をもつ円筒状の閉曲面Sに適用することで，$\boldsymbol{B}_3 = \boldsymbol{B}_1 = (0, 0, \mu_0 M)$ となり，(10.10) より $\boldsymbol{H}_3 = \boldsymbol{B}_3/\mu_0 = (0, 0, M)$ を得る．

以上をまとめると次のようになる．

(1) 磁石の内部：$\boldsymbol{B}_1 = (0, 0, \mu_0 M)$，$\boldsymbol{H}_1 = \boldsymbol{0}$

(2) 側壁の外部：$\boldsymbol{B}_2 = \boldsymbol{0}$，$\boldsymbol{H}_2 = \boldsymbol{0}$

(3) 端面近傍の外部：$\boldsymbol{B}_3 = (0, 0, \mu_0 M)$，$\boldsymbol{H}_3 = (0, 0, M)$

$\boldsymbol{B}$，$\boldsymbol{H}$，$\boldsymbol{M}$ の分布は図のようになる．

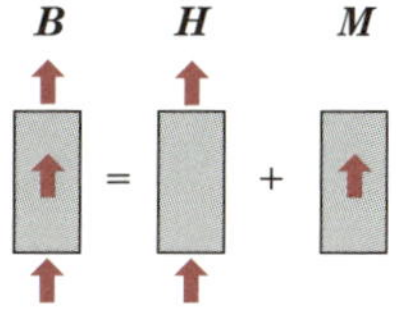

磁性体のマクスウェル方程式および関係する量（静磁気）

積分形	微分形	
$\int_S \boldsymbol{B}\cdot\boldsymbol{n}\,dS=0$	$\nabla\cdot\boldsymbol{B}=0$	③
$\oint_C \boldsymbol{H}\cdot d\boldsymbol{r}=\int_S \boldsymbol{j}_{\text{伝導}}\cdot\boldsymbol{n}\,dS$	$\nabla\times\boldsymbol{H}=\boldsymbol{j}_{\text{伝導}}$	$④_{\text{m-s}}$

- 磁化ベクトル：$\boldsymbol{M}(\boldsymbol{r})=\dfrac{1}{\Delta V}\sum_{i=1}^{\Delta N}\boldsymbol{\mu}_i$
- 磁化電流密度：$\boldsymbol{j}_{\text{磁化}}=\nabla\times\boldsymbol{M}$ （ただし，$\boldsymbol{j}=\boldsymbol{j}_{\text{伝導}}+\boldsymbol{j}_{\text{磁化}}$）
- 磁場 $\boldsymbol{H}$：$\boldsymbol{H}=\varepsilon_0c^2\boldsymbol{B}-\boldsymbol{M}=\dfrac{1}{\mu_0}\boldsymbol{B}-\boldsymbol{M}$
- 帯磁率 χ_{m}：$\boldsymbol{M}=\chi_{\text{m}}\boldsymbol{H}$
- 物質の透磁率：$\mu=\mu_0(1+\chi_{\text{m}})$，物質の比透磁率：$\kappa_{\text{m}}=\dfrac{\mu}{\mu_0}=1+\chi_{\text{m}}$

章末問題

10.1 伝導電流が存在しないとき，磁場 $\boldsymbol{H}$ をスカラー関数 ϕ_{m} によって $\boldsymbol{H}=-\nabla\phi_{\mathrm{m}}$ と表すとき，ϕ_{m} に対してポアソン方程式 $\nabla^2\phi_{\mathrm{m}}=\nabla\cdot\boldsymbol{M}$ が成り立つことを示せ.

10.2 伝導電流が存在しないとき，磁場 $\boldsymbol{H}$ は磁化 $\boldsymbol{M}$ によって与えられる. 任意の $\boldsymbol{M}$ の分布に対して $\boldsymbol{H}$ が

$$\boldsymbol{H}(\boldsymbol{r})=-\nabla\phi_{\mathrm{m}}(\boldsymbol{r})$$

$$\phi_{\mathrm{m}}(\boldsymbol{r})=-\frac{1}{4\pi}\int_{V'}\frac{\nabla'\cdot\boldsymbol{M}(\boldsymbol{r}')}{|\boldsymbol{r}-\boldsymbol{r}'|}dV'$$

で与えられることを示せ（∇' は座標 $\boldsymbol{r}'$ に演算する）.

10.3 図のように，薄くて面積の十分広い平板の磁性体と，球状の磁性体が磁化ベクトル $\boldsymbol{M}$ で一様に磁化している. 磁化によって磁性体内に生じる磁場 $\boldsymbol{H}_{反}$（反磁場とよばれる）が (1) ～ (3) の値になることを示せ.

ただし，伝導電流が存在しない場合の磁性体の磁化 $\boldsymbol{M}$ と，自由電荷が存在しないときの誘電体の分極 $\boldsymbol{P}$ が等価であり，$\boldsymbol{E}\Leftrightarrow\boldsymbol{H}$, $\boldsymbol{M}\Leftrightarrow\boldsymbol{P}/\varepsilon_0$ の対応関係が成り立つことを利用せよ. ちなみに，$\boldsymbol{H}_{反}$ と $\boldsymbol{M}$ の比例係数（の反対符号）は反磁場係数とよばれる.

(1) $\boldsymbol{M}$ が平板に垂直

$\boldsymbol{H}_{反}=-\boldsymbol{M}$

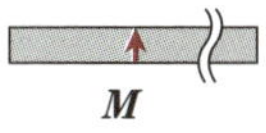

(2) $\boldsymbol{M}$ が平板に平行

$\boldsymbol{H}_{反}\fallingdotseq 0$

(3) 球

$\boldsymbol{H}_{反}=-\dfrac{\boldsymbol{M}}{3}$

10.4 前問での磁性体の磁化 $\boldsymbol{M}$ は，一様な外部の磁場 $\boldsymbol{H}_0$ の中に置くことで生じており，磁性体中の磁場は $\boldsymbol{H}_0+\boldsymbol{H}_{反}$ となっている. 磁性体の比透磁率を κ_{m} として，(1) ～ (3) の場合について $\boldsymbol{M}$ と $\boldsymbol{H}_0$ の関係が以下のように与えられることを示せ.

(1)　$\boldsymbol{M}=\dfrac{\kappa_{\rm m}-1}{\kappa_{\rm m}}\boldsymbol{H}_0$　　(2)　$\boldsymbol{M}=(\kappa_{\rm m}-1)\boldsymbol{H}_0$　　(3)　$\boldsymbol{M}=3\dfrac{\kappa_{\rm m}-1}{\kappa_{\rm m}+2}\boldsymbol{H}_0$

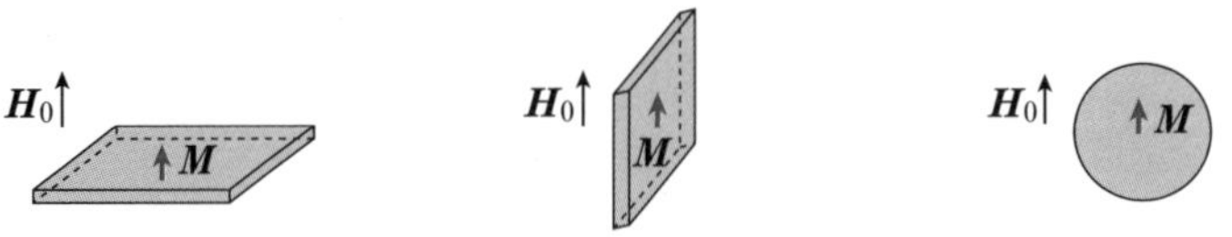

10.5　図のように，磁化ベクトル $\boldsymbol{M}$ で一様に分極した磁性体中に，章末問題 10.3 の磁性体 (1) ～ (3) と同じ形をした空洞をつくる．磁化によってこの空洞内部に生じる磁場 $\boldsymbol{H}_{空洞}$ が図に記された向きと値をとることを示せ．

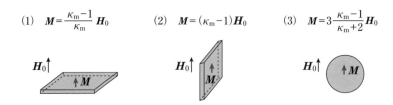

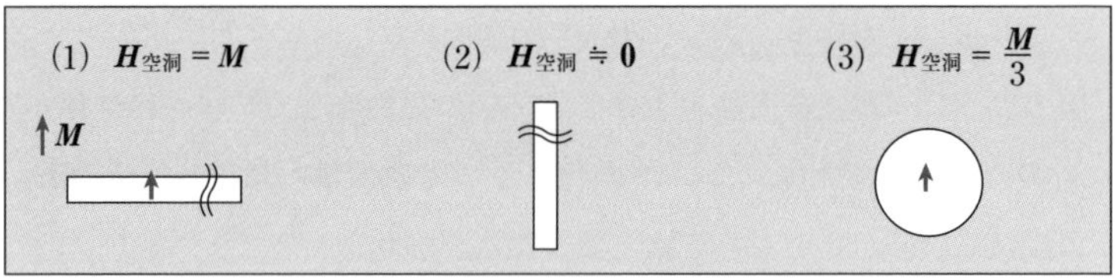

10.6　異なる透磁率 μ_1，μ_2 をもつ磁性体 A，B の境界における磁場 $\boldsymbol{H}$ と $\boldsymbol{B}$ の様子を論じよ．ただし，自由電荷および伝導電流は存在しないとする．

第 11 章

物質中の電磁気学

どんな物質も電場中に置けば分極し，磁場中に置けば磁化する．したがって，すべての物質は誘電体であり，かつ磁性体である．第 8 章と 10 章では，物質の誘電体としての性質と磁性体としての性質を取り扱ったが，共に時間変化のない静的な場合についてであった．本章では，物質中の電磁気学を，時間変化する場合を含めて，より一般的に考察する．

11.1 分極電流

時間変化がない場合には，物質中のマクスウェル方程式は，以下に記すように，誘電体としての性質を記述する ①$_{\rm m}$，②$_{\rm s}$ と，磁性体としての性質を記述する ③，④$_{\rm m\text{-}s}$ に分離される．

$$\begin{cases} \nabla \cdot \boldsymbol{D} = \rho_{自由} & ①_{\rm m} \\ \nabla \times \boldsymbol{E} = \boldsymbol{0} & ②_{\rm s} \end{cases}$$

$$\begin{cases} \nabla \cdot \boldsymbol{B} = 0 & ③ \\ \nabla \times \boldsymbol{H} = \boldsymbol{j}_{伝導} & ④_{\rm m\text{-}s} \end{cases}$$

本章では，時間変化する場合も含むより一般的な場合を考える．そのため，電気的性質と磁気的性質を独立に扱うことはできず，マクスウェル方程式の①，②，③，④ に戻る必要がある．その上で，①，②，③，④ から ①$_{\rm m}$，②$_{\rm s}$，③，④$_{\rm m\text{-}s}$ が導かれる過程を，物理量（$\boldsymbol{E}$，$\boldsymbol{B}$，ρ，$\boldsymbol{j}$，$\boldsymbol{P}$，$\boldsymbol{M}$ 等）が時間変化することを考えて見直すことにしよう．

① の $\nabla \cdot \boldsymbol{E} = \rho/\varepsilon_0$ は時間微分を含まないので，物理量が時間変化しても ①$_{\rm m}$ の導出に影響はなく，①$_{\rm m}$ がそのまま成立する．②$_{\rm s}$ は，時間微分の項を復活して元の方程式 ② の $\nabla \times \boldsymbol{E} = -\partial \boldsymbol{B}/\partial t$ に戻さなければいけない．

③ はそのままである．

さて，最後の $④_{\text{m-s}}$ が問題である．元の方程式 ④ の $c^2\nabla\times\boldsymbol{B}=\boldsymbol{j}/\varepsilon_0+\partial\boldsymbol{E}/\partial t$ において $\boldsymbol{j}=\boldsymbol{j}_{伝導}+\boldsymbol{j}_{磁化}$ とし，$\boldsymbol{j}_{磁化}=\nabla\times\boldsymbol{M}$ と $\boldsymbol{B}=(1/\varepsilon_0c^2)(\boldsymbol{H}+\boldsymbol{M})$ を考慮すれば $\nabla\times\boldsymbol{H}=\boldsymbol{j}_{伝導}+\varepsilon_0\,\partial\boldsymbol{E}/\partial t$ となるが，この式ではまだ不十分なのである．なぜなら，以下で述べるように，物質中の分極が時間変化する場合には，伝導電流と磁化電流に加えて，**分極電流**とよばれる電流が生じるからである．

電場中に誘電体を置けば正電荷と負電荷の位置が互いに反対方向にずれて分極を生じるが，電場が時間変化すれば電荷のずれが時間変化することにより電荷の運動が起こる．すなわち，誘電体内に電流が生じるのであり，それを特に**分極電流**とよぶ．

この電流を数式で表すために，分極ベクトル $\boldsymbol{P}$ が電気双極子 $\boldsymbol{p}=q\boldsymbol{d}$ の単位体積当たりの平均として，(8.1) の

$$\boldsymbol{P}=\frac{1}{\Delta V}\sum_{i=1}^{\Delta N}\boldsymbol{p}_i$$

で与えられることを思い出そう．ただし，微小体積 ΔV 中の i 番目の電気双極子 $\boldsymbol{p}_i$ は，正負の電荷 $\pm q_i$ の位置をそれぞれ $\boldsymbol{r}_{i+}$，$\boldsymbol{r}_{i-}$ として $\boldsymbol{p}_i=q_i\boldsymbol{d}_i=q_i(\boldsymbol{r}_{i+}-\boldsymbol{r}_{i-})$ で与えられる．i 番目の正負の電荷 $\pm q_i$ がそれぞれ速度 $d\boldsymbol{r}_{i\pm}/dt=\boldsymbol{v}_{i\pm}$ で動けば，$\pm q_i\boldsymbol{v}_{i\pm}/\Delta V$ の電流密度をもたらすので，すべての電荷の寄与を加えることで，**分極電流密度**として

$$\boldsymbol{j}_{分極}=\frac{1}{\Delta V}\sum_{i=1}^{\Delta N}q_i(\boldsymbol{v}_{i+}-\boldsymbol{v}_{i-}) \tag{11.1}$$

を得る．この量は $\partial\boldsymbol{P}/\partial t$ に等しいので，結局，

$$\boldsymbol{j}_{分極}=\frac{\partial\boldsymbol{P}}{\partial t} \tag{11.2}$$

と表されることがわかる．

11.2　物質中のマクスウェル方程式

これで準備が整った．④の $c^2\nabla\times\boldsymbol{B}=\boldsymbol{j}/\varepsilon_0+\partial\boldsymbol{E}/\partial t$ において，

$$\boldsymbol{j}=\boldsymbol{j}_{\text{伝導}}+\boldsymbol{j}_{\text{磁化}}+\boldsymbol{j}_{\text{分極}} \tag{11.3}$$

とし，$\boldsymbol{j}_{\text{分極}}=\partial\boldsymbol{P}/\partial t$，$\boldsymbol{j}_{\text{磁化}}=\nabla\times\boldsymbol{M}$，$\boldsymbol{D}=\varepsilon_0\boldsymbol{E}+\boldsymbol{P}$，$\boldsymbol{H}=\varepsilon_0c^2\boldsymbol{B}-\boldsymbol{M}$ を考慮することで

$$\nabla\times\boldsymbol{H}=\boldsymbol{j}_{\text{伝導}}+\frac{\partial\boldsymbol{D}}{\partial t} \tag{11.4}$$

を得る．

分極 $\boldsymbol{P}$ の時間変化によって，電流に分極電流という新たな項が付け加わったが，磁化 $\boldsymbol{M}$ の時間変化によって新たな項が生じることはなく[1)]，時間変化する物質中の電磁気を記述するためにはこれで十分であり，これ以上必要なことはない．

時間変化する場合の物質中の一般的なマクスウェル方程式を以下にまとめておこう．

$$\nabla\cdot\boldsymbol{D}=\rho_{\text{自由}} \tag*{①m}$$

$$\nabla\times\boldsymbol{E}=-\frac{\partial\boldsymbol{B}}{\partial t} \tag*{②}$$

$$\nabla\cdot\boldsymbol{B}=0 \tag*{③}$$

$$\nabla\times\boldsymbol{H}=\boldsymbol{j}_{\text{伝導}}+\frac{\partial\boldsymbol{D}}{\partial t} \tag*{④m}$$

これらの式には電束密度 $\boldsymbol{D}$，電場 $\boldsymbol{E}$，磁場 $\boldsymbol{B}$ と磁場 $\boldsymbol{H}$ の 4 つの量が現れる．$\boldsymbol{D}$ と $\boldsymbol{E}$ および $\boldsymbol{H}$ と $\boldsymbol{B}$ の関係を誘電率 ε と透磁率 μ を用いてそれぞれ $\boldsymbol{D}=\varepsilon\boldsymbol{E}$，$\boldsymbol{B}=\mu\boldsymbol{H}$ で表せば，$\boldsymbol{D}$，$\boldsymbol{E}$ のどちらか一方と，$\boldsymbol{B}$，$\boldsymbol{H}$ のどちらか一

1)　もし単磁極が存在して，磁化 $\boldsymbol{M}$ が符号の異なる磁荷のずれによって生じるなら，$\boldsymbol{M}$ の時間変化によって“分極磁流”が発生するだろうが，単磁極は存在しないので，そのような項は存在しない．

方のみを使って方程式を書き下すことができる．そのことで外見をすっきり見せることはできるが，一般に，異なる物質が分布する場合には ε や μ が場所の関数となるため，方程式の内容が単純になるわけではない．

特別な場合として，空間が ε，μ が一定の一様な物質で満たされている場合には，実際に簡単になる．つまり，ε と μ が一定値なのでダイバージェンスやローテーションの外に出すことができ，マクスウェル方程式は

$$\begin{cases} \nabla \cdot \boldsymbol{E} = \dfrac{\rho_{\text{自由}}}{\varepsilon} \\ \nabla \times \boldsymbol{E} = -\dfrac{\partial \boldsymbol{B}}{\partial t} \\ \nabla \cdot \boldsymbol{B} = 0 \\ c'^2 \nabla \times \boldsymbol{B} = \dfrac{\boldsymbol{j}_{\text{伝導}}}{\varepsilon} + \dfrac{\partial \boldsymbol{E}}{\partial t} \end{cases} \tag{11.5}$$

のように単純化されるのである．ただし，c' は $c'^2 = 1/\varepsilon\mu$ で定義される**物質中の光速**である．

ここで注意すべきなのは，これらが自由空間（真空中に電荷と電流がある場合）のマクスウェル方程式と同じ形をしていることである．違うのは，真空の誘電率 ε_0 と光速 c（または透磁率 μ_0）が，物質の誘電率 ε と物質中の光速 c'（または透磁率 μ）におきかわっていることである[2)]．このことは，真空中で起こる現象と同様な現象が，一様な物質中でも（普遍定数が物質固有の定数におきかわった上で）起こり得ることを意味する．

---

2) マクスウェル方程式④に現れる光速 c（ただし $c^2 = 1/\varepsilon_0\mu_0$）は，真空中を実際に電磁波が進む速さに等しいことを，第 13 章でマクスウェル方程式から示す．このことと本節での議論から，誘電率 ε，透磁率 μ の一様な物質中にも電磁波が存在し，速さ c'（ただし c' は $c'^2 = 1/\varepsilon\mu$）で進むことがわかる．

例題 11.1

電荷の保存が (4.6) の $\nabla \cdot \boldsymbol{j} = -\partial\rho/\partial t$ で表されることを思い出すと，物質中では，自由電荷と分極電荷に対してそれぞれ保存側が成り立つことを示せ．

【解】 マクスウェル方程式④$_{\mathrm{m}}$の両辺のダイバージェンスをとると，

$$\nabla \cdot (\nabla \times \boldsymbol{H}) = \nabla \cdot \boldsymbol{j}_{\text{伝導}} + \frac{\partial}{\partial t}\nabla \cdot \boldsymbol{D}$$

となる．左辺がゼロになること，および右辺に①$_{\mathrm{m}}$を用いて，

$$\frac{\partial \rho_{\text{自由}}}{\partial t} = -\nabla \cdot \boldsymbol{j}_{\text{伝導}}$$

を得る．また，$\rho_{\text{分極}} = -\nabla \cdot \boldsymbol{P}$ を時間微分し，$\boldsymbol{j}_{\text{分極}} = \partial \boldsymbol{P}/\partial t$ に注意すれば

$$\frac{\partial \rho_{\text{分極}}}{\partial t} = -\nabla \cdot \boldsymbol{j}_{\text{分極}}$$

を得る．

このように，自由電荷と分極電荷は互いに入り混じることなく，それぞれの増減が伝導電流と分極電流の流入・流出によってまかなわれることがわかる． 🖋

発展　振動電場に対する物質の応答

角振動数 ω で振動する $\boldsymbol{E}_{\omega}(t) = \boldsymbol{E}_0 \cos \omega t$ と表される電場が物質に加わると，同じ角振動数 ω で振動する (11.3) で定まる伝導電流密度 $\boldsymbol{j}_{\text{伝導}}$ や分極ベクトル $\boldsymbol{P}$ が物質中に生じる．ただし，一般に電場に対して $\boldsymbol{j}_{\text{伝導}}$ や $\boldsymbol{P}$ の応答には遅れが生じ，$\boldsymbol{j}_{\omega,\text{伝導}}(t) = \boldsymbol{j}_0 \ \cos(\omega t + \alpha)$ や $\boldsymbol{P}_{\omega}(t) = \boldsymbol{P}_0 \cos(\omega t + \beta)$ のように，電場との間に α や β の位相のずれが生じる．(ただし，$\alpha, \beta > 0$ であり，α や β の値は個々の物質によって異なる．) このような物質の応答をいかに扱うかは実際上重要な問題であり，複素伝導度とか複素誘電率といった概念に繋がる．その問題を章末問題 11.7 で扱うので，勉強してほしい．

11.3 変位電流

マクスウェル方程式④の右辺に現れる $\partial \boldsymbol{E}/\partial t$ の項は，電流だけではなく，電場が時間変化することによっても磁場が生じることを示している．これは2.2節(d)ですでに述べたことであり，また第13章で示すように，電磁波の生成に本質的役割を果たす．

本節ではこの項の意味を，図11.1のように，2枚の極板からなるコンデンサー（面積 S，間隔 d）を含む回路の例で理解しておこう．コンデンサーに電流 I が流れ込んでいる場合を考えると，電流は時間的に一定でも時間変化してもよいが，いずれにせよ，コンデンサーの極板上の電荷は $dQ/dt = I$ で時間変化する．

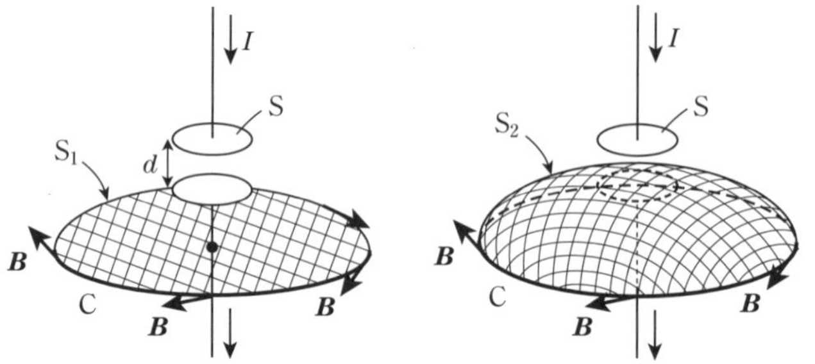

図11.1　変位電流

さて，マクスウェル方程式④を

$$c^2 \nabla \times \boldsymbol{B} = \frac{1}{\varepsilon_0}\left(\boldsymbol{j} + \varepsilon_0 \frac{\partial \boldsymbol{E}}{\partial t}\right) \qquad (11.6)$$

と書き直すことで，磁場の生成に関しては，

$$\varepsilon_0 \frac{\partial \boldsymbol{E}}{\partial t}$$

が，ちょうど電流と同等の役割を果たすことがわかる．

④の積分形

$$c^2\oint_C \boldsymbol{B}\cdot d\boldsymbol{r} = \frac{1}{\varepsilon_0}\int_S \left(\boldsymbol{j} + \varepsilon_0 \frac{\partial \boldsymbol{E}}{\partial t}\right)\cdot \boldsymbol{n}\, dS \tag{11.7}$$

を，導線を囲む閉曲線Cに対して適用しよう．Cを縁とする曲面をSとして，図11.1の左図のように導線を貫く S_1 を考えるなら，導線を流れる電流だけを考慮すればよく，④は $c^2\oint_{C_1} \boldsymbol{B}\cdot d\boldsymbol{r} = \dfrac{I}{\varepsilon_0}$ を意味する．一方，曲面Sとして図11.1の右図のように，極板間の空隙を通り抜ける S_2 を考えると，曲面を貫く電流はゼロである．しかし，極板間には電場が存在し，その電場が $E = Q/\varepsilon_0 S$[3] と $dQ/dt = I$ より $\partial E/\partial t = I/\varepsilon_0 S$ のように時間変化するので，やはり $c^2\oint_{C_1} \boldsymbol{B}\cdot d\boldsymbol{r} = \dfrac{I}{\varepsilon_0}$ が得られる．

このように，磁場を生成する要因として $\partial \boldsymbol{E}/\partial t$ の項が存在するお陰で，④が破綻することなく成立するのである．

次に，コンデンサーの極板間を誘電率 ε の誘電体で満たすとどうなるかを考えよう．

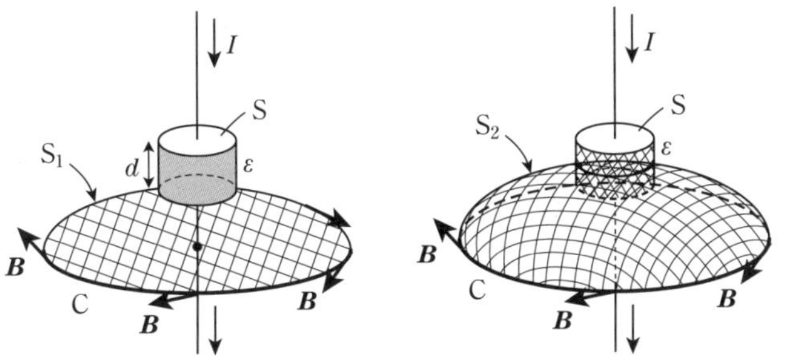

図 11.2 誘電体を挟んだコンデンサーによる変位電流

この場合には，マクスウェル方程式 $④_m$ の積分形，

$$\oint_C \boldsymbol{H}\cdot d\boldsymbol{r} = \int_S \left(\boldsymbol{j}_{伝導} + \frac{\partial \boldsymbol{D}}{\partial t}\right)\cdot \boldsymbol{n}\, dS \tag{11.8}$$

3) コンデンサーの極板の縁の近傍領域では電場が変化するため，厳密には，電場の流束をここで計算したように単純に求めることはできない．しかし，極板間隔が十分に小さく，また面積が大きい極限では縁の効果が無視でき，関係式は正確に成立する．

を考えるのが最も単純である．$\mathrm{S_1}$ を考える際は $\boldsymbol{j}_{伝導}$ の寄与によって，右辺 $= \int_{\mathrm{S}} \boldsymbol{j}_{伝導} \cdot \boldsymbol{n}\, dS = I$ となり，$\mathrm{S_2}$ を考える際は $\partial \boldsymbol{D}/\partial t$ の寄与によって，右辺 $= \dfrac{d}{dt}\int_{\mathrm{S}} \boldsymbol{D} \cdot \boldsymbol{n}\, dS = \dfrac{\partial}{\partial t}(DS)$ となるが，$D = \varepsilon E$，$E = Q/\varepsilon S$ より，結局，右辺 $= \partial Q/\partial t = I$ となって，同じ結果を得る．

④$_{\mathrm{m}}$ は，$\partial \boldsymbol{D}/\partial t$ が伝導電流密度 $\boldsymbol{j}_{伝導}$ と同等に作用して磁場を生成することを示している．このことから，$\partial \boldsymbol{D}/\partial t$（真空中では $\varepsilon_0\, \partial \boldsymbol{E}/\partial t$）をあたかも電流であるかのように見なして，**変位電流**とよぶことがある．ただし，$\partial \boldsymbol{D}/\partial t$ の一部をなす分極電流は，本物の電流なのだが，残余の $\varepsilon_0\, \partial \boldsymbol{E}/\partial t$ の寄与は実際には電流ではないことに注意しておこう．

例題 11.2

マクスウェル方程式 ④ は

$$c^2 \oint_{\mathrm{C}} \boldsymbol{B} \cdot d\boldsymbol{r} = \frac{1}{\varepsilon_0} \int_{\mathrm{S}} \left(\boldsymbol{j}_{伝導} + \boldsymbol{j}_{磁化} + \boldsymbol{j}_{分極} + \varepsilon_0 \frac{\partial \boldsymbol{E}}{\partial t} \right) \cdot \boldsymbol{n}\, dS$$

と書くことができる．図 11.2 における変位電流

$$\frac{\partial \boldsymbol{D}}{\partial t} = \boldsymbol{j}_{分極} + \varepsilon_0 \frac{\partial \boldsymbol{E}}{\partial t}$$

に対する $\boldsymbol{j}_{分極}$ と $\varepsilon_0\, \partial \boldsymbol{E}/\partial t$ の寄与をそれぞれ求めよ．

【解】 誘電率 ε の誘電体（$\varepsilon > \varepsilon_0$）が極板間にある場合，電場の時間変化は $E = Q/\varepsilon S$ と $dQ/dt = I$ より $\partial \boldsymbol{E}/\partial t = I/\varepsilon S$ であるため，$\varepsilon_0\, \partial \boldsymbol{E}/\partial t$ の流束は一般に I より小さい．

このように，$\varepsilon_0\, \partial \boldsymbol{E}/\partial t$ の項だけでは生じる磁場を説明するのに十分ではないが，$\partial \boldsymbol{D}/\partial t = \boldsymbol{j}_{分極} + \varepsilon_0\, \partial \boldsymbol{E}/\partial t$ の流束が I に等しいことから分極電流 $\boldsymbol{j}_{分極}$ による寄与がちょうど不足分を補うことがわかる． ✍

本章の結果をまとめておこう.

物質中のマクスウェル方程式（時間変化を含む一般の場合）

積分形	微分形	
$\int_{\mathrm{S}} \boldsymbol{D} \cdot \boldsymbol{n}\, dS = \int_{\mathrm{V}} \rho_{\text{自由}}\, dV$	$\nabla \cdot \boldsymbol{D} = \rho_{\text{自由}}$	①m
$\oint_{\mathrm{C}} \boldsymbol{E} \cdot d\boldsymbol{r} = -\dfrac{d}{dt}\int_{\mathrm{S}} \boldsymbol{B} \cdot \boldsymbol{n}\, dS$	$\nabla \times \boldsymbol{E} = -\dfrac{\partial \boldsymbol{B}}{\partial t}$	②
$\int_{\mathrm{S}} \boldsymbol{B} \cdot \boldsymbol{n}\, dS = 0$	$\nabla \cdot \boldsymbol{B} = 0$	③
$\oint_{\mathrm{C}} \boldsymbol{H} \cdot d\boldsymbol{r} = \int_{\mathrm{S}} \boldsymbol{j}_{\text{伝導}} \cdot \boldsymbol{n}\, dS + \dfrac{d}{dt}\int_{\mathrm{S}} \boldsymbol{D} \cdot \boldsymbol{n}\, dS$	$\nabla \times \boldsymbol{H} = \boldsymbol{j}_{\text{伝導}} + \dfrac{\partial \boldsymbol{D}}{\partial t}$	④m

$$\rho = \rho_{\text{自由}} + \rho_{\text{分極}}, \quad \text{ただし} \quad \rho_{\text{分極}} = -\nabla \cdot \boldsymbol{P}$$

$$\boldsymbol{j} = \boldsymbol{j}_{\text{伝導}} + \boldsymbol{j}_{\text{磁化}} + \boldsymbol{j}_{\text{分極}}, \quad \text{ただし} \quad \boldsymbol{j}_{\text{磁化}} = \nabla \times \boldsymbol{M}, \ \boldsymbol{j}_{\text{分極}} = \frac{\partial \boldsymbol{P}}{\partial t}$$

章末問題

11.1　物質中のマクスウェル方程式から，誘電率 ε の物質中のクーロンの法則を導け．

11.2　物質中のマクスウェル方程式から，透磁率 μ の媒質中を流れる直線電流 I が距離 r の点につくる磁場の式を書き下せ．

11.3　単位長さ当たりの巻き数 n，面積 S の十分長いソレノイドに電流 I を流す．ソレノイド内部に常磁性体 $(\mu > \mu_0)$ の棒を挿入するとき，ソレノイド内部の磁場 H，磁場 B，磁化ベクトル M を求めよ．

11.4　面積 S，間隔 d の2枚の極板からなるコンデンサーがあり，誘電率 ε の誘電体が隙間なく挟まれている．上側の極板に電流 I が流れ込んでいるとき，誘電体と導線をまたぐ，図に示すような閉曲面Sに対して

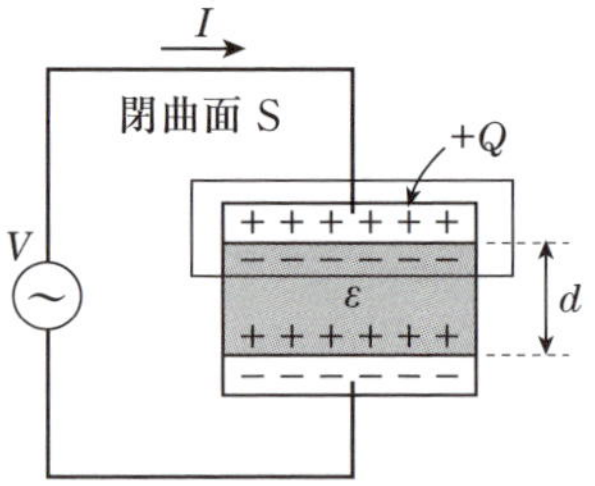

(1)　$\displaystyle\int_{\mathrm{V}} \frac{\partial \rho_{\text{自由}}}{\partial t} dV = -\int_{\mathrm{S}} \boldsymbol{j}_{\text{伝導}} \cdot \boldsymbol{n}\, dS$

(2)　$\displaystyle\int_{\mathrm{V}} \frac{\partial \rho_{\text{分極}}}{\partial t} dV = -\int_{\mathrm{S}} \boldsymbol{j}_{\text{分極}} \cdot \boldsymbol{n}\, dS$

が成り立つことを示し，その意味を記せ．

11.5　伝導電流密度 $\boldsymbol{j}_{\text{伝導}}$ は，等方的な伝導体で電場 $\boldsymbol{E}$ が小さい場合は，$\boldsymbol{j}_{\text{伝導}} = \sigma \boldsymbol{E}$ のように電場に比例し，その比例係数 σ は（電気）伝導度とよばれる．断面積 S，長さ L の一様な細長い棒状の抵抗体（伝導体）に電圧 V をかけて電流 I が流れるとき，抵抗体の伝導度 σ を抵抗値 $R = V/I$ によって表せ．

11.6　電場が $E(t) = E_0 \cos \omega t$ のように振動する場合，電場への応答として生じる伝導電流密度 $\boldsymbol{j}_{\text{伝導}}$ や分極 $\boldsymbol{P}$ は電場と同じ振動数で振動するが，一般に電場とは位相がずれて，$j_{\text{伝導}}(t) = j_0 \cos(\omega t + \alpha)$，$P(t) = P_0 \cos(\omega t + \beta)$ のようになる（物質は等方的で，電場と電流，分極は平行とする）．このとき，E，$j_{\text{伝導}}$，P を複素指数関数[補足 A.8]を用いて $E(t) = E_0 e^{i\omega t}$，$j_{\text{伝導}}(t) = j_0 e^{i(\omega t + \alpha)}$，$P(t) = P_0 e^{i(\omega t + \beta)}$ と

表し，それぞれの実数部が現実の物理量に対応すると約束すれば，振動に位相のずれをともなう電気伝導度と電気感受率を，複素数 $\sigma = \sigma_0 e^{i\alpha}$（ただし，$\sigma_0 = j_0/E_0$）と $\chi = \chi_0 e^{i\beta}$（ただし，$\chi_0 = P_0/(\varepsilon_0 E_0)$ でそれぞれ表すことができることを示せ（虚数部が位相のずれを表すことに注意せよ）.

11.7 物質中の電流密度は，一般に (11.3) の $\boldsymbol{j} = \boldsymbol{j}_{伝導} + \boldsymbol{j}_{磁化} + \boldsymbol{j}_{分極}$ である．物質に電場を印加すると，一般に $\boldsymbol{j}_{伝導} = \sigma \boldsymbol{E}$ と (11.2) の $\boldsymbol{j}_{分極} = \partial \boldsymbol{P}/\partial t$ が生じる．（$\boldsymbol{j}_{磁化}$ が電場に直接応答して生じることはない．）角振動数 ω の振動電場 $E(t) = E_0 e^{i\omega t}$ を印加すると，高周波の電流密度 $\boldsymbol{j} = \boldsymbol{j}_{伝導} + \boldsymbol{j}_{分極}$ として

$$j(t) = (\sigma + i\omega\chi\varepsilon_0)E(t)$$

が生じることを示せ．ただし，σ と χ は前問で求めた複素数の伝導度と電気感受率である．電場，伝導電流，分極電流が互いに平行の場合を考える．

このように，伝導度と電気感受率は，互いに実数部と虚数部が対応すること（つまり，$\boldsymbol{j}_{伝導}$ と $\boldsymbol{j}_{分極}$ の振動の位相が α，β を別にして $\pi/2$ ずれること）が重要である．$\tilde{\sigma} = \sigma + i\omega\chi\varepsilon_0$ は，分極電流の寄与まで含めた電流応答を表す拡張された伝導度とみなすことができ，特に**複素伝導度**とよぶ.

第 12 章

変動する電磁場

電場と磁場は，互いに関連し合って特徴的な現象を引き起こす．その第 1 が，磁場または磁束が時間変化することによって起こる電磁誘導とよばれる現象である．これは，発電器・変圧器・電動モーターなど，電気エネルギーを応用する多くの場面に登場する重要な現象である．第 2 が，電場と磁場が共存することによって引き起こされる，電磁気的なエネルギーの流れの現象であり，エネルギーの流れは，様々な現象の解釈を与える上で意味がある．

本章では，まず，第 1 の電磁誘導からインダクタンスとよばれる概念を導入し，そこから，磁場が空間にエネルギーとして分布するという描像に至る．さらに，第 2 の，ポインティング・ベクトルとよばれるエネルギーの流れを表す量を導出する．電場と磁場が互いに関連し合うことで生じる極めて重要な現象として，さらに電磁波が存在するが，それは次章で述べることにする．

12.1　電場の一般的表式

時間変動する場合の電磁気を一般的に考えるために，マクスウェル方程式

$$\begin{cases} \nabla\cdot\boldsymbol{E}=\dfrac{\rho}{\varepsilon_0} & ① \\ \nabla\times\boldsymbol{E}=-\dfrac{\partial\boldsymbol{B}}{\partial t} & ② \\ \nabla\cdot\boldsymbol{B}=0 & ③ \\ c^2\nabla\times\boldsymbol{B}=\dfrac{\partial\boldsymbol{E}}{\partial t}+\dfrac{\boldsymbol{j}}{\varepsilon_0} & ④ \end{cases}$$

に戻ろう．電場と磁場が時間変化しない場合は，② が $②_s$ の $\nabla\times\boldsymbol{E}=\boldsymbol{0}$ となり，そのため，電場が静電ポテンシャル ϕ によって

$$\boldsymbol{E}=-\nabla\phi \tag{12.1}$$

と表されることを 5.3 節で述べた．時間変化する場合は $②_s$ が成り立たない

ので，(12.1) は正しくない．時間変化する場合を含んだ，より一般的な電場の表式を導出するために，磁場 $\boldsymbol{B}$ がベクトルポテンシャル $\boldsymbol{A}$ によって

$$\boldsymbol{B} = \nabla \times \boldsymbol{A} \tag{12.2}$$

と表されることに注意する (9.2 節を参照)．この関係式は ③ の $\nabla \cdot \boldsymbol{B} = 0$ の帰結であって，時間変動の有無にかかわらず，常に成り立つ．

したがって，(12.2) を用いて ② を

$$\nabla \times \left(\boldsymbol{E} + \frac{\partial \boldsymbol{A}}{\partial t}\right) = \boldsymbol{0}$$

と書き直せる．すると，$\boldsymbol{E} + \partial\boldsymbol{A}/\partial t$ というベクトルのローテーションが必ずゼロになるのだから，$\boldsymbol{E} + \partial\boldsymbol{A}/\partial t$ をあるスカラー関数 ϕ のグラディエントで表せることになる[補足 A.4]．つまり，$\boldsymbol{E} + \partial\boldsymbol{A}/\partial t = -\nabla\phi$ と書け，これより，電場 $\boldsymbol{E}$ がベクトルポテンシャル $\boldsymbol{A}$ と，あるスカラー関数 ϕ によって，必ず

$$\boxed{\boldsymbol{E} = -\nabla\phi - \frac{\partial \boldsymbol{A}}{\partial t}} \tag{12.3}$$

と表せることがわかる．

時間変化しない場合は $\partial\boldsymbol{A}/\partial t$ の項が消えて (12.1) に戻るので，(12.3) は静電気の場合も含んだ電場の一般的表式である．(12.3) の ϕ は，静電気では静電ポテンシャル (または電位) とよんだが，ここでは，ベクトルポテンシャル $\boldsymbol{A}$ との対比で**スカラーポテンシャル**とよぼう．

電場の表式 (12.3) は，非常に重要な示唆をいくつも含んでいる．第 9 章で，電流素片 $I\varDelta\boldsymbol{l}$ が (9.7) のベクトルポテンシャル

$$\varDelta\boldsymbol{A}(\boldsymbol{r}) = \frac{I}{4\pi\varepsilon_0 c^2}\frac{\varDelta\boldsymbol{l}}{|\boldsymbol{r} - \boldsymbol{r}'|}$$

をつくることを述べた．図 12.1 の左図のように，$I\varDelta\boldsymbol{l}$ は周囲の空間に，$\varDelta\boldsymbol{l}$ の向きに，I に比例し，距離に反比例した大きさの $\varDelta\boldsymbol{A}$ をつくるのである．電流が時間変化すれば，$\varDelta\boldsymbol{A}$ も時間変化するはずであり，$\varDelta\boldsymbol{A}$ が時間変化すれば，(12.3) に従って電場 $\varDelta\boldsymbol{E}$ が発生することになる．図 12.1 の右図で示すよう

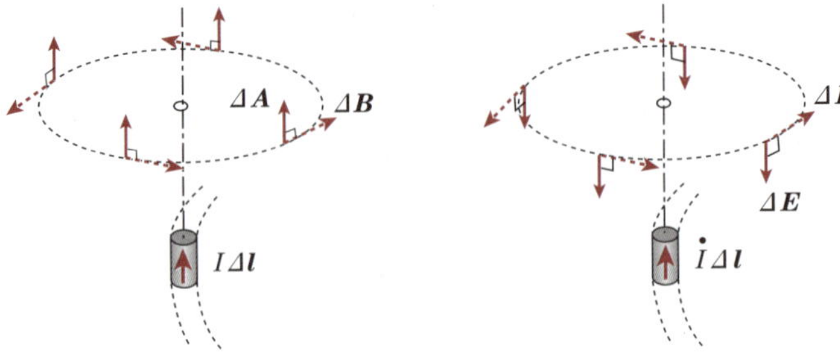

図 12.1 電流による磁場，変化する電流による電場

に，発生する電場 $\Delta\boldsymbol{E}$ の向きは，電流の時間変化の向きと逆である．

$I\Delta\boldsymbol{l}$ は，図 9.4 に示すように，$I\Delta\boldsymbol{l}$ の軸の周りを循環する (9.10) で与えられる磁場 $\Delta\boldsymbol{B}$ をつくる．この磁場を図 12.1 にも示す．($\Delta\boldsymbol{B}$ の向きとして，図 12.1 の右図は，$I\Delta\boldsymbol{l}$ が上を向いている場合を示す．) このように，電流が時間変化すると図 12.1 の右図のように互いに直交する電場と磁場が生成する．そのときの電場と磁場の強さの比率は場合によって異なることに注意しておこう．大きな電流がゆっくり変動すれば相対的に磁場が強く，逆に小さな電流が急激に変化すれば，相対的に電場が強い．

さて，電流が時間変化すると，その変化の向きと反対向きの電場が生じることが重要である．この電場によって，電流 (を担う電荷) はその変化を妨げる向きに力を受けることになる．つまり，電流をゼロから始めてある値まで増加させるなら，電流に対して，逆向きの力に逆らって仕事をしなければならない．このことは，たとえ超伝導線のような抵抗ゼロの完全導体に電流を流す場合でも，電流を流すためには仕事が必要であることを意味する．

以上のことから，いくつか予想できることがある．1つ目は，仕事をまかなうために必要な電圧が回路に発生することであり，それが，誘導起電力 (12.2 節) や，回路の自己インダクタンス (12.3 節) とよばれる概念に繋がることである．2つ目は，時間変化する電流が空間のあらゆる場所に電場をつくることから，空間的に分離した別々の回路があるとき，一方に流れる電流が変化すれば，他方の回路に電圧が発生することである．これが相互インダクタンス (12.3 節) とよばれる概念に繋がる．

また，電流を増加させる過程で電源からつぎ込まれる仕事はどこに行くのか，という問題もある．つぎ込まれた仕事は，実は電流がつくる静磁場の形で空間に蓄えられるのである．ちょうど，電荷がつくる電場が静電エネルギーをつくるのと同様である．これについては 12.4 節で解説する．

以上のように，電場の表式 (12.3) に新たな項 $-\partial \boldsymbol{A}/\partial t$ が加わることで，電磁気学に多彩な現象がもたらされる．以下の節で，そのことをさらに詳しく学ぼう．

12.2 電磁誘導

単位電荷が受ける力を，ある閉回路 C に沿って周回積分した量が**誘導起電力** $\mathcal{E}$ である．電荷 q が受ける力は

$$\boldsymbol{F} = q(\boldsymbol{E} + \boldsymbol{v} \times \boldsymbol{B}) \tag{12.4}$$

だが，このうち電場は $\boldsymbol{E} = -\nabla\phi - \partial \boldsymbol{A}/\partial t$ と表され，その中の $-\nabla\phi$ による寄与は閉回路を 1 周すると消えるので，結局，

$$\boxed{\mathcal{E} = \frac{1}{q}\oint_{\mathrm{C}} \boldsymbol{F}\cdot d\boldsymbol{r} = \oint_{\mathrm{C}} \left(-\frac{\partial \boldsymbol{A}}{\partial t} + \boldsymbol{v} \times \boldsymbol{B}\right)\cdot d\boldsymbol{r}} \tag{12.5}$$

と書ける．

(12.5) は回路 C が動く (変形したり並進運動したりする) 場合も含めて考えており，$\boldsymbol{v}$ は回路 C の速度を表している．回路が変形する場合は，当然，$\boldsymbol{v}$ は回路上の場所によって異なる値をもつ．

(12.5) の誘導起電力が生じる状況として，2 つの異なる場合を考えよう．1 つは，回路 C が静止しており，回路上のベクトルポテンシャル $\boldsymbol{A}$ (または磁場 $\boldsymbol{B}$) が時間変化する場合である．その際は，$\boldsymbol{v} = \boldsymbol{0}$ なので (12.5) の右辺

の積分の中の第2項はゼロで，第1項が原因となって起電力を生じる．もう1つは，ベクトルポテンシャル $\boldsymbol{A}$（または磁場 $\boldsymbol{B}$）は一定だが，回路が動く場合であり，(12.5) の右辺の積分の中の第1項はゼロで，第2項が原因となる場合である．

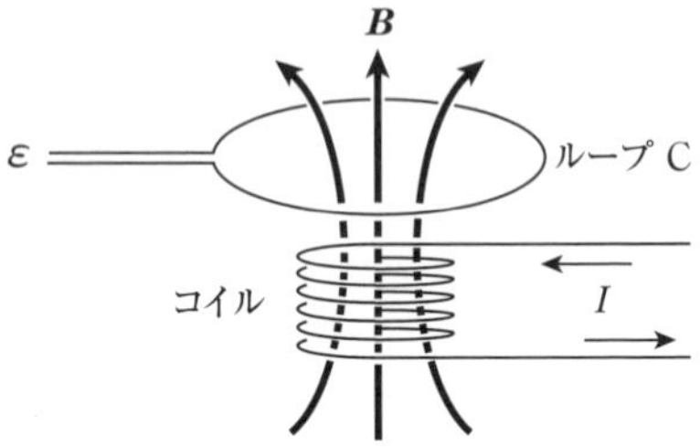

図12.2　ループCを貫くコイルによる磁場

問題を具体的に考えるために，図12.2のように，ループCの下に，ベクトルポテンシャル $\boldsymbol{A}$（または磁場 $\boldsymbol{B}$）を発生する源として，電流を流すコイルを考えよう．1番目の状況としては，表の(1)aのコイルの電流が変化する場合と，(1)bのコイルの電流が一定でコイルが動く場合が考えられる．2番目の状況は，(2) のコイルの電流も位置も一定だが，ループCが動く場合である．

	コイル 電流	コイル 位置	ループC	$\boldsymbol{B}$，$\boldsymbol{A}$	
(1) a	変化	固定	固定	変化	$\boldsymbol{F} = q(\boldsymbol{E} + \cancel{\boldsymbol{v} \times \boldsymbol{B}})$
(1) b	一定	変化	固定	変化	$\boldsymbol{F} = q(\boldsymbol{E} + \cancel{\boldsymbol{v} \times \boldsymbol{B}})$
(2)	一定	固定	変化	一定	$\boldsymbol{F} = q(\cancel{\boldsymbol{E}} + \boldsymbol{v} \times \boldsymbol{B})$

1つ目の誘導起電力は，(1)a も (1)b も

$$\mathcal{E} = \oint_{\mathrm{C}} \left(-\frac{\partial \boldsymbol{A}}{\partial t} \right) \cdot d\boldsymbol{r} \tag{12.6}$$

であり，ループCが時間変化しないので時間微分を積分の外に出せる．さらに，$\boldsymbol{B} = \nabla \times \boldsymbol{A}$ とストークスの定理により $-\dfrac{d}{dt}\oint_{\mathrm{C}} \boldsymbol{A} \cdot d\boldsymbol{r} = -\dfrac{d}{dt}\int_{\mathrm{S}} \boldsymbol{B} \cdot \boldsymbol{n}\, dS$ なので，Cを貫く磁束 $\Phi = \int_{\mathrm{S}} \boldsymbol{B} \cdot \boldsymbol{n}\, dS$ を用いて

$$\mathcal{E} = -\frac{d\Phi}{dt} \tag{12.7}$$

が得られる．この関係式は，2.4 節 (c) ですでに (2.8) として導いたものである．

次に，2 番目の状況として，表の (2) を考えよう．まず，単純な場合を例題で扱う．

例題 12.1

一様な磁場 $\boldsymbol{B}$ ($+z$ 方向) の中で，xy 面上の閉回路の一部の y 方向に置かれた長さ l の導体棒が $+x$ 方向に速さ v で動くとき，閉回路に生じる誘導起電力が，(12.7) と同様に $\mathcal{E} = -\dfrac{d\Phi}{dt}$ で与えられることを示せ．

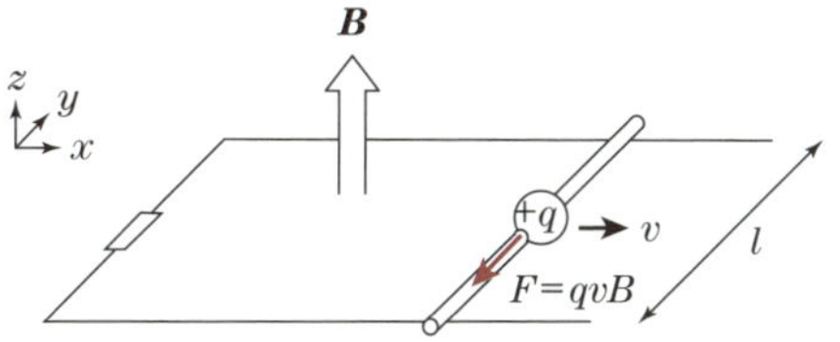

【解】 導体中の電荷 $+q$ にはローレンツ力 qvB が $-y$ 方向にはたらくので，$\mathcal{E} = -(qvB)l/q = -vBl$ の起電力が生じる．一方，閉回路の面積が vl で増加するので，磁束の時間変化率は $d\Phi/dt = vBl$ であり，$\mathcal{E} = -\dfrac{d\Phi}{dt}$ が成立する．

回路 C が任意の運動をする，一般的な場合を考えよう．図 12.3 のように，ループが微小時間 Δt の間に C から C′ に変化するとしよう．この際のループの運動は任意であり，3 次元的に変形しつつ並進運動してよい．ベクトルポテンシャル $\boldsymbol{A}$ (または磁場 $\boldsymbol{B}$) は時間変化しないので，電場 $\boldsymbol{E}$ は発生しない．一方，ループが動くことによって，ループの各部の電

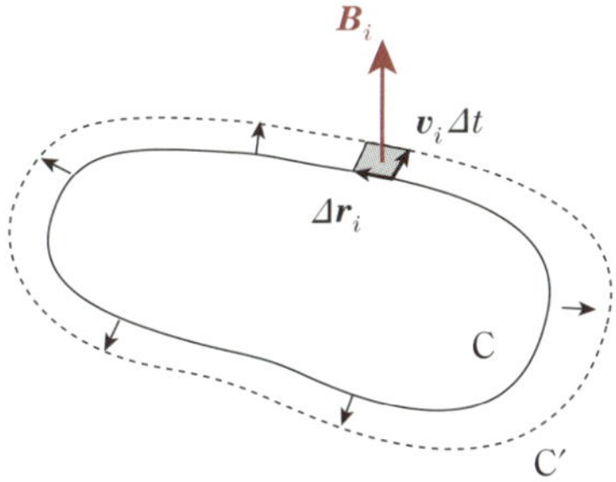

図 12.3 ループ C の変形または並進運動

荷 q にはそこでの速度 $\boldsymbol{v}$ に応じてローレンツ力 $q\boldsymbol{v} \times \boldsymbol{B}$ がはたらき，$\boldsymbol{v} \times \boldsymbol{B}$ をループに沿って積分したものが誘導起電力

$$\mathcal{E} = \oint_{\mathrm{C}} (\boldsymbol{v} \times \boldsymbol{B}) \cdot d\boldsymbol{r} \tag{12.8}$$

となる．

ループCを多数の微小区間に分割し，(12.8) の積分を微小区間の和で表そう．i 番目 ($i = 1, 2, \cdots, N$) の微小区間を表すベクトルを $\Delta\boldsymbol{r}_i$ とし，その速度を $\boldsymbol{v}_i$ とすると，

$$\mathcal{E} = \lim_{N\to\infty} \left\{ \sum_{i=1}^{N} (\boldsymbol{v}_i \times \boldsymbol{B}_i) \cdot \Delta\boldsymbol{r}_i \right\}$$

と書ける．ただし，$\boldsymbol{B}_i$ は i 番目の微小区間における磁場である．$(\boldsymbol{v}_i \times \boldsymbol{B}_i) \cdot \Delta\boldsymbol{r}_i$ はベクトル $\boldsymbol{v}_i$, $\boldsymbol{B}_i$, $\Delta\boldsymbol{r}_i$ が張る平行六面体の体積であり，$(\boldsymbol{v}_i \times \boldsymbol{B}_i) \cdot \Delta\boldsymbol{r}_i = -\boldsymbol{B}_i \cdot (\boldsymbol{v}_i \times \Delta\boldsymbol{r}_i)$ と書き直すことができる．($\boldsymbol{A} \cdot (\boldsymbol{B} \times \boldsymbol{C}) = (\boldsymbol{A} \times \boldsymbol{B}) \cdot \boldsymbol{C}$ をベクトル解析の公式といってもよい．第1章の章末問題1.5を参照.）さらに微小時間 Δt を用いると，$\mathcal{E}$ の式は

$$\mathcal{E} = -\lim_{\Delta t\to 0} \frac{1}{\Delta t} \left[\lim_{N\to\infty} \left\{ \sum_{i=1}^{N} \boldsymbol{B}_i \cdot (\boldsymbol{v}_i \Delta t \times \Delta\boldsymbol{r}_i) \right\} \right]$$

と書ける．

ここで，$\boldsymbol{v}_i \Delta t$ と $\Delta\boldsymbol{r}_i$ が張る面積（図の灰色の部分）ΔS_i と，その単位法線ベクトル $\boldsymbol{n}_i$ を用いて，$\boldsymbol{B}_i \cdot (\boldsymbol{v}_i \Delta t \times \Delta\boldsymbol{r}_i) = \boldsymbol{B}_i \cdot \boldsymbol{n}_i \Delta S_i$ と変形すると，$\boldsymbol{B}_i \cdot \boldsymbol{n}_i \Delta S_i$ は ΔS_i を貫く磁束 $\Delta\Phi_i$ であり，$\Delta\Phi_i$ の和 $\lim_{N\to\infty} \sum_{i=1}^{N} \Delta\Phi_i$ はループCを貫く磁束 Φ とループC′を貫く磁束 Φ' の差

$$\Delta\Phi = \Phi' - \Phi = \lim_{N\to\infty} \sum_{i=1}^{N} \Delta\Phi_i = \lim_{N\to\infty} \sum_{i=1}^{N} \boldsymbol{B}_i \cdot \boldsymbol{n}_i \Delta S_i$$

に等しいことから，結局，$\mathcal{E}$ の式として，$d\Phi/dt = \lim_{\Delta t\to 0} (\Delta\Phi/\Delta t)$ より，(12.7) と同じく

$$\mathcal{E} = -\frac{d\Phi}{dt}$$

を得る．

このように，変化しない磁場 $\boldsymbol{B}$（ベクトルポテンシャル $\boldsymbol{A}$）の中で，任意の運動をするループに対しても，(12.7) が示された．

以上より，表の(1) でも (2) でも誘導起電力は同じ規則 $\mathcal{E} = -d\Phi/dt$ で与えられ，それは**ファラデーの電磁誘導の法則**とよばれる[補足 A.6]．

なぜこうなるのか，考えてみよう．ループ C が時間変化する場合にも，マクスウェル方程式 ② の積分形 $\oint_C \boldsymbol{E} \cdot d\boldsymbol{r} = -\frac{d}{dt}\int_S \boldsymbol{B} \cdot \boldsymbol{n}\, dS$ が成立する，と考えればよいと思えるかもしれない．しかし，磁場 $\boldsymbol{B}$ が時間変化しない場合は，(12.3) より $\boldsymbol{E}$ の 1 周積分はゼロとなって，② は成立しない．このように，② の積分形は，ループ C が時間変化しない場合にのみ成り立つのである．

問題に戻ると，表の(1) の誘導起電力は電場による力 $q\boldsymbol{E}$ に由来するが，(2) の誘導起電力は磁場による力 $q\boldsymbol{v} \times \boldsymbol{B}$ に由来するのであり，そのことを ② で説明することはできない，ということである．由来の異なる力が同じ規則 $\mathcal{E} = -d\Phi/dt$ に至る，という事実から，力の源である電場と磁場が，マクスウェル方程式よりさらに基本的な，何らかの根本原理によって互いに関連し合っていることが示唆される．事実，特殊相対性理論によれば，時間と空間の基本的構造から，相対的に運動する座標系での電場と磁場は互いに変換し，表の(2) の場合の磁場による力を，電場による力に読みかえることができる[補足 A.7]．このことに関して，② がループ C が時間変化する場合にも成立する，と誤解される場合があるので注意を要する．

12.3 インダクタンス

ループを貫く磁束の時間変化によって誘導起電力が生じることから，電気回路を取り扱うために重要な，自己インダクタンス，および相互インダクタンス，という量が導かれる．

(a)　自己インダクタンス

閉ループに生じる誘導起電力 $\mathcal{E}$ は，ループを貫く磁束 Φ の時間変化によって (12.7) の $\mathcal{E} = -\dfrac{d\Phi}{dt}$ で与えられる．その際，前節では磁束 Φ が他のコイルによる磁場によって生じることを考えたが，図 12.4 の左図のように，閉ループ自身の電流 I によって磁場をつくってもよい．その際に生じる磁場は，空間のいたるところで I に比例するので，ループを貫く磁束 Φ は必ず I に比例する．つまり，比例定数を L として

$$\Phi = LI \tag{12.9}$$

と書ける．L は**自己インダクタンス**，または単に**インダクタンス**とよばれ，その単位は H (ヘンリー) で表される．1 A の電流で 1 Tm^2 の磁束を生じるインダクタンスが 1 H と定義され，H = Tm^2/A = Vs/A = m^{2}kg/(s^{2}A^2) である．電流 I が時間変化すれば，(12.7) より誘導起電力 (12.9) より

$$\mathcal{E} = -L\frac{dI}{dt} \tag{12.10}$$

が生じる．このときの起電力を特に**逆起電力**とよぶこともある．

自己インダクタンスは，図 12.4 の左図のような単純なループだけではなく，どんなループであれ，電流 I を流したときにループを貫く磁束 Φ によって (12.9) から定義される．例えば，図 12.4 の右図で，ループ 1，2 を貫く磁束がそれぞれ Φ_1，Φ_2 なら，2 つのループ全体を貫く磁束は $\Phi = \Phi_1 + \Phi_2$ で

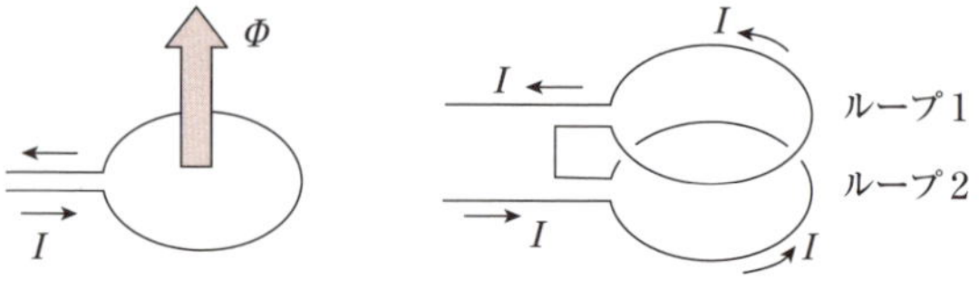

図 12.4　ループの連結

あり，自己インダクタンスはそれぞれの自己インダクタンスの和となる．同様に，N 巻きのループなら $\Phi = \Phi_1 + \Phi_2 + \cdots + \Phi_N$ となる．長いソレノイドのように，面積 S で同一の向きに N 回巻かれたループを一様な磁場 B が貫くなら，磁束は $\Phi = NBS$ となる．

例題 12.2

断面積 S，長さ l，単位長さ当たり n 巻きのソレノイドがある．9.1 節 (b) で考えたように長さ l が十分長いとみなし，このコイルの自己インダクタンス L を求めよ．

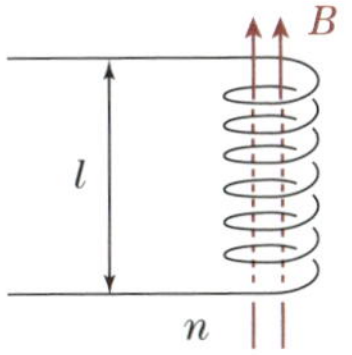

【解】 十分長いソレノイドの内部の磁場 $B = \dfrac{nI}{\varepsilon_0 c^2}$ から磁束は $\Phi = nlBS = \dfrac{n^2 lS}{\varepsilon_0 c^2} I$ となるので，$L = \dfrac{n^2 lS}{\varepsilon_0 c^2}$ を得る．

(b) 相互インダクタンス

図 12.5 のように，近接したコイル 1 とコイル 2 にそれぞれに電流 I_1 と I_2 を流すと，コイル 1 には，コイル 1 だけでなくコイル 2 がつくる磁場も影響し，コイル 1 の磁束 Φ_1 は I_1 に比例する成分と I_2 に比例する成分の和となる．そのため，Φ_1 はそれぞれの比例定数を L_1，M_{12} として，

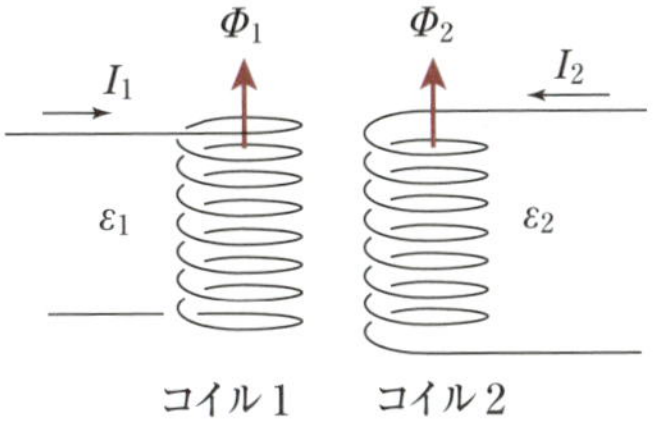

図 12.5 近接した 2 つのコイル

$$\Phi_1 = L_1 I_1 + M_{12} I_2 \tag{12.11}$$

となる．コイル 2 を貫く磁束 Φ_2 についても同様で，I_2 と I_1 に対する比例定数をそれぞれ L_2，M_{21} として

$$\Phi_2 = M_{21} I_1 + L_2 I_2 \tag{12.12}$$

となる．ここで，L_1，L_2 を**自己インダクタンス**，M_{12}，M_{21} を**相互インダクタ**

ンスとよぶ．

なお，証明は章末問題 12.4 に示すが，相互インダクタンスは必ず互いに等しく，$M_{12} = M_{21}$ となる．また，それぞれのコイルの起電力は

$$\mathcal{E}_1 = -\frac{d\Phi_1}{dt} = -L_1\frac{dI_1}{dt} - M_{12}\frac{dI_2}{dt} \tag{12.13}$$

$$\mathcal{E}_2 = -\frac{d\Phi_2}{dt} = -L_2\frac{dI_2}{dt} - M_{21}\frac{dI_1}{dt} \tag{12.14}$$

となる．

例題 12.3

単位長さ当たりの巻き数がそれぞれ n_1 と n_2 のソレノイド 1 と 2 が重ねて巻いてある．共に長さが l，断面積が S とし，また，ソレノイドが十分長い（l が十分大きい）として，自己インダクタンス L_1，L_2 と相互インダクタンス M_{12}，M_{21} を求めよ．また，ソレノイド 1，2 に生じる誘導起電力の比 $\mathcal{E}_1/\mathcal{E}_2$ を求めよ．ただし，それぞれの電流を図の矢印の向きに流したとき，同じ向きの磁場がソレノイドに生じるとする．

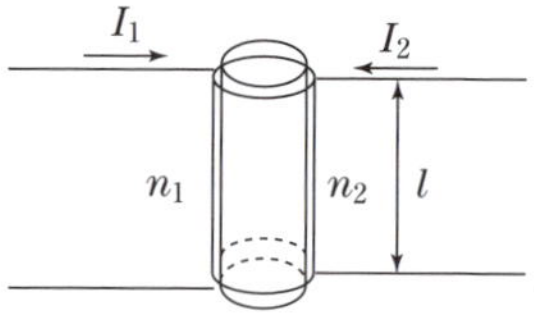

【解】 ソレノイド 1 とソレノイド 2 は磁場を共有する．それぞれのソレノイドの電流を I_1，I_2 とすると，ソレノイド内の磁場は $B = \dfrac{n_1 I_1}{\varepsilon_0 c^2} + \dfrac{n_2 I_2}{\varepsilon_0 c^2}$ で，磁束はそれぞれ

$$\Phi_1 = n_1 l \cdot BS = \frac{n_1^2 lS}{\varepsilon_0 c^2} I_1 + \frac{n_1 n_2 lS}{\varepsilon_0 c^2} I_2, \qquad \Phi_2 = n_2 l \cdot BS = \frac{n_1 n_2 lS}{\varepsilon_0 c^2} I_1 + \frac{n_2^2 lS}{\varepsilon_0 c^2} I_2$$

となる．したがって

$$L_1 = \frac{n_1^2 lS}{\varepsilon_0 c^2}, \qquad L_2 = \frac{n_2^2 lS}{\varepsilon_0 c^2}, \qquad M_{12} = M_{21} = \frac{n_1 n_2 lS}{\varepsilon_0 c^2}$$

を得る．また，

$$\mathcal{E}_1 = -\frac{d\Phi_1}{dt} = -n_1 lS \frac{dB}{dt}$$

$$\mathcal{E}_2 = -\frac{d\Phi_2}{dt} = -n_2 lS \frac{dB}{dt}$$

より

$$\frac{\mathcal{E}_1}{\mathcal{E}_2} = \frac{n_1}{n_2}$$

となる.

このように，磁場を共有する 2 つのコイルは，それぞれの巻き数に比例した起電力を発生する．このことを利用して，一方のコイルに交流電圧源を接続し，他方のコイルから昇圧したり降圧した交流電圧を取り出すことができる．その目的で用意された 2 つのコイルの組み合わせは**トランス**とよばれる．

12.4 磁気的エネルギー

電荷が分布すると静電エネルギーをもち，そのエネルギーが電場の形で空間に存在することを第 7 章で述べた．それに似て，電流は以下に示すように磁気的なエネルギーをもち，そのエネルギーは磁場の形で空間に分布する．電流がエネルギーをもつのは，12.1 節で述べたように，電流を流すために仕事が必要だからである．この節では，電流がもつエネルギーを定量的に考え，それを一般化して磁場のエネルギーを導こう．

(a) 回路のエネルギー

自己インダクタンス L のコイルに電流源をつなぎ，電流 I が図 12.6 のようにゼロから I まで増加することを考える．電流が増加する間，電流と逆向きに起電力 $\mathcal{E} = -L\,\Delta I/\Delta t$ が生じるので，電源は仕事をする．電流が I のとき微小時間 Δt の間に運ばれる電荷は $\Delta Q = I\,\Delta t$ なので，この間に電流になされる仕事は

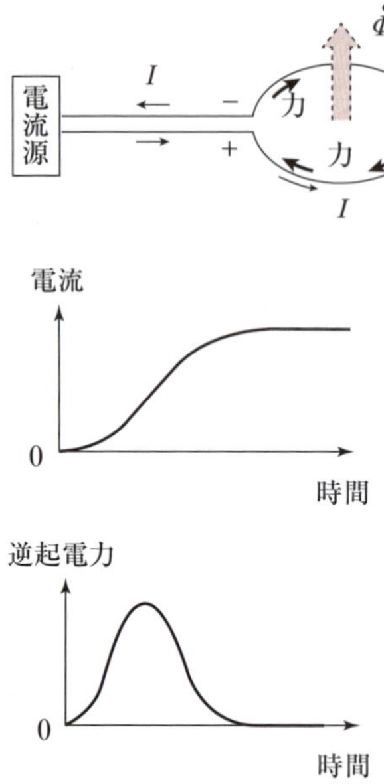

図 12.6 電流源につながれたコイル

$$\Delta Q\,|\boldsymbol{\mathcal{E}}| = I\Delta t \cdot L\frac{\Delta I}{\Delta t} = LI\Delta I$$

となる．これを電流ゼロから I まで積分することで，コイルに蓄えられるエネルギーとして

$$U = \int_0^I LI\,dI = \frac{1}{2}LI^2 \qquad (12.15)$$

が導かれる．また，(12.9) のコイルを貫く磁束 $\Phi = LI$ を使えば

$$U = \frac{1}{2}\Phi I \qquad (12.16)$$

と表すこともできる．

発展　コイルによるエネルギーの備蓄

抵抗ゼロの超伝導線で巨大な（L の大きな）ソレノイドをつくり，そこに莫大な

電流を流した上でコイルの両端をつなげば，電流が流れ続けることで (12.15) のエネルギーが蓄えられる．これを，蓄電池のようにエネルギーの備蓄に使おうとする研究がある．ただし，ソレノイドを超伝導状態にするためには極低温に冷却しなければいけないなど，コストの問題があって実現は難しそうである．

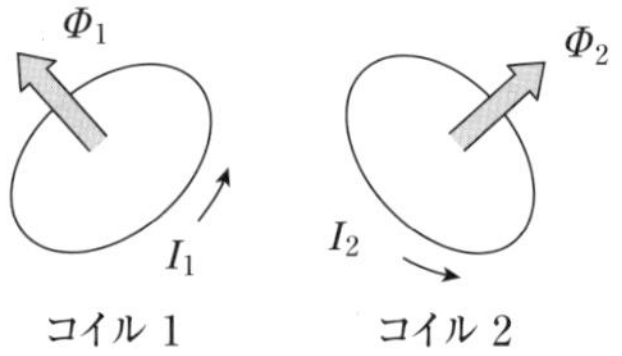

図 12.7　コイル 1 とコイル 2

図 12.7 のように，2 つのコイル 1，2 (自己インダクタンス：L_1，L_2，相互インダクタンス：$M_{12} = M_{21}$) にそれぞれ電流 I_1，I_2 が流れているときのエネルギー U を求めよう．

コイル 1，2 の電流が共にゼロの状態から出発し，コイル 1 とコイル 2 に順番に電流を流すことを考える．まず，コイル 2 の電流をゼロに保ったまま，コイル 1 の電流をゼロから I_1 にする．これによって蓄えられるエネルギー $\varDelta U_1$ は

$$\varDelta U_1 = \int_0^{I_1} L_1 I_1 \, dI_1 + \int_0^{I_1} M_{21} I_2 \, dI_1 = \frac{1}{2} L_1 I_1^{\,2}$$

となる．ただし $I_2 = 0$ なので，コイル 2 (M_{21}) の寄与はゼロである．

次に，I_1 を一定に保ったまま，コイル 2 の電流をゼロから I_2 にすると，これによって付け加わるエネルギー $\varDelta U_2$ は，

$$\varDelta U_2 = \int_0^{I_2} L_2 I_2 \, dI_2 + \int_0^{I_2} M_{12} I_1 \, dI_2 = \frac{1}{2} L_2 I_2^{\,2} + M_{12} I_1 I_2$$

となる．

以上より，コイル 1，2 の体系に蓄えられるエネルギーの合計が

$$U = \varDelta U_1 + \varDelta U_2 = \frac{1}{2} L_1 I_1^{\,2} + \frac{1}{2} L_2 I_2^{\,2} + M_{12} I_1 I_2$$

で与えられる．この U を $M_{12} = M_{21}$ を考慮して，

$$U = \frac{1}{2}(L_1 I_1 + M_{12} I_2) I_1 + \frac{1}{2}(L_2 I_2 + M_{21} I_1) I_2$$

と書き変えて (12.11)，(12.12) に注意すれば，磁束 Φ_1，Φ_2 を用いて，

$$U = \frac{1}{2}\Phi_1 I_1 + \frac{1}{2}\Phi_2 I_2$$

と表せることがわかる．

最後に，図12.8のような n 個のコイルからなる系を考えよう．i 番目のコイル i $(i = 1, 2, \cdots, n)$ を流れる電流を I_i とする．個々のコイルの形状や互いの配置は任意である．i 番目のコイルを貫く磁束は，すべてのコイルの電流による寄与の和であり，

$$\Phi_i = L_i I_i + \sum_{j \neq i}^{n} M_{ij} I_j \qquad (i = 1, 2, \cdots, n) \tag{12.17}$$

と書ける．ここで $\sum\limits_{j \neq i}^{n}$ は，j の1から n の和をとる際，$j = i$ を除くことを意味する．L_i はコイル i の自己インダクタンス，M_{ij} はコイル i とコイル j の相互インダクタンスである（一般に $M_{ij} = M_{ji}$，章末問題12.4を参照）．

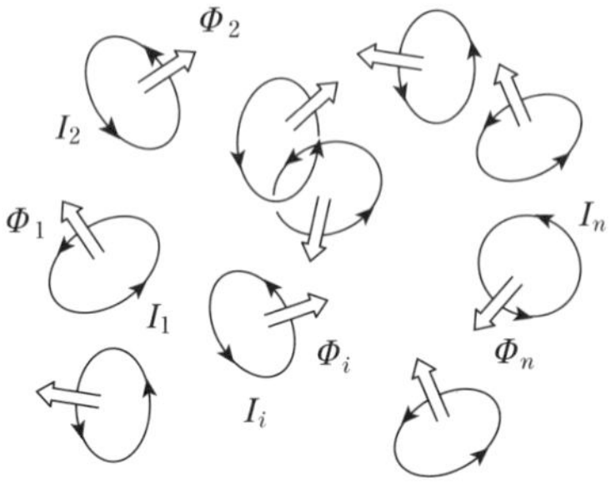

図12.8　n 個のコイル

この体系のエネルギーを求めるために，図12.7の2つのコイルを考えた場合にならって，すべてのコイルの電流がゼロの状態から出発し，コイル1，コイル2，… の順番に1つずつ電流を与えていくことを考える．コイル1に電流 I_1 を流すと $U_1 = \frac{1}{2}L_1 I_1^2$ となり，次に，コイル2に電流 I_2 を流すと $\Delta U_2 = \frac{1}{2}L_2 I_2^2 + M_{12} I_1 I_2$ が追加されることはすでに述べた．さらに，I_1 と I_2 を一定に保ったまま，コイル3に電流 I_3 を流すと，追加されるエネルギー ΔU_3 は，

コイル 3 に生じるエネルギー $\frac{1}{2}L_3I_3^2$ と，コイル 1 とコイル 2 に生じる起電力による，コイル 1 とコイル 2 のエネルギーの増加分の和であり，2 つのコイルの場合と同様に考えて，

$$\varDelta U_3 = \frac{1}{2}L_3I_3^2 + M_{13}I_1I_3 + M_{23}I_2I_3$$

であることが直ちにわかる．

同様に続けていくと，i 番目のコイル i に電流 I_i を流すことによって追加されるエネルギーは

$$\varDelta U_i = \frac{1}{2}L_iI_i^2 + M_{1i}I_1I_i + \cdots + M_{i-1\,i}I_{i-1}I_i = \frac{1}{2}L_iI_i^2 + \sum_{j=1}^{i-1}M_{ji}I_jI_i$$

で与えられるので，コイル n まで電流を与えたときのエネルギーの合計 $U = \sum_{i=1}^{n}\varDelta U_i$ が，

$$U = \frac{1}{2}\sum_{i=1}^{n}L_iI_i^2 + \sum_{i=1}^{n}\left(\sum_{j=1}^{i-1}M_{ji}I_jI_i\right)$$

となる．この式は

$$U = \frac{1}{2}\sum_{i=1}^{n}L_iI_i^2 + \frac{1}{2}\sum_{i=1}^{n}\left(\sum_{j\neq i}^{n}M_{ji}I_jI_i\right) \qquad (12.18)$$

と書くこともできる．ただし，(12.18) の右辺の 2 項目の和に 1/2 が付いているのは，M_{ij} と M_{ji} がペアで出現するためである．よって，(12.17) により，磁束を用いて

$$U = \frac{1}{2}\sum_{i=1}^{n}\varPhi_iI_i \qquad (12.19)$$

と表すことができる．

この結果は，点電荷の集団がもつ静電エネルギーが (7.3) の

$$U = \frac{1}{2}\sum_{i=1}^{n}\phi_iq_i$$

と書けることに対比される．

(b) 磁場のエネルギー

任意の連続的に分布する定常状態の電流分布は，図12.8のような多数の閉回路状の電流ループの数 n を無限大にした，極限の和として表すことができる．それは，定常状態の電流分布はマクスウェル方程式④$_s$ より $\boldsymbol{j} = \varepsilon_0 c^2 \nabla \times \boldsymbol{B}$ と表せるので $\nabla \cdot \boldsymbol{j} = \varepsilon_0 c^2 \nabla \cdot (\nabla \times \boldsymbol{B}) = 0$ が成立し，湧き出しや吸い込みをもたないからである．一般に湧き出しや吸い込みがなければ，任意の電流分布は無数の（閉じた）電流ループの和で表すことができる．

したがって，任意の定常状態の電流分布がもつ磁気的エネルギーは (12.19) の n を無限大として

$$U = \frac{1}{2} \lim_{n\to\infty} \sum_{i=1}^{n} \Phi_i I_i \tag{12.20}$$

で表すことができる．磁束は，すでに何度も出てきたように

$$\Phi = \int_{\mathrm{S}} \boldsymbol{B} \cdot \boldsymbol{n}\, dS = \int_{\mathrm{S}} (\nabla \times \boldsymbol{A}) \cdot \boldsymbol{n}\, dS = \oint_{\mathrm{C}} \boldsymbol{A} \cdot d\boldsymbol{r}$$

と表せるので，(12.20) に代入して I_i を積分の中に入れ，

$$U = \frac{1}{2} \lim_{n\to\infty} \sum_{i=1}^{n} \oint_{\mathrm{C}_i} I_i \boldsymbol{A} \cdot d\boldsymbol{r}$$

と表すことができる．ただし，C_i は i 番目の閉回路を表し，$\boldsymbol{A}(\boldsymbol{r})$ は経路上の値である．

ここで，(9.6) の上の式を用い，図12.9を参考に電流を

$$I_i \boldsymbol{A}(\boldsymbol{r}) \cdot d\boldsymbol{r} = \boldsymbol{j}(\boldsymbol{r}) \cdot \boldsymbol{A}(\boldsymbol{r})\, dV$$

に従って電流密度に直し，かつ，経路 C_i に沿う積分と i に関する和 $\lim_{n\to\infty} \sum_{i=1}^{n} \oint_{\mathrm{C}_i}$ が全空間での体積積分を意味することに注意すれば，

$$U = \frac{1}{2} \int_{\text{全空間}} \boldsymbol{A} \cdot \boldsymbol{j}\, dV \tag{12.21}$$

を得る．これは，静電エネルギーにおける (7.5) の

$$U = \frac{1}{2}\int \phi(\boldsymbol{r})\,\rho(\boldsymbol{r})\,dV$$

と対比され，電流密度が電荷密度に，ベクトルポテンシャルが静電ポテンシャルに対応している．

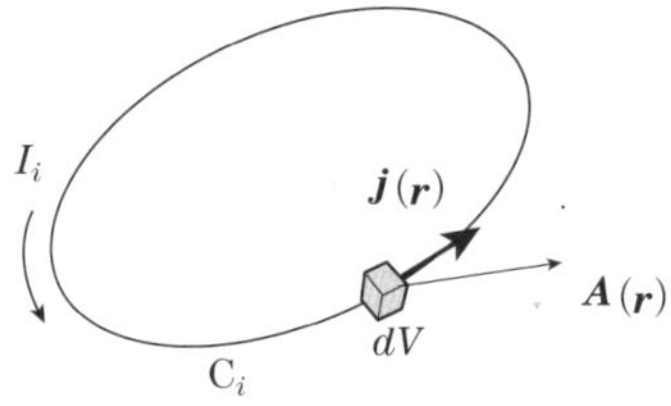

図 12.9 電流と電流密度

マクスウェル方程式④$_{\mathrm{s}}$によって，(12.21) は $U = \frac{\varepsilon_0 c^2}{2}\int_{\mathrm{V}} \boldsymbol{A}\cdot(\nabla\times\boldsymbol{B})\,dV$ となり，さらに，$\boldsymbol{A}\cdot(\nabla\times\boldsymbol{B}) = \boldsymbol{B}\cdot(\nabla\times\boldsymbol{A}) - \nabla\cdot(\boldsymbol{A}\times\boldsymbol{B})$ (4.4 節の (4.11)) を使って，

$$U = \frac{\varepsilon_0 c^2}{2}\int_{\mathrm{V}} \boldsymbol{B}\cdot(\nabla\times\boldsymbol{A})\,dV - \frac{\varepsilon_0 c^2}{2}\int_{\mathrm{V}} \nabla\cdot(\boldsymbol{A}\times\boldsymbol{B})\,dV$$

と書き直せる．第 1 項の $\nabla\times\boldsymbol{A}$ を $\boldsymbol{B}$ に戻し，第 2 項にガウスの定理を用いれば，

$$U = \frac{\varepsilon_0 c^2}{2}\int_{\mathrm{V}} \boldsymbol{B}\cdot\boldsymbol{B}\,dV - \frac{\varepsilon_0 c^2}{2}\int_{\mathrm{S}} (\boldsymbol{A}\times\boldsymbol{B})\cdot\boldsymbol{n}\,dS$$

となる．右辺第 2 項の中の $\boldsymbol{A}$ と $\boldsymbol{B}$ は，(9.7)，(9.10) から明らかなように，遠方ではそれぞれ $1/r$ と $1/r^2$ に従って（または，それより急激に）減少する．一方，表面積分する面積は r^2 でしか増加しないために，第 2 項は十分大きな空間で積分するとゼロになり，第 1 項しか残らない．これは第 7 章において (7.12) の第 1 項が無視された事情と似ている．

よって，最終的な結果として

$$U = \frac{\varepsilon_0 c^2}{2}\int_{\mathrm{V}} \boldsymbol{B}\cdot\boldsymbol{B}\,dV$$

が得られた．なお，真空の透磁率 $\mu_0 = \frac{1}{\varepsilon_0 c^2}$ を用いて

$$U = \frac{1}{2\mu_0}\int_{\mathrm{V}} \boldsymbol{B}\cdot\boldsymbol{B}\,dV \qquad (12.22)$$

と書いてもよい．

電流のエネルギーは，このように磁場として空間に分布すると考えられ，この表式は，静電エネルギーの表式 (7.13) の $U=\frac{\varepsilon_0}{2}\int_{全空間}\boldsymbol{E}\cdot\boldsymbol{E}\,dV$ に対応する．また，(12.22) は電流によるエネルギー密度が，

$$u(\boldsymbol{r})=\frac{1}{2\mu_0}\boldsymbol{B}(\boldsymbol{r})\cdot\boldsymbol{B}(\boldsymbol{r}) \tag{12.23}$$

で与えられることを示唆しており，これは，静電エネルギーに対する (7.14) の $u=\frac{\varepsilon_0}{2}\boldsymbol{E}\cdot\boldsymbol{E}$ に対応する．

透磁率 μ が一定の磁性体が空間を満たしている場合は，11.2 節で述べたように，マクスウェル方程式の中で μ_0 が μ に変更されるだけなので，上記の結果で μ_0 を μ におきかえればよく，

$$\left\{\begin{aligned} U&=\frac{1}{2\mu}\int_V\boldsymbol{B}\cdot\boldsymbol{B}\,dV=\frac{1}{2}\int_V\boldsymbol{B}\cdot\boldsymbol{H}\,dV\\ u&=\frac{1}{2\mu}\boldsymbol{B}\cdot\boldsymbol{B}=\frac{1}{2}\boldsymbol{B}\cdot\boldsymbol{H}\end{aligned}\right. \tag{12.24}$$

が得られ，誘電体の静電エネルギー (8.21) の

$$\left\{\begin{aligned} U&=\frac{\varepsilon}{2}\int_V\boldsymbol{E}\cdot\boldsymbol{E}\,dV=\frac{1}{2}\int_V\boldsymbol{D}\cdot\boldsymbol{E}\,dV\\ u&=\frac{\varepsilon}{2}\boldsymbol{E}\cdot\boldsymbol{E}=\frac{1}{2}\boldsymbol{D}\cdot\boldsymbol{E}\end{aligned}\right.$$

に対応する．

磁性体が空間的に不均一に分布し，透磁率 μ が場所の関数となる場合の厳密な議論は省くが，導かれる結果は単純であり，磁気的エネルギー密度が $u=\frac{1}{2\mu}\boldsymbol{B}\cdot\boldsymbol{B}=\frac{1}{2}\boldsymbol{B}\cdot\boldsymbol{H}$ であるとして，u を積分すればよい．つまり，場所の関数である μ を積分の中に入れ，$U=\frac{1}{2\mu}\int_V\boldsymbol{B}\cdot\boldsymbol{B}\,dV=\frac{1}{2}\int_V\boldsymbol{B}\cdot\boldsymbol{H}\,dV$ とすればよい．誘電体の静電エネルギーも同様である．

以上の考察の結果から，真空でも，誘電体でも磁性体でも，また誘電体や磁性体が空間に均一に分布する場合でも不均一に分布する場合でも，電磁気

的エネルギーは

$$U = \frac{1}{2}\int_{\mathrm{V}} \boldsymbol{B}\cdot\boldsymbol{H}\,dV, \qquad U = \frac{1}{2}\int_{\mathrm{V}} \boldsymbol{D}\cdot\boldsymbol{E}\,dV \tag{12.25}$$

と表されることがわかる．

例題 12.4

断面積 S，長さ l，単位長さ当たりの巻き数 n のソレノイドに蓄えられるエネルギーを，ソレノイドが十分長いとみなして磁場から求め，結果が $U = \dfrac{1}{2}LI^2$ に一致することを確かめよ．

【解】 十分長いソレノイドの外部の磁場は無視でき，内部の磁場は $B = \mu_0 nI$ なので，(12.22) より，$U = \dfrac{\varepsilon_0 c^2}{2}(\mu_0 nI)^2 Sl$．例題 12.2 より $L = \dfrac{n^2 lS}{\varepsilon_0 c^2}$ なので，$U = \dfrac{1}{2}LI^2$ に一致する．

12.5　エネルギーの流れ

電気的および磁気的エネルギー密度がそれぞれ (7.14) と (12.23) で与えられることをみてきたが，一般に $\boldsymbol{E}$ と $\boldsymbol{B}$ が共存する場合には，これらのエネルギーは空間に止まっているわけではなく，流れをもって動いていると考えられる．それを以下で示そう．

電磁気的エネルギーに流れがあるとしたとき，その流れの密度をベクトル $\boldsymbol{S}$ で表し，エネルギー密度流とよぶことにしよう．ベクトル $\boldsymbol{S}$ の大きさは，単位面積を単位時間当たりに通過する電磁気的エネルギーの量であり，$\boldsymbol{S}$ の向きは流れの向きを示す．$\boldsymbol{S}$ が，$\boldsymbol{E}$ や $\boldsymbol{B}$，その他の電磁気的な物理量でどのように表せるか，その表式を導こう．そのために，$\boldsymbol{S}$ がどんな関係式を満たすべきかを考えてみよう．

我々は，電流密度 $\boldsymbol{j}$ が任意の閉曲面 S に対して (4.7) の

$$-\int_{\mathrm{S}} \boldsymbol{j}\cdot\boldsymbol{n}\,dS = \frac{d}{dt}\int_{\mathrm{V}} \rho\,dV$$

を満たすことを知っている．この式は，閉曲面 S の内部に単位時間当たり流入する電荷量 (左辺) が，閉曲面 S の内部で単位時間当たりに増加する電荷量 (右辺) に等しいことを示しており，電荷が保存することを意味した．電荷の保存と同様に，エネルギーも保存するので，エネルギー流密度 $\boldsymbol{S}$ に対して，(4.7) に類似した式を書き下すことができるはずである．

図 12.10 のように，任意の閉曲面 D (閉曲面 S とするとベクトル $\boldsymbol{S}$ と紛らわしいので，D とする) の内部に，単位時間当たりに流入する電磁気的エネルギーは，$\boldsymbol{S}$ の D を貫く発散 (流束) にマイナスを付けたものであり，$-\int_{\mathrm{D}} \boldsymbol{S}\cdot\boldsymbol{n}\,dS$ である．(4.7) と同様に，この分だけ D の内部の電磁気的エネルギーが増加するなら，電磁気的エネルギー密度を u と書いて，$-\int_{\mathrm{D}} \boldsymbol{S}\cdot\boldsymbol{n}\,dS = \frac{d}{dt}\int_{\mathrm{V}} u\,dV$ の等式が得られる．

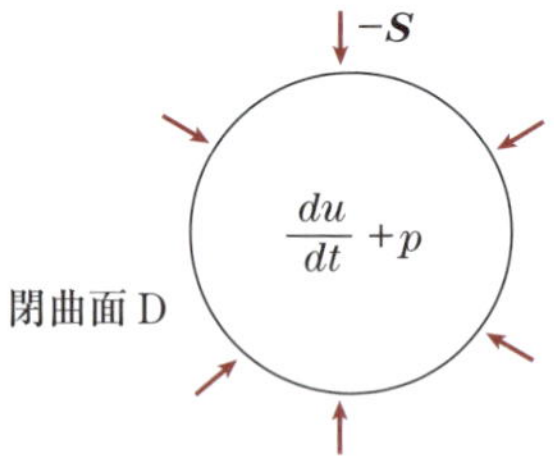

図 12.10　電磁エネルギーの流入による内部のエネルギー変化

ところが，電荷の場合と違って，電磁気的エネルギーは力学的エネルギーや熱エネルギーといった他のエネルギーに変換されることが可能 (例えばモーターによって電磁気的エネルギーが力学的エネルギーに変換される) なので，この式は不十分である．そこで，電磁気的エネルギーが他のエネルギーに変換することを考慮した式が必要であり，単位体積当たりに電磁気的エネルギーが変換される率を p と書けば，

$$-\int_{\mathrm{D}} \boldsymbol{S}\cdot\boldsymbol{n}\,dS = \frac{d}{dt}\int_{\mathrm{V}} u\,dV + \int_{\mathrm{V}} p\,dV \qquad (12.26)$$

が，$\boldsymbol{S}$ が満たす正しい式となる．(12.26) は，閉曲面 D に流入した電磁気的エネルギー (左辺) が，D の内部の電磁気的エネルギーを増加 (右辺第 1 項)

させるとともに，他のエネルギーに変換（右辺第2項）されることを示している．

マクスウェル方程式とローレンツ力の式 $\boldsymbol{F} = q(\boldsymbol{E} + \boldsymbol{v} \times \boldsymbol{B})$ を使って (12.26) を変形しよう．(12.26) の u は，すでに得られた結果の (7.14) と (12.23) から，おそらく $u = \frac{1}{2}\varepsilon_0 E^2 + \frac{1}{2}\varepsilon_0 c^2 B^2$ となることが予想されるが，ここではあえて，u を未知のままにしておこう．

(12.26) のエネルギーの変換率 p は，電場や磁場が電荷（または電流）に対してなす，単位体積当たりの仕事率である．ローレンツ力 $\boldsymbol{F} = q(\boldsymbol{E} + \boldsymbol{v} \times \boldsymbol{B})$ より，数密度（単位体積当たりの電荷の数）n の電荷 q に対する単位体積当たりの仕事率は，$p = n\boldsymbol{F} \cdot \boldsymbol{v} = nq\,(\boldsymbol{E} + \boldsymbol{v} \times \boldsymbol{B}) \cdot \boldsymbol{v}$ で表される．右辺第2項はゼロであり，また nq は電荷密度 ρ に等しく，$\rho\boldsymbol{v}$ は電流密度 $\boldsymbol{j}$ なので，結局，単位体積当たりの仕事率は

$$p = \boldsymbol{E} \cdot \boldsymbol{j} \tag{12.27}$$

となる．これを (12.26) に代入して，左辺をガウスの定理によって書き直せば，

$$-\int_{\mathrm{V}} (\nabla \cdot \boldsymbol{S})\, dV = \frac{d}{dt}\int_{\mathrm{V}} u\, dV + \int_{\mathrm{V}} \boldsymbol{E} \cdot \boldsymbol{j}\, dV$$

となり，これが任意の領域 V で成立することにより，

$$\boxed{-\nabla \cdot \boldsymbol{S} = \frac{\partial u}{\partial t} + \boldsymbol{E} \cdot \boldsymbol{j}} \tag{12.28}$$

が得られる．すなわち，エネルギーが局所的に保存するのである．（空間全体でエネルギーが保存するだけでなく，空間の場所ごとに任意の微小空間で保存するということである．）

ここでマクスウェル方程式④の $c^2\nabla \times \boldsymbol{B} = \boldsymbol{j}/\varepsilon_0 + \partial\boldsymbol{E}/\partial t$ より導かれる $\boldsymbol{j} = \varepsilon_0 c^2 \nabla \times \boldsymbol{B} - \varepsilon_0\, \partial\boldsymbol{E}/\partial t$ を $\boldsymbol{E} \cdot \boldsymbol{j}$ に代入すると，

$$\boldsymbol{E} \cdot \boldsymbol{j} = \varepsilon_0 c^2 \boldsymbol{E} \cdot (\nabla \times \boldsymbol{B}) - \varepsilon_0 \boldsymbol{E} \cdot \frac{\partial \boldsymbol{E}}{\partial t}$$

と書ける．さらに，右辺第1項をベクトルの公式 $\boldsymbol{E} \cdot (\nabla \times \boldsymbol{B}) = \boldsymbol{B} \cdot (\nabla \times \boldsymbol{E})$

$-\nabla\cdot(\boldsymbol{E}\times\boldsymbol{B})$ (4.4節の公式 (4.11)) と，マクスウェル方程式②の $\nabla\times\boldsymbol{E} = -\partial\boldsymbol{B}/\partial t$ により変形すると，

$$\begin{aligned}\boldsymbol{E}\cdot\boldsymbol{j} &= -\varepsilon_0 c^2\boldsymbol{B}\cdot\frac{\partial\boldsymbol{B}}{\partial t} - \nabla\cdot(\varepsilon_0 c^2\boldsymbol{E}\times\boldsymbol{B}) - \varepsilon_0\boldsymbol{E}\cdot\frac{\partial\boldsymbol{E}}{\partial t} \\ &= -\frac{\partial}{\partial t}\left(\frac{1}{2}\varepsilon_0 c^2 B^2\right) - \nabla\cdot(\varepsilon_0 c^2\boldsymbol{E}\times\boldsymbol{B}) - \frac{\partial}{\partial t}\left(\frac{1}{2}\varepsilon_0 E^2\right)\end{aligned}$$

を得る．これを整理すると，

$$-\nabla\cdot(\varepsilon_0 c^2\boldsymbol{E}\times\boldsymbol{B}) = \frac{\partial}{\partial t}\left(\frac{1}{2}\varepsilon_0 E^2 + \frac{1}{2}\varepsilon_0 c^2 B^2\right) + \boldsymbol{E}\cdot\boldsymbol{j} \quad (12.29)$$

と書ける．この式を (12.28) と比較することで，エネルギー密度の流れを表すベクトル $\boldsymbol{S}$ が

$$\boldsymbol{S} = \varepsilon_0 c^2\boldsymbol{E}\times\boldsymbol{B} \quad (12.30)$$

と表されることがわかり，エネルギー密度 u として，静電場，静磁場に対してすでに得ていた，

$$u = \frac{1}{2}\varepsilon_0 E^2 + \frac{1}{2}\varepsilon_0 c^2 B^2 \quad (12.31)$$

が導かれることがわかる[1)]．

(12.30) で与えられる $\boldsymbol{S}$ は**ポインティングベクトル**とよばれ，互いに平行ではない電場と磁場が存在する限り，電磁気的エネルギーに流れが生じることを示している．(電場や磁場が時間的に変動しなくても，エネルギーに流れがある，ということに注意しよう．)

本節までは，(12.31) の関係は，時間変化のない限定条件下で導かれた結

---

1) $\boldsymbol{S}$ と u として，(12.28) を満たす唯一の表式が (12.30) と (12.31) であることを証明したわけではない．数学的には他にも無数の可能な組み合わせがある．しかし，少なくとも現在まで，(12.30) と (12.31) はあらゆる観測事実と矛盾がないことがわかっており，そのため，完全に正しい関係式であると信じられている．エネルギーと質量の同等性から，(12.30) と (12.31) の正しさを重力の検出を通して実験的に検証できるはずだが，それは今後に待たれる．

果であって，また，7.3 節で注意したように，必ずしも厳密な結果でもなかったが，本節での導出によって，以前のエネルギー密度の表式が正しいことが示されたことに注意しよう．

例題 12.5

z 軸に平行なリード線を通して電源（電圧 V）を抵抗値 R の抵抗につないで定常電流 $I = V/R$ を流す．このとき，リード線の周りの電場 $\boldsymbol{E}$，磁場 $\boldsymbol{B}$，およびポインティングベクトル $\boldsymbol{S}$ を定性的に考え，リード線に垂直な（xy）断面上で図示せよ．リード線は十分長く，抵抗はゼロとする．

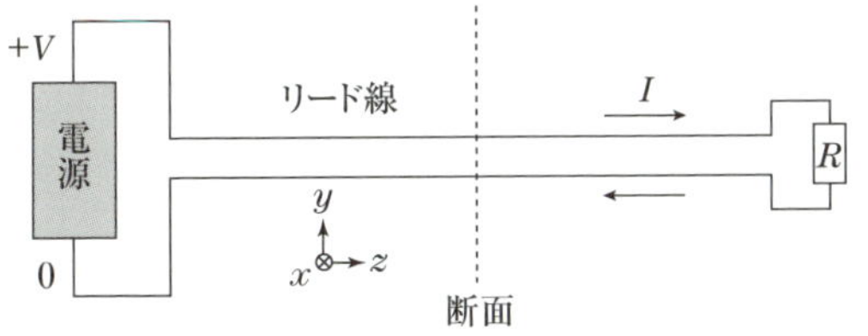

【解】 下図の通り，$\boldsymbol{E}$ と $\boldsymbol{B}$ は xy 面上のベクトルで互いに直交する（証明は読者に任せる）．$\boldsymbol{S} = \varepsilon_0 c^2 \boldsymbol{E} \times \boldsymbol{B}$ は z 成分しかもたず，電源から抵抗（$+z$ 方向）を向く．電源から出たエネルギーが空間を伝わって負荷の抵抗に至ることを示す．なお，エネルギーは最終的に抵抗で熱に変わる．

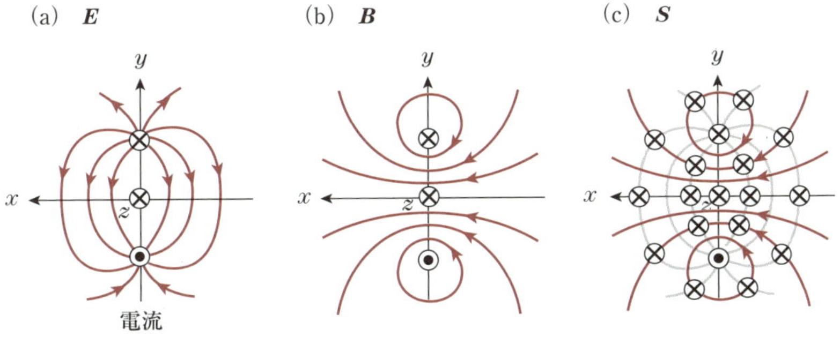

章末問題

12.1　磁束が一定の速さで増加して，コイルに一定の誘導起電力 $\mathcal{E}$ が生じている．このコイルをコンデンサーにつなぎ，コンデンサーには起電力によって電荷 $\pm Q$（電気容量を C として $Q = C\mathcal{E}$）が蓄えられ，回路には電流が流れていない．コンデンサー内には電荷 $\pm Q$ によって図のように下向きの電場が生じており，誘導電場の向きと同じく時計回りの電場の積分に寄与しそうである．したがって，周回積分すると起電力が2倍になってしまうように思われる．この考え方の間違いはどこにあるのか，定性的に説明せよ．

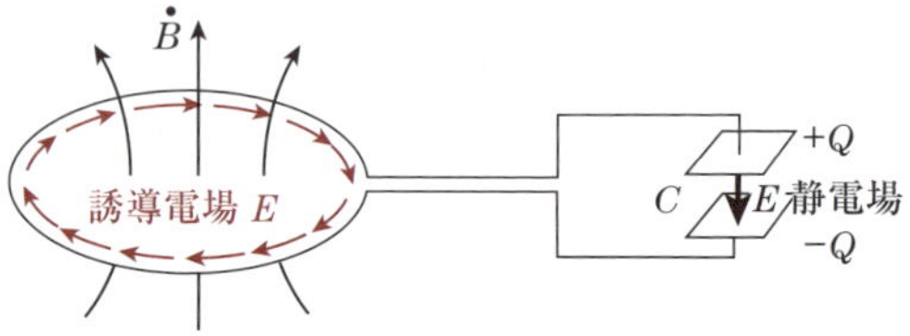

12.2　自己インダクタンス L のコイルを抵抗 R とスイッチを通して起電力 V_0 の電池につなぐ．時刻 $t = 0$ にスイッチを閉じたとき，時刻 t における電流が $I = \dfrac{V_0}{R}\left(1 - e^{-\frac{R}{L}t}\right)$ となることを示せ．

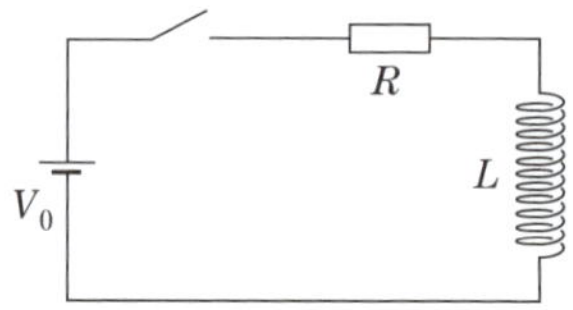

12.3　断面積 S，長さ l，単位長さ当たりの巻き数 n のソレノイドを用意し，中に透磁率 μ の鉄心を入れると，自己インダクタンス L はどうなるか．

12.4　n 個のコイル（図12.8）があるとき，任意の i 番目と j 番目の2つのコイル C_i と C_j の相互インダクタンス M_{ij} と M_{ji} が互いに等しいことを示せ．図には C_i と C_j のみ描いてある．

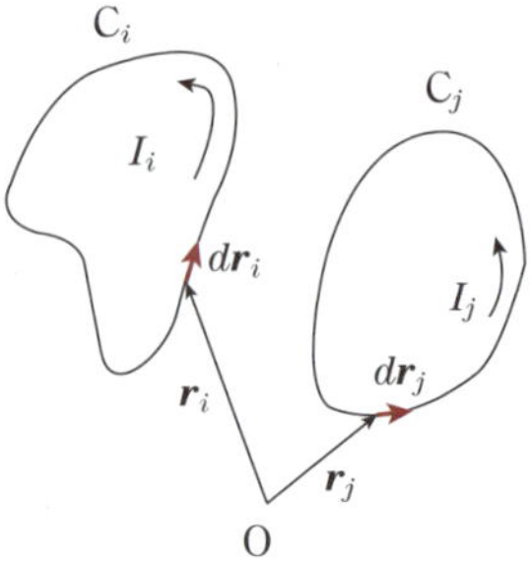

12.5　同軸線に一定電圧 V が印加されて電流 I が流れている．章末問題 9.4 で求めた電場と磁場に対する結果を用いて，同軸線内のエネルギーの流れを考える．

(1)　ポインティングベクトル $\boldsymbol{S}$ が図のように同軸線に沿って電源から負荷の方向を向くことを示せ．図では，紙面奥に電源，手前に負荷がある．中心導体をプラス（左）にしてもマイナス（右）にしても結果は同じである．（中心導体の ⊙，⊗の記号は電流の向きを表す．）

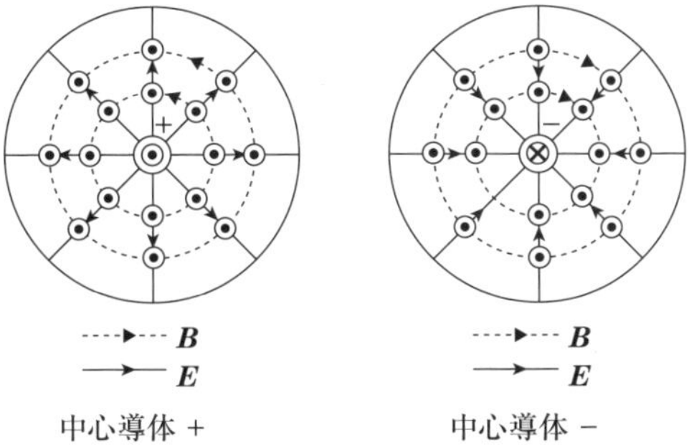

(2)　$\boldsymbol{S}$ を同軸線の断面で積分することで，導体中を流れるエネルギー流が IV（電源から供給される電力）に一致することを示せ．

12.6　幅 w の十分長い 2 枚の導体平板が小さな間隔 $d\,(\ll w)$ で平行に置かれ，一端が起電力 V の電源につながれ，他端が抵抗シート（抵抗 R）につながれている．2 枚の導体平板に挟まれた空間の電場 $\boldsymbol{E}$ と磁場 $\boldsymbol{B}$ を求め，さらにポインティングベクトル $\boldsymbol{S}$ によってエネルギーの流れを説明せよ．

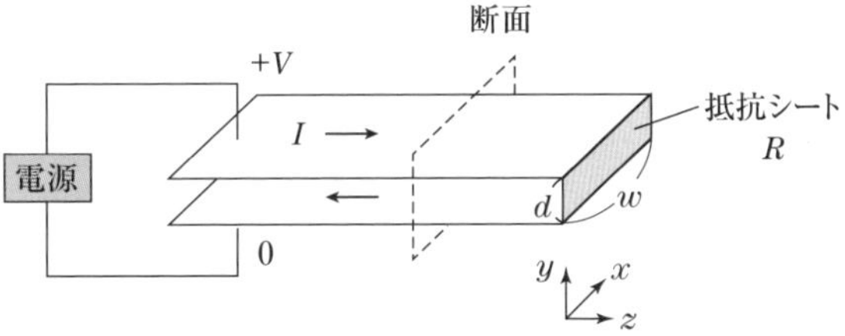

12.7　図のような，面積 S，巻き数 N のコイルが一様な磁場 $\boldsymbol{B}$ の中に置かれている．このコイルを $\boldsymbol{B}$ に対して垂直な軸の周りで角速度 ω で回転させるとき，コイルの両端に現れる起電力を求めよ．

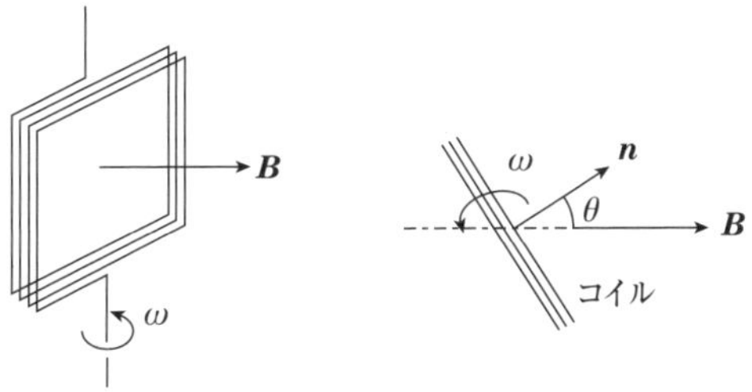

第 13 章

電 磁 波

電場と磁場が相互に影響を及ぼし合って生じる最も顕著な現象が，電場と磁場の変動が空間を伝わる電磁波である．マクスウェル方程式から出発して電磁波の基本的性質を明らかにすることで，電磁気学の成り立ちについての理解を深める．

13.1　波動方程式

電荷密度 ρ も電流密度 $\boldsymbol{j}$ も存在しない真空では，磁場が時間変化すると電場をつくり，電場が時間変化すると磁場をつくる，という過程を繰り返すことで電磁波が生じることは 2.3 節で述べた．真空中の電磁波は，マクスウェル方程式，

$$\nabla \cdot \boldsymbol{E} = 0 \qquad ①_v$$

$$\nabla \times \boldsymbol{E} = -\frac{\partial \boldsymbol{B}}{\partial t} \qquad ②$$

$$\nabla \cdot \boldsymbol{B} = 0 \qquad ③$$

$$c^2 \nabla \times \boldsymbol{B} = \frac{\partial \boldsymbol{E}}{\partial t} \qquad ④_v$$

の解である．

①$_v$，②，③，④$_v$の連立方程式を解くために，まず電場だけの式を導こう．②の両辺のローテーションをつくると，右辺は④$_v$により $-\frac{\partial}{\partial t}\nabla \times \boldsymbol{B} = -\frac{1}{c^2}\frac{\partial^2 \boldsymbol{E}}{\partial t^2}$ となる．左辺は，ベクトル解析の公式（4.4 節の例題 4.3 を参照）から $\nabla \times (\nabla \times \boldsymbol{E}) = \nabla(\nabla \cdot \boldsymbol{E}) - \nabla^2 \boldsymbol{E}$ となり，右辺の第 1 項は ①$_v$よりゼロなので $\nabla \times (\nabla \times \boldsymbol{E}) = -\nabla^2 \boldsymbol{E}$ となる．したがって，

$$\nabla^2 \boldsymbol{E} = \frac{1}{c^2}\frac{\partial^2 \boldsymbol{E}}{\partial t^2} \tag{13.1}$$

を得る．

次に，④$_\text{v}$の両辺のローテーションをつくり，② の場合と同様に，ベクトル解析の公式と ②，③ を使うことで

$$\nabla^2 \boldsymbol{B} = \frac{1}{c^2}\frac{\partial^2 \boldsymbol{B}}{\partial t^2} \tag{13.2}$$

を得る．

このように，電場と磁場の各成分 E_x，E_y，E_z，B_x，B_y，B_z は，すべて同じ形の方程式を満たす．電場，磁場の成分を変数 ψ（プサイ）で代表すれば，

$$\boxed{\nabla^2 \psi = \frac{1}{c^2}\frac{\partial^2 \psi}{\partial t^2}} \tag{13.3}$$

であり，この式は**3 次元の波動方程式**とよばれる．なお，左辺のラプラシアンを直交座標成分で書き下せば，

$$\frac{\partial^2 \psi}{\partial x^2} + \frac{\partial^2 \psi}{\partial y^2} + \frac{\partial^2 \psi}{\partial z^2} = \frac{1}{c^2}\frac{\partial^2 \psi}{\partial t^2}$$

となる．

(13.3) には無数の多様な解が存在するが，ここではまず，空間に対して x だけの関数 $\psi = \psi(x)$ で表される 1 次元の波動方程式，

$$\frac{\partial^2 \psi}{\partial x^2} = \frac{1}{c^2}\frac{\partial^2 \psi}{\partial t^2} \tag{13.4}$$

を考えよう．この波動方程式の解は x と t の関数 $\psi(x, t)$ だが，変数 x と変数 t が，必ず $x - ct$ または $x + ct$ の組み合わせで出てくることが示せる．つまり，ψ は $x - ct$ の関数 $g_1(x - ct)$ または $x + ct$ の関数 $g_2(x + ct)$，またはその和

$$\psi = g_1(x - ct) + g_2(x + ct) \tag{13.5}$$

で必ず表されるのである．

まず，g_1 や g_2 が $x-ct$ や $x+ct$ のどんな関数であっても，(13.5) が (13.4) の解となっていることを示そう．そのために，ψ を (13.4) に代入して x と t に関する2階偏微分をつくる際，変数 x と t を，

$$\gamma = x - ct, \qquad \tau = x + ct$$

に変換して $\psi = g_1(\gamma) + g_2(\tau)$ と表せば，ψ の x による1階偏微分は

$$\frac{\partial \psi}{\partial x} = \frac{\partial}{\partial x}(g_1 + g_2) = \frac{\partial g_1}{\partial \gamma}\frac{\partial \gamma}{\partial x} + \frac{\partial g_2}{\partial \tau}\frac{\partial \tau}{\partial x}$$

となるが，$\dfrac{\partial \gamma}{\partial x} = 1$，$\dfrac{\partial \tau}{\partial x} = 1$ なので $\dfrac{\partial \psi}{\partial x} = \dfrac{\partial g_1}{\partial \gamma} + \dfrac{\partial g_2}{\partial \tau}$ を得る．

以下では，表記を簡単にするために，g_1，g_2 の γ，τ による1階 (2階) 偏微分を，それぞれ g_1'，g_2' (g_1''，g_2'') と書くことにすると，いま導いた結果は $\dfrac{\partial \psi}{\partial x} = g_1' + g_2'$ となる．

続いて，x による2階偏微分も同様に求まり，

$$\frac{\partial^2 \psi}{\partial x^2} = \frac{\partial}{\partial x}(g_1' + g_2') = \frac{\partial g_1'}{\partial \gamma}\frac{\partial \gamma}{\partial x} + \frac{\partial g_2'}{\partial \tau}\frac{\partial \tau}{\partial x} = g_1'' + g_2''$$

となる．t に関する1階偏微分は，$\dfrac{\partial \gamma}{\partial t} = -c$，$\dfrac{\partial \tau}{\partial t} = c$ を考慮して

$$\frac{\partial \psi}{\partial t} = \frac{\partial}{\partial t}(g_1 + g_2) = \frac{\partial g_1}{\partial \gamma}\frac{\partial \gamma}{\partial t} + \frac{\partial g_2}{\partial \tau}\frac{\partial \tau}{\partial t} = -cg_1' + cg_2'$$

となり，2階偏微分は

$$\frac{\partial^2 \psi}{\partial t^2} = \frac{\partial}{\partial t}(g_1' + g_2') = -c\frac{\partial g_1'}{\partial \gamma}\frac{\partial \gamma}{\partial t} + c\frac{\partial g_2'}{\partial \tau}\frac{\partial \tau}{\partial t} = c^2(g_1'' + g_2'')$$

となる．これで，(13.4) が満たされることがわかった．さらに，逆もまた成立する．つまり，(13.4) の解が存在するなら，必ず (13.5) の形で表されることが示せる．その証明を章末問題13.1にしてある．

ここでは，1次元の波動方程式の解

$$\psi = g_1(x - ct) + g_2(x + ct)$$

の性質を調べよう．

第1項目の $g_1(x-ct)$ は，時刻 $t = t_1$ が決まれば，$g_1(x - ct_1)$ で表される

x の関数である．その関数が，図 13.1 の実線の波形で表されるとすると，別の時刻 t_2 における関数 $g_1(x - ct_2)$ は，破線で表すように，t_1 での波形が x 方向に $c(t_2 - t_1)$ だけずれたものになる．つまり，$g_1(x - ct)$ は時刻とともに速さ c で $+x$ 方向に進む波を表す．一方，第 2 項目の $g_2(x + ct)$ は，速さ c で $-x$ 方向に進む波を表す．

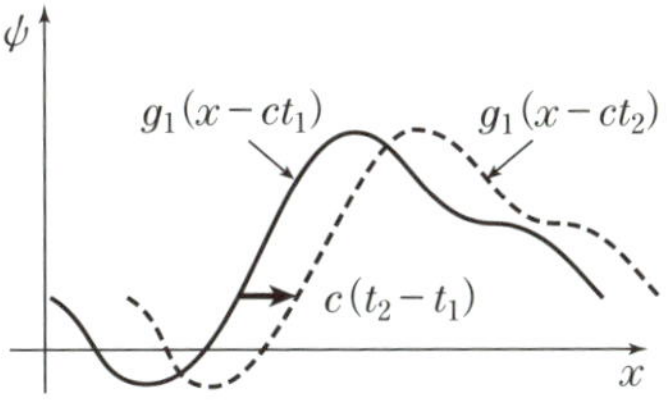

図 13.1 1 次元の波動関数の解 $\psi = g_1(x - ct)$

このように，(13.4) の波動方程式は速さ c で進む波を表し，この波を**電磁波**とよぶ．このことから，マクスウェル方程式に現れる光速 c は，実際に光（電磁波）の伝播する速さであることがわかった[1]．

$+x$ 方向に進む波の形 g_1 はどんなものでもよいのだが，特に，それが三角関数

$$\psi = g_1(x - ct) = A\cos\left\{\frac{2\pi}{\lambda}(x - ct)\right\} \tag{13.6}$$

で表される場合を考えよう．ここで λ は**波長**であり，**波数**とよばれる $k = 2\pi/\lambda$ と**角振動数**とよばれる $\omega = kc = 2\pi c/\lambda$ を使えば

$$g_1 = A\cos(kx - \omega t)$$

と表せる．また，第 11 章の章末問題 11.6 と 11.7 ですでに触れたが，一般に複素指数関数[補足 A.8] が $e^{ix} = \cos x + i\sin x$ の形に表されることを用い，実数部だけが物理量に対応すると約束して，

$$g_1 = Ae^{i(kx - \omega t)}$$

と表すこともできる．なお，上記の解の中で $x - ct$ または $kx - \omega t$ を $x + ct$ または $kx + \omega t$ でおきかえれば，$-x$ 方向に進む波 g_2 が得られることは

1）11.2 節で述べたように，誘電率 ε，透磁率 μ が一様な物質中にも同様に電磁波が存在し，速さ c'（ただし $c'^2 = 1/\varepsilon\mu$）で進む．

いうまでもない.

より一般的な解を求めるために，3次元の波動方程式 (13.3) に戻ろう．まず，1次元の解を拡張した

$$g = Ae^{i(k_x x + k_y y + k_z z - \omega t)} \tag{13.7}$$

を (13.3) に代入してみると，$\partial g/\partial x = ik_x g$，$\partial^2 g/\partial x^2 = -k_x{}^2 g$ および $\partial g/\partial t = -i\omega g$，$\partial^2 g/\partial t^2 = -\omega^2 g$ より $\left(k_x{}^2 + k_y{}^2 + k_z{}^2\right)g = \dfrac{\omega^2}{c^2}g$ となるので，$k = \sqrt{k_x{}^2 + k_y{}^2 + k_z{}^2}$ と書いて $k^2 = \omega^2/c^2$，つまり1次元の波動方程式の場合と同じ

$$k = \frac{\omega}{c} \tag{13.8}$$

の関係が成り立てば，(13.7) は確かに3次元の波動方程式を満たすことになる.

波数ベクトルとして $\boldsymbol{k} = (k_x, k_y, k_z)$ を用いれば，$\boldsymbol{r} = (x, y, z)$ を位置ベクトルとして (13.7) は

$$g = Ae^{i(\boldsymbol{k}\cdot\boldsymbol{r} - \omega t)}$$

と書ける．ここで，$\boldsymbol{k}\cdot\boldsymbol{r} - \omega t$ は**位相**とよばれる．$\boldsymbol{k}\cdot\boldsymbol{r}$ の値は波数ベクトル $\boldsymbol{k}$ に垂直な面上で同じ値をとるので，ある時刻の位相は，$\boldsymbol{k}$ に垂直な面上で同一であり，(13.7) は特に**平面波**とよばれる．また，微小時間 Δt に波が $\boldsymbol{k}$ 方向に $\Delta\boldsymbol{r}$ 進むとき，位相 $\boldsymbol{k}\cdot\boldsymbol{r} - \omega t$ の値は変化しないので $\boldsymbol{k}\cdot\Delta\boldsymbol{r} - \omega\Delta t = 0$ となり，$\boldsymbol{k}$ 方向に進む速さが $\Delta r/\Delta t = \omega/k = c$ であることがわかる.

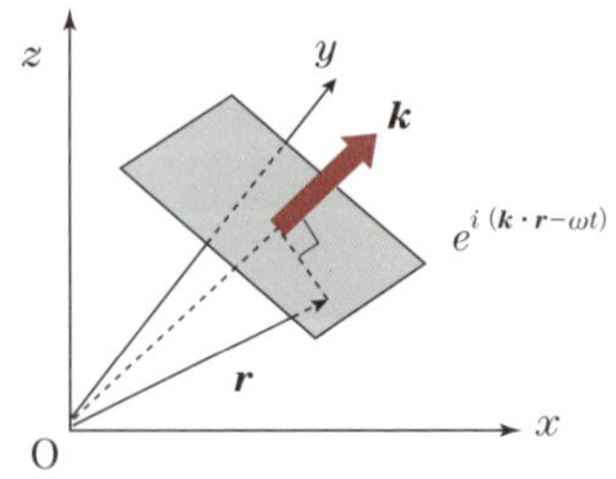

図 13.2 波数ベクトル $\boldsymbol{k}$

波数ベクトル $\boldsymbol{k}$ の大きさは (13.8) の制約を受けるが，向きは自由である．各成分 k_x，k_y，k_z は負の値をとることもできるので，$g_2 = Ae^{i(\boldsymbol{k}\cdot\boldsymbol{r} + \omega t)}$ を考える必要はない．波動方程式の解として，平面波 (13.7) を考えたが，現実には，

同一の位相をもつ面（同位相面）が球面や円筒で与えられ，球面波や円筒波等，無数の他の形の解が存在する．ただし，異なる角振動数 ω と，異なる方向の波数ベクトル $\boldsymbol{k}$ をもつ多数の平面波を加え合わせることによって，任意の形の波動解をつくることができるので，平面波 (13.7) を考えることで電磁波のほとんどの性質を理解することができるのである．

発展　マクスウェル方程式と光速

マクスウェル方程式に定数として現れる c が，実際に電磁波が進む速さであるという事実は驚くべきことである．我々の日常経験によれば，光が光速 c で進むとしても，例えば光速の半分の $c/2$ の速さで光を追いかけながら測れば光速は $c/2$ になるだろう．逆に，光に向かって $c/2$ で進むなら $3c/2$ になるだろう．

このように，観測される光の速さは，観測者の相対的な動きによって変化するはずである（ガリレイの速度変換則とよばれる）．したがって，それまでの常識では，マクスウェル方程式に現れる c は普遍定数ではなく，異なる慣性系に応じて値が変わるパラメーターにすぎないと思われていた．

地球の公転運動を利用してそれを検証しようとしたのが，マイケルソン-モーレーの実験（1887 年）である．しかし驚くべきことに，実験結果は光速が観測者（慣性系）の運動によっては一切変化しないことを示した．このことが，アインシュタインが時空の概念を考え直して特殊相対性理論をつくる出発点になったのである．

13.2　平面電磁波

平面波 (13.7) の解を，具体的に電場と磁場に当てはめて，さらに考察を進めよう．電場と磁場の平面波として

$$\boldsymbol{E}(\boldsymbol{r},t)=\begin{pmatrix}E_x(\boldsymbol{r},t)\\E_y(\boldsymbol{r},t)\\E_z(\boldsymbol{r},t)\end{pmatrix}=\begin{pmatrix}E_{0x}e^{i(\boldsymbol{k}\cdot\boldsymbol{r}-\omega t)}\\E_{0y}e^{i(\boldsymbol{k}\cdot\boldsymbol{r}-\omega t)}\\E_{0z}e^{i(\boldsymbol{k}\cdot\boldsymbol{r}-\omega t)}\end{pmatrix}=\boldsymbol{E}_0e^{i(\boldsymbol{k}\cdot\boldsymbol{r}-\omega t)} \tag{13.9}$$

$$\boldsymbol{B}(\boldsymbol{r},t)=\begin{pmatrix}B_x(\boldsymbol{r},t)\\B_y(\boldsymbol{r},t)\\B_z(\boldsymbol{r},t)\end{pmatrix}=\begin{pmatrix}B_{0x}e^{i(\boldsymbol{k}\cdot\boldsymbol{r}-\omega t)}\\B_{0y}e^{i(\boldsymbol{k}\cdot\boldsymbol{r}-\omega t)}\\B_{0z}e^{i(\boldsymbol{k}\cdot\boldsymbol{r}-\omega t)}\end{pmatrix}=\boldsymbol{B}_0e^{i(\boldsymbol{k}\cdot\boldsymbol{r}-\omega t)} \tag{13.10}$$

を考えよう．この解は，電場（磁場）の位相が $\boldsymbol{k}\cdot\boldsymbol{r}-\omega t$ であり，x，y，z 成分に共通である．一般には，各成分の位相が互いにずれていて，$\boldsymbol{k}\cdot\boldsymbol{r}-\omega t+\theta_x$，$\boldsymbol{k}\cdot\boldsymbol{r}-\omega t+\theta_y$，$\boldsymbol{k}\cdot\boldsymbol{r}-\omega t+\theta_z$ のようになっている解も可能であり，(13.9)，(13.10) は $\theta_x=\theta_y=\theta_z=0$ の特別な場合に対応するが，それは，電場（磁場）の方向が一定の**直線偏光**とよばれる電磁波（章末問題 13.2 を参照）を考えていることを意味する．

なお，θ_x，θ_y，θ_z の値が互いに異なる一般の電磁波は**楕円偏光**とよばれる．直線偏光が特殊であるといっても，任意の楕円偏光は異なる直線偏光の電磁波を重ね合わせることでつくることができるので，一般性を失うわけではない．

(13.9) と (13.10) が波動方程式 (13.3) を満たすことはすでにわかっているが，さらに，個々のマクスウェル方程式をそれぞれ満たさなければならない．そのことで，電場 $\boldsymbol{E}$ と磁場 $\boldsymbol{B}$ に対して付加的な条件が加わるのである．それを以下でみていこう．

まず，マクスウェル方程式 ①$_\mathrm{v}$の $\nabla\cdot\boldsymbol{E}=0$ を満たさなければいけないので，(13.9) を ①$_\mathrm{v}$に代入すると，$\nabla\cdot\boldsymbol{E}$ は $\dfrac{\partial E_x}{\partial x}=ik_xE_x$，$\dfrac{\partial E_y}{\partial y}=ik_yE_y$，$\dfrac{\partial E_z}{\partial z}=ik_zE_z$ となり，これは $\nabla\cdot\boldsymbol{E}=i\boldsymbol{k}\cdot\boldsymbol{E}$ と書くことができるので，

$$\boldsymbol{k}\cdot\boldsymbol{E}=0 \tag{13.11}$$

が要求される．(13.11) は，電場 $\boldsymbol{E}$ が波の進行方向 ($\boldsymbol{k}$) に対して垂直であること，つまり電場が横波であることを示している．

次に，③ の $\nabla\cdot\boldsymbol{B}=0$ を満たす必要があるので，(13.10) を③に代入して同様に整理すると，

$$\boldsymbol{k}\cdot\boldsymbol{B}=0 \tag{13.12}$$

を得る．つまり，磁場 $\boldsymbol{B}$ も横波であることを示している．

次に，② の $\nabla\times\boldsymbol{E}=-\partial\boldsymbol{B}/\partial t$ を考えよう．$\nabla\times\boldsymbol{E}$ の x，y，z 成分はそれぞれ，

$$(\nabla \times \boldsymbol{E})_x = \frac{\partial E_z}{\partial y} - \frac{\partial E_y}{\partial z} = ik_y E_z - ik_z E_y = i(k_y E_z - k_z E_y)$$

$$(\nabla \times \boldsymbol{E})_y = \frac{\partial E_x}{\partial z} - \frac{\partial E_z}{\partial x} = ik_z E_x - ik_x E_z = i(k_z E_x - k_x E_z)$$

$$(\nabla \times \boldsymbol{E})_z = \frac{\partial E_y}{\partial x} - \frac{\partial E_x}{\partial y} = ik_x E_y - ik_y E_x = i(k_x E_y - k_y E_x)$$

となるので，まとめて $\nabla \times \boldsymbol{E} = i\boldsymbol{k} \times \boldsymbol{E}$ と書ける．一方，$-\partial \boldsymbol{B}/\partial t$ の各成分は $-\dfrac{\partial B_x}{\partial t} = i\omega B_x$，$-\dfrac{\partial B_y}{\partial t} = i\omega B_y$，$-\dfrac{\partial B_z}{\partial t} = i\omega B_z$ [2] なので $-\dfrac{\partial \boldsymbol{B}}{\partial t} = i\omega \boldsymbol{B}$ となる．よって，② の $\nabla \times \boldsymbol{E} = -\partial \boldsymbol{B}/\partial t$ から $\boldsymbol{k} \times \boldsymbol{E} = \omega \boldsymbol{B}$，すなわち，

$$\boldsymbol{B} = \frac{1}{\omega} \boldsymbol{k} \times \boldsymbol{E} \tag{13.13}$$

を得る．

この式は，電場 $\boldsymbol{E}$ と磁場 $\boldsymbol{B}$ が垂直であることを示し，(13.11) と (13.12) を合わせて，結局，$\boldsymbol{E}$，$\boldsymbol{B}$，$\boldsymbol{k}$ のすべてが互いに垂直であることがわかる．また，$\boldsymbol{k}$ から $\boldsymbol{E}$ に右ネジを回したとき，$\boldsymbol{B}$ がネジの進む向きを向く．これは，$\boldsymbol{E}$ から $\boldsymbol{B}$ に右ネジを回したとき，ネジの進む向きに波が進む，といってもよい (図 13.3 を参照)．また，$\boldsymbol{E}$，$\boldsymbol{B}$，$\boldsymbol{k}$ が互いに直交することと，(13.8) の $k/\omega = 1/c$ より，$\boldsymbol{E}$ と $\boldsymbol{B}$ の大きさ E，B の比に対する条件

$$\frac{E}{B} = c \tag{13.14}$$

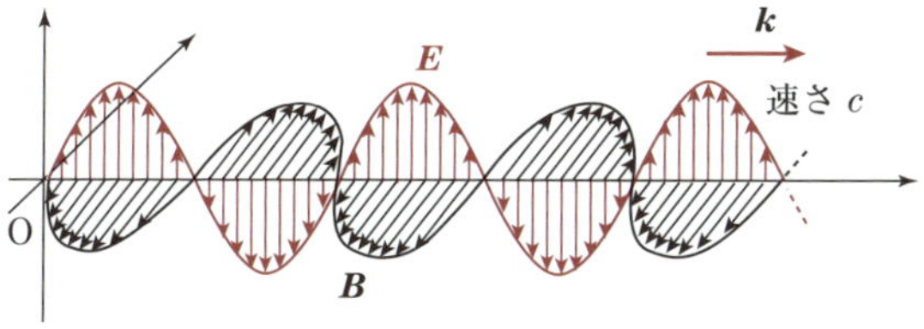

図 13.3 平面波

2) 平面波 (例えば $\boldsymbol{E} = \boldsymbol{E}_0 e^{i(\boldsymbol{k}\cdot\boldsymbol{r}-\omega t)}$) に対する ∇^2，$\nabla\cdot$，$\nabla\times$，$\partial/\partial t$ の演算は，それぞれ $(i\boldsymbol{k})^2 = (ik)^2$，$i\boldsymbol{k}\cdot$，$i\boldsymbol{k}\times$，$-i\omega$ を掛けることに等しい．つまり，演算子のナブラ ∇ は $i\boldsymbol{k}$ におきかえればよく，$\partial/\partial t$ は $-i\omega$ におきかえればよい．平面波の微分演算は，この対応のお陰でおおいに単純化される．

が得られる.

最後にマクスウェル方程式④が残ったが,④からは(13.13)が出てくるだけであり,新たな条件が加わることはない.それを確かめるのは読者に任せよう.

13.3 電磁気的エネルギー

(a) 進 行 波

一方向に伝播する波を**進行波**とよぶ.進行波として(13.9),(13.10)の平面電磁波を考え,電磁気的エネルギーの流れを,12.5節で導いたポインティングベクトル

$$\boldsymbol{S} = \varepsilon_0 c^2 (\boldsymbol{E} \times \boldsymbol{B})$$

から導こう.

まず,$\boldsymbol{S}$が波の進む方向($\boldsymbol{k}$の方向)を向くことが,(13.13)からわかる.また,$\boldsymbol{E}$と$\boldsymbol{B}$が直交することから,$\boldsymbol{S}$の大きさSは,電場と磁場の大きさEとBを使って,

$$S = \varepsilon_0 c^2 EB \tag{13.15}$$

と表される.さらに,(13.14)の$E = cB$を使って電場または磁場の一方だけで表せば,$S = \varepsilon_0 c E^2 = \varepsilon_0 c^3 B^2$となる.

電磁気的エネルギー密度が

$$u = \frac{\varepsilon_0}{2} E^2 + \frac{\varepsilon_0 c^2}{2} B^2 \tag{13.16}$$

で与えられることを思い出すと(12.5節の(12.31)を参照),電磁波では,(13.14)の$E = cB$なので,電気的エネルギー密度と磁気的エネルギー密度が等しい寄与をすることがわかる.また,(13.15)において(13.14),(13.16)より,$u = \varepsilon_0 E^2 = \varepsilon_0 c^2 B^2 = \varepsilon_0 cEB$に注意すれば

$$S = cu$$

を得る．このことから，密度 u の電磁気的エネルギーが，光速 c で移動していると考えてよいことがわかる．

(b) 定 在 波

逆向きの波数ベクトル $\boldsymbol{k}$，$-\boldsymbol{k}$ をもった強さの等しい2つの平面電磁波 g_1 と g_2 が共存する場合 g_1+g_2 を考えよう．記述を単純にするために，図13.4のように，$\boldsymbol{k}$ の向きを $+x$ 方向に，また，電場 $\boldsymbol{E}_1$，$\boldsymbol{E}_2$ と磁場 $\boldsymbol{B}_1$，$\boldsymbol{B}_2$ をそれぞれ z 軸方向と y 軸方向に選ぼう．

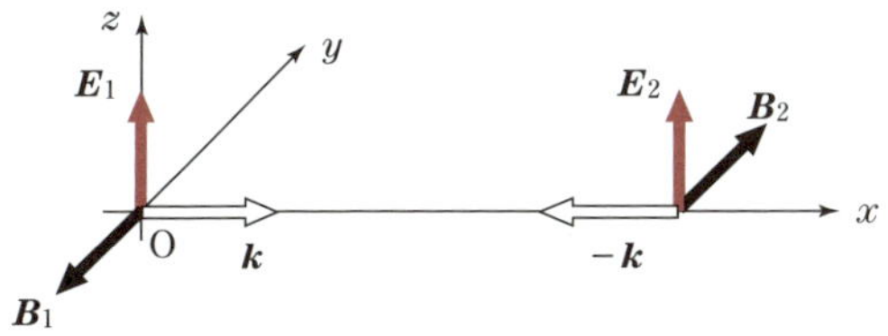

図 13.4 定在波

$\boldsymbol{k}=(k,0,0)$ と (13.9)，(13.10) 及び (13.13) より，g_1 と g_2 はそれぞれ

$$
g_1\begin{cases}\boldsymbol{E}_1=\begin{pmatrix}0\\0\\E_0\end{pmatrix}e^{i(kx-\omega t)}\\[2ex]\boldsymbol{B}_1=\begin{pmatrix}0\\-B_0\\0\end{pmatrix}e^{i(kx-\omega t)}\end{cases}\qquad g_2\begin{cases}\boldsymbol{E}_2=\begin{pmatrix}0\\0\\E_0\end{pmatrix}e^{i(-kx-\omega t)}\\[2ex]\boldsymbol{B}_2=\begin{pmatrix}0\\B_0\\0\end{pmatrix}e^{i(-kx-\omega t)}\end{cases}
$$

と書けて，g_1+g_2 により，

$$
E_z=E_0\,e^{-i\omega t}(e^{ikx}+e^{-ikx}),\qquad B_y=B_0\,e^{-i\omega t}(-e^{ikx}+e^{-ikx})
$$

となる．そして，$e^{-i\omega t}=\cos\omega t-i\sin\omega t$，$e^{ikx}+e^{-ikx}=2\cos kx$，$-e^{ikx}+e^{-ikx}=-2i\sin kx$ などに注意することで，実数部として，

$$
\begin{cases}E_z=2E_0\cos\omega t\cos kx\\B_y=-2B_0\sin\omega t\sin kx\end{cases}\tag{13.17}
$$

が得られる．この式は，逆向きに進む等価な進行波の重ね合わせによって，波の腹や節が動かない定在波が生じることを意味している．

さらに，(13.16) から，電場 E_z と磁場 B_y によるエネルギー密度 u_E，u_B がそれぞれ

$$u_E = \frac{\varepsilon_0}{2}{E_z}^2 = u_0 \cos^2 \omega t \cos^2 kx$$

$$u_B = \frac{\varepsilon_0 c^2}{2}{B_y}^2 = u_0 \sin^2 \omega t \sin^2 kx$$

と求まる．ただし，$u_0 = 2\varepsilon_0 {E_0}^2 = 2\varepsilon_0 c^2 {B_0}^2$ とした．

また，ポインティングベクトル $\boldsymbol{S} = \varepsilon_0 c^2(\boldsymbol{E} \times \boldsymbol{B})$ に (13.17) を代入すると，

$$S = -\varepsilon_0 c^2 E_z B_y = \frac{1}{2}u_0 c \sin 2\omega t \sin 2kx$$

が得られる．この式は周期関数を含んでいるので，ある時刻 t を考えると，エネルギーが $+x$ 方向に移動する場所と $-x$ 方向に移動する場所が存在することがわかる．また，ある場所 x を考えると，エネルギーが $+x$ 方向に移動する瞬間と $-x$ 方向に移動する瞬間が存在することもわかる．結局，この式は電場と磁場が最大となる場所の間を，エネルギーが往復運動することを表しているのである．

定在波を実際につくる単純で重要な方法は，入射する進行波 g_1 に対して鏡を垂直に置き，反射させて g_2 をつくることである．鏡が理想的な導体なら，鏡面の位置で電場がゼロとなり，6.3 節で述べた鏡像法と同様の考察により，鏡の位置を電場の節とする定在波が生じる．鏡面の位置では電場はゼロだが磁場が最大なので，振動磁場のエネルギーを吸収する磁気共鳴などの実験では，試料を鏡の位置に置く．また，振動電場のエネルギーを吸収する共鳴現象では，試料を鏡から 4 分の 1 波長離れた，電場が最大となる場所に置けばよい．

13.4　電磁波の発生

電磁波は自由空間を伝播するが，電磁波が進んできた道筋を逆に辿れば，必ず，電磁波が生成された源に辿りつく．源では電荷が運動しており，電荷になされる仕事によって電磁波が生み出され，空間に放出されているのである．12.1 節で，電流が時間変化すると電流源が仕事をし，その仕事によってエネルギーが磁場の形で空間に広がることを述べた．磁場が時間変化すれば電場が生じ，結局，電磁波となって自由空間を伝播していくのである．

電流が時間変化するということは，電荷が加速度運動をすることである．電荷の加速度運動の仕方に応じて，電磁波の発生には無数の形態があるが，本節では，理想化した条件に対して，電磁波が電流からどのようにつくりだされるのかを理解しよう．

13.1 節，13.2 節では，マクスウェル方程式を連立させて波動方程式を導き，その数学的な解として平面波を得た．以下では，このやり方とは異なり，波動方程式を使わずに，個々のマクスウェル方程式だけを用いて物理的に考察を進め，最終的に，平面波の解と同等の結論に至る．同じ結果に至るのに異なる経路を通ることで，電磁波に対する理解を深めることができる．

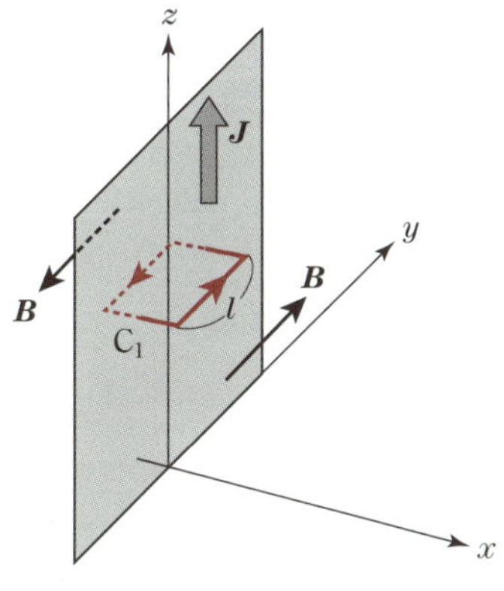

図 13.5　シート状電流近傍の磁場

図 13.5 の yz 平面上に時刻 $t = 0$ にシート状の電流（以下では面電流とよぶ）が $+z$ 方向に突然流れ始めたとする．面電流は無限に広い $x = 0$ の面上に一様に存在し，y 方向の単位幅当たりの電流（面電流密度）は J，電荷密度 ρ はゼロとする．

まず，この面電流が，その近傍の空間につくる磁場を求めよう．直線電流による磁場を求めたときと似た考察をすればよい．マクスウェル方程式 ④

の積分形を，図 13.5 に示すように，x，y 方向の辺の長さがそれぞれ $2\Delta x$，l の，面電流を貫く長方形ループ C_1 に適用すると，y 方向の磁場が得られる．つまり，$c^2\oint_{\mathrm{C}_1}\boldsymbol{B}\cdot d\boldsymbol{r} = \dfrac{1}{\varepsilon_0}I$（$I$ は C_1 を貫く電流で，また ④ に現れる電場の時間変化の項を無視しているが，それは以下で得られる結果によって正当化できる）より $c^2|B_y|\cdot 2\,l = Jl/\varepsilon_0$ であり，対称性より $x>0$ では $B_y>0$，$x<0$ では $B_y<0$ なので，

$$B_y = \begin{cases} \dfrac{J}{2\varepsilon_0 c^2} & (x>0) \\ -\dfrac{J}{2\varepsilon_0 c^2} & (x<0) \end{cases} \tag{13.18}$$

となる．同様なループを xz 面上で考えることで $B_z=0$ が導かれ，また，マクスウェル方程式 ③ の $\nabla\cdot\boldsymbol{B}=0$ と対称性より $B_x=0$ を導くことができる．したがって，磁場は z 成分や x 成分をもたず，(13.18) が磁場のすべてである．

ここまでの考察は静磁気の場合と変わらない．ここで，$t=0$ に電流を流し始めた，という事実のもつ意味を考えよう．電流を流し始める前（$t<0$）は，いたるところで磁場はゼロだったのである．電流を流し始めた瞬間（$t=0$）に磁場が発生し始めるのだが，$t=0$ の瞬間に (13.18) の磁場が，無限遠に至る全空間に突然発生することは不可能である[3]．電流を流し始めた瞬間には，電流の無限小の近傍に磁場が生じるだけであり，電流から離れた空間では，磁場はまだゼロである．そして，時間が経つにつれて，(13.18) の磁場の領域が $\pm x$ 方向に広がっていくはずである．その際の，広がる速さ v は未知としよう．（実際には，波動方程式によって $v=c$ であることがわかっているが，ここでは，あえてその結果は使わず，以下の考察の過程から $v=c$ が導

3)　どのような作用や情報も空間を有限の速さで伝わり，瞬時に（無限の速さで）伝わることはない．前者は「近接相互作用」，後者は「遠隔相互作用」とよばれる．過去に，「遠隔相互作用」が仮定されたこともあったが，現在では否定されている．さらに，作用が伝わる速さが光速 c を超えることはないことが，（特殊）相対性理論によって示されている．13.5 節の発展「変位電流は磁場をつくるのか」も参照のこと．

かれることを示そう．)

最初に，「面電流が，その近傍の空間につくる磁場を求める」と述べたが，そこでの近傍とは，$-vt < x < vt$ の領域だったわけである．図 13.6 に示すように，(13.18) の磁場は $-vt < x < vt$ の区間に存在し，その外側 ($x < -vt$, $x > vt$) には存在しない ($\boldsymbol{B} = \boldsymbol{0}$)．境目の $x = \pm vt$ が，速さ v で進行する磁場の波面となっている．

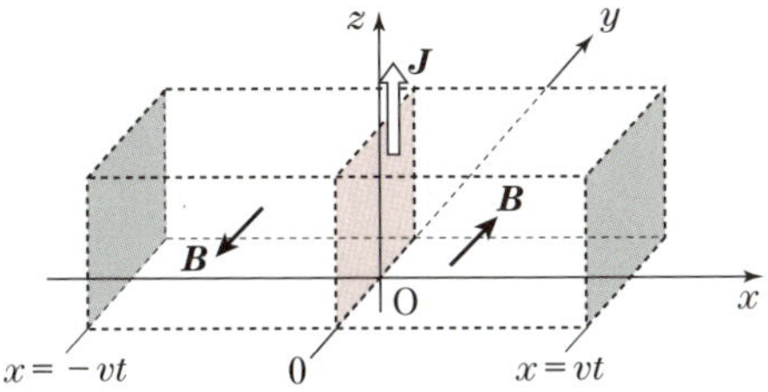

図 13.6　シート状電流によって生じる磁場

波面が通過する場所では，磁場がゼロから突然変化するため，マクスウェル方程式 ② によって，そこに電場がつくられる．図 13.7 (上) に示すように，波面 ($x = vt$) の内側と外側に z 方向の長さ h の辺をもつ長方形のループ C_2 を考え，C_2 に対してマクスウェル方程式 ② の積分形 $\int_{C_2} \boldsymbol{E} \cdot d\boldsymbol{r} = -\dfrac{d}{dt}\int_{S_2} \boldsymbol{B} \cdot \boldsymbol{n}\, dS$ を適用する．ループ内で，磁場の波面が速さ v で $+x$ 方向に進行するため，C_2 を貫く磁束が単位時間当たり $B_y hv$ で増大し，右辺は $-B_y hv$ となる．左辺は，領域の外側 ($vt < x$) には電場が到達せず $\boldsymbol{E} = \boldsymbol{0}$ であることに注意し，領域内部 ($x < vt$) の電場の z 成分を E_z として，$E_z h$ となる．したがって，$E_z h = -B_y hv$ より

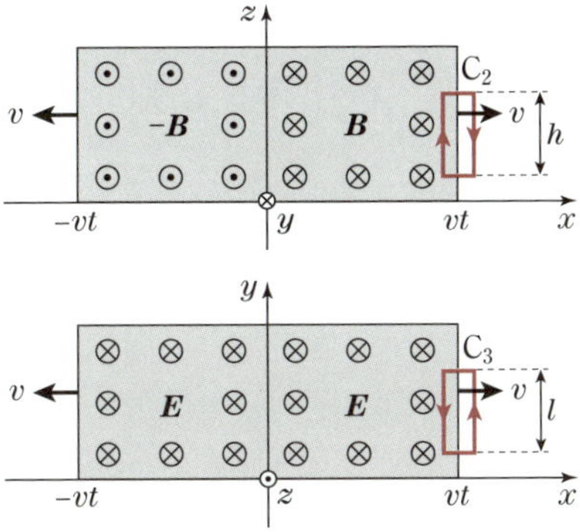

図 13.7　電場と磁場の領域の拡大

$$E_z = -vB_y$$

が得られ，$B_y = J/2\varepsilon_0 c^2$ を用いれば $E_z = -Jv/2\varepsilon_0 c^2$ となる．

このように，磁場の波面は，電場をつくりながら速さ v で進むのである．この結果は，ループ C_2 の片方の1辺を $-vt < x < vt$ のどこに置いても成り立つので，$-vt < x < vt$ の全領域で電場は等しく，電流に対して逆向きである．電場が z 成分以外の x 成分や y 成分をもたないことは，マクスウェル方程式 ① と対称性，さらに，② に対して C_2 と同様なループを xy 面上で考えることで示せる．また，電場が $-vt < x < vt$ の領域内では時間変化しないので，(13.18) の磁場を導く際に $\partial \boldsymbol{E}/\partial t$ の項を無視したことも正当化される．

次に，波面の進む速さ v を求めよう．そのために，波面において電場が時間変化し，その変化がマクスウェル方程式 ④ を通して磁場と関連することを考慮しよう．(変化する磁場から ② によって電場が生じたが，④ を考えれば，変化する電場から磁場が生じており，これら2つの効果のつじつまが合わなければいけない．)

図 13.7 (下) に示すように，波面 $(x = vt)$ の内側と外側に，y 方向に長さ l の辺をもつ長方形のループ C_3 を考え，C_3 に ④ の積分形 $c^2\oint_{C_3}\boldsymbol{B}\cdot d\boldsymbol{r} = \dfrac{d}{dt}\int_{S_3}\boldsymbol{E}\cdot\boldsymbol{n}\,dS$ を適用する (電流による項は，ループ C_3 を波面付近にとることで無視する)．ループ C_2 に対する議論と同様に $-c^2 B_y l = vlE_z$ が導かれ，

$$E_z = -\frac{c^2}{v}B_y$$

が得られる．この式と，すでに導いた $E_z = -vB_y$ から $v = c$ が結論でき，結局

$$E_z = -cB_y$$

または

$$E_z = -\frac{J}{2\varepsilon_0 c} \qquad (13.19)$$

が導かれる．

図 13.8 は得られた結果のすべてを示したものである．電場と磁場は (13.19) と (13.18) で与えられて直交しており，また，電場から磁場の向き

に右ネジを回したときに，右ねじが進む向きに波面が速さ c で進む．さらに，電場と磁場の大きさ E，B の比は

$$\frac{E}{B} = c$$

である．このように，13.2 節で平面電磁波に対して導かれたのと同じ結果が導かれた．

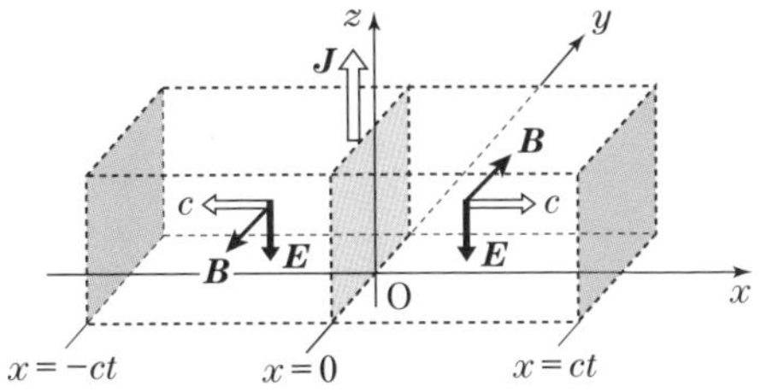

図 13.8　ステップ的電流による電磁波

波面の内側の領域 $(-ct < x < ct)$ では電場と磁場は一定であり，電場と磁場が生成されるのは波面においてである．当然ながら，電場と磁場の生成に要するエネルギーが，自然に波面に湧き出てくるわけではない．$x = 0$ の電流に対してされた仕事が，エネルギー流として空間を伝わって波面まで届けられるのである．そのことを以下で確かめよう．

波面での電場と磁場の生成に要する単位面積，単位時間当たりのエネルギーは，電磁気的エネルギー密度 (13.16) に速さ c を掛けた uc で与えられ，(13.18) と (13.19) より

$$uc = \frac{J^2}{4\varepsilon_0 c}$$

である．一方，$x = 0$ から波面に至る領域での単位面積当たりに運ばれているエネルギー流はポインティングベクトル $\boldsymbol{S} = \varepsilon_0 c^2(\boldsymbol{E} \times \boldsymbol{B})$ によって導かれ，(13.18) と (13.19) より

$$S_x = \frac{J^2}{4\varepsilon_0 c} \qquad (13.20)$$

であり，ちょうど波面で必要とするエネルギーに等しい．また，$x = 0$ では，(13.19) の電場に逆向きの電流 J に対して仕事がなされている．

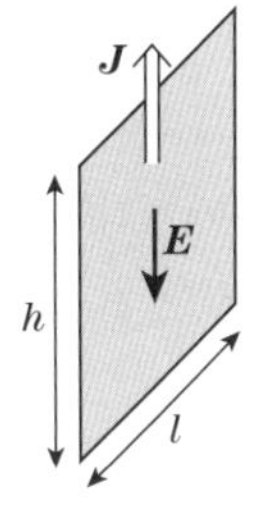

図 13.9　シート状の電流によって生じる逆向きの電場

幅 l，長さ h の電流シート（図 13.9）に対する仕事率は $P = IV = Jl \cdot E_x h$ に (13.19) を代入して得られるので，単位面積当たりの仕事率は

$$p = \frac{J^2}{2\varepsilon_0 c} \qquad (13.21)$$

となる．この値は (13.20) の S_x の 2 倍に等しく，$+x$ 方向と $-x$ 方向への 2 つのエネルギー流をまかなうためにちょうど必要な量であることがわかる．

このように，導体のシートに電流を流すと，そのことでなされる仕事が電磁波のエネルギーとして空間に放出され，光速で広がっていくのである．ここで，仮に導体のシートが抵抗がゼロの完全導体であっても，電流を流すと，エネルギーが電磁波として空間に放出されるために，(13.21) の仕事が必要であることに注意しよう（つまり，電流方向の上端と下端に電源をつなげて電圧を与える必要がある）．これは，仕事が必要であるという点では，抵抗をもつ導体に電流を流す場合と同様であり，(13.21) の仕事率に対応する抵抗値を求めることができる．

幅 l，長さ h のシート状の導体の抵抗 R は h に比例し，l に反比例するので，伝導特性を表す抵抗率（シート抵抗）は，R を h で割り，l を掛けて，$R_\square = lR/h$ で与えられる（正方形のシートの抵抗は，大きさに依らず同じであり，$R_\square$ で与えられる）．シート抵抗 $R_\square$ に面電流密度 J を生じるために必要な単位面積当たりの仕事率は

$$R_\square J^2$$

であり，これを (13.21) に等しいとして $R_\square = 1/2\varepsilon_0 c$ を得る．ただし，いま考えている仕事は，電磁波のエネルギーに変換され，抵抗のようにジュール熱に変換されるわけではない．そのため，この量を“抵抗”とよぶのは適切ではないので，**インピーダンス**とよんで

$$Z_\square = \frac{1}{2\varepsilon_0 c} = \frac{1}{2}\sqrt{\frac{\mu_0}{\varepsilon_0}}$$

と表す．これに真空の誘電率と光速の値を代入すれば，$Z_\square \fallingdotseq 189\ \Omega$[4] を得る．

この節で導いた電場と磁場は，$-ct < x < ct$ の領域内に着目すれば一定である（時間変化は波面の場所 $x = \pm ct$ だけで起こる）．ここまでの議論は，定常電流による静電気の議論と似ているため，読者は (13.9)，(13.10) のような振動する電場，磁場に比べて電磁波らしくない，と感じるかもしれない．しかし，この節で述べた現象を組み合わせれば，任意の電磁波が構成できるのである．それを以下で述べよう．

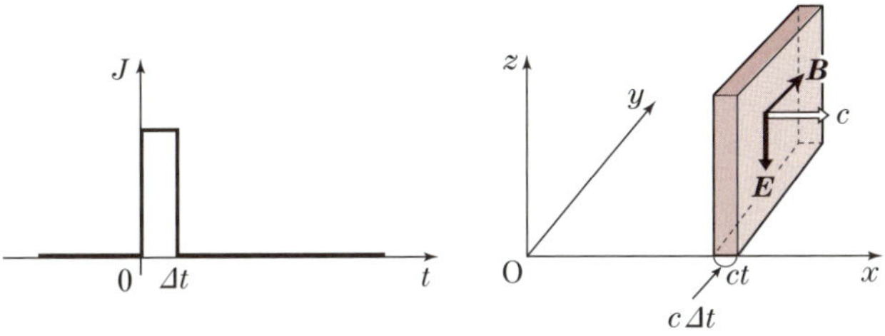

図 13.10 電流パルスによる電磁場の生成

図 13.10 (左) に示すように，$t = 0$ に電流を流し始めた後，$t = \varDelta t$ に電流をゼロに戻したら何が起こるだろうか．ここでは，$x > 0$ の領域について考えよう．このようなパルス的電流による結果を知るためには，$t = 0$ に流し始めた電流をそのままにしておき，$t = \varDelta t$ に逆向きの電流を流し，2 つの電流による効果の重ね合わせを考えるとわかりやすい．

逆向きの電流によって生じる電場と磁場は (13.18)，(13.19) で J を $-J$ にしたものであり，最初の電場，磁場と逆向きである．それらを重ね合わせることで，$0 < x < c(t - \varDelta t)$ の範囲の電場，磁場は打ち消し合って消える．

4) この量は，電磁波の放出や受信を行うアンテナの設計等にとって重要な，真空のインピーダンス（または，真空中の電磁波のインピーダンス，真正インピーダンス）とよばれる量，

$$Z_0 = \frac{1}{\varepsilon_0 c} = \sqrt{\frac{\mu_0}{\varepsilon_0}}$$

の 1/2 である．

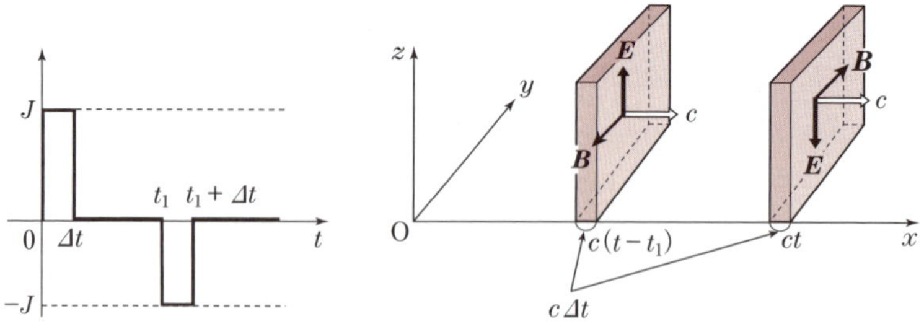

図 13.11 2 つの電流パルスによる電磁波の生成

図 13.10 (右) に示すように，電場と磁場は区間 $c(t-\Delta t)<x<ct$ だけ存在し，速さ c で空間を進んでいく．さらに続けて，図 13.11 (左) のように，$t=t_1$ から $t=t_1+\Delta t$ の $-J$ の電流パルスを与えると，同様な考察により，図 13.11 (右) に示すように，逆向きの電場と磁場をもった薄い塊が最初の塊を速さ c で追って進むことがわかる．

任意の電流パルスを与えたとき，生じる電場と磁場の向きは電流パルスの符号で決まり，その大きさは電流パルスの電流の大きさに比例する (関係は (13.18)，(13.19) で与えられる)．一方，正弦波の電流密度

$$J(t)=J_0\cos\omega t$$

は，図 13.12 (上) のように，微小時間 Δt に区分されたパルス列と考えるこ

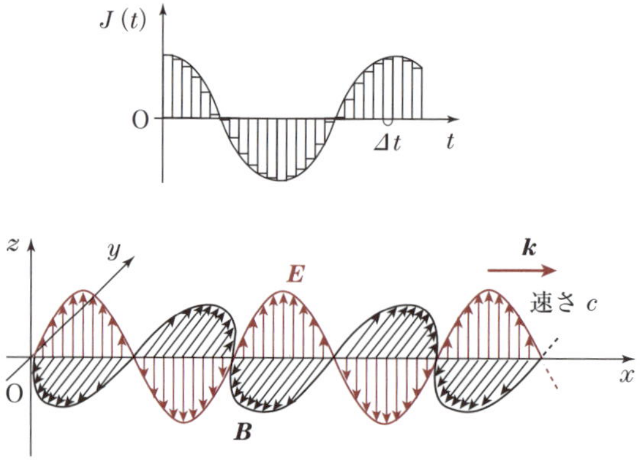

図 13.12 正弦波的な電流による電磁波の生成

とができる．

各パルスは，(13.18)，(13.19) に従って，大きさと符号が振動する電場と磁場をつくることになり，結局，図 13.12 (下) に示した，正弦波状の平面電磁波がつくられる．

このように，13.2 節で調べた平面電磁波は，無限の平面シートに正弦波的に振動電流を流すことでつくられるのである．

ここまでの考察から，波源の電流密度 $J(t)$ が任意の時間変化をするとき，$x(>0)$ だけ離れた場所の電場と磁場には，x/c だけの時間の遅れをもってその変化が伝わることがわかる．場所 x，時刻 t での磁場と電場の値 $B(x, t)$，$E(x, t)$ は時刻 $t-x/c$ の電流密度 $J(t-x/c)$ で決まり，(13.18) と (13.19) から

$$B_y(x, t) = \frac{J\left(t-\frac{x}{c}\right)}{2\varepsilon_0 c^2}, \qquad E_z(x, t) = -\frac{J\left(t-\frac{x}{c}\right)}{2\varepsilon_0 c}$$

で与えられるのである．

もし我々が，ある場所 $x = x_1$ で磁場（または電場）が図 13.13 (上) のように時間変化することを観測したとすると，そのことから，$x=0$ の波源の電流が，$\varDelta t = x_1/c$ だけ以前に，図 13.13 (下) のように同様な時間変化をしたことを我々は知るのである．これは素晴らしいことである．つまり，様々な電流の波形に情報を担わせ，それを電磁波の形で遠方に伝達することができるのである．

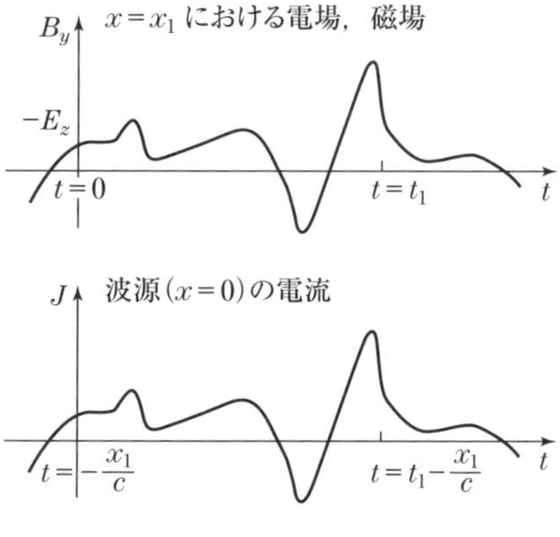

図 13.13　時間変化する波源の電流と電場，磁場

ここまでは，無限に広がった電

流シートを波源と考えたが，実際の電磁波は，決まった長さをもつアンテナや，極性分子のように，有限の領域内で運動する電荷を波源としてつくられる．そのため，波源から遠ざかるにつれて，電磁波のエネルギーが球面状に広がってエネルギー密度が球面の面積 r^2 に反比例して小さくなり，その結果，電場や磁場の大きさは r に反比例して減少する．しかし，$1/r$ に従う減衰はそれほど急激ではなく，実際上，いくらでも遠方まで電磁波が到達すると考えてよい．有限の大きさの波源の場合には，波源における電流の波形と，電場と磁場の波形は同一ではなく，次節で述べるようにもう少し複雑になる．しかし，波源の電流によって一意的に決まる信号が，電磁波として空間を速さ c で伝わっていくことに変わりはないのである．

我々の生活を支えるインターネット，携帯電話，テレビ，ラジオ，等々は，まさしく，この電磁波の性質を利用している．そして，話は地球上に限らない．一旦電磁波として放出された電磁波は，吸収されない限り，決して自然に消滅することはなく，空間をどこまでも，無限に伝わっていく．とてつもない遠方の波源からの電磁波を観察すれば，その分だけ遠い過去を知ることができる．事実，天文学者たちは，宇宙の最深部を観察することによって，宇宙のはじまり（ビッグバン理論によれば約130億年前）の姿を詳しく知ろうとしているのである．宇宙の始まりから現在にいたるまでの宇宙の歴史が，荷電粒子の運動を通して電磁波に刻まれ，壮大な物語として現在も空間に放出されて広がり続けているのである．

13.5 遅延ポテンシャル

本節では，電磁波だけでなく，静電気，静磁気，電磁誘導にも関わる電磁気学のより基本的な事柄として，任意の電荷密度 $\rho(\boldsymbol{r}, t)$ と電流密度 $\boldsymbol{j}(\boldsymbol{r}, t)$ によって生じる電場と磁場がどのように表されるのかについて述べる．具体的には，時間変化を含む完全なマクスウェル方程式 ① ～ ④ の解を，任意の

$\rho(\boldsymbol{r}, t)$, $\boldsymbol{j}(\boldsymbol{r}, t)$ に対して求めればよいのだが，ここでは実際に解くことはせず，あり得る解を類推した上で正しい結果を示し，さらにその意味を考えよう．

第5章と第9章で，電荷密度 $\rho(\boldsymbol{r})$ と電流密度 $\boldsymbol{j}(\boldsymbol{r})$ が時間変化しない場合には，静電ポテンシャル ϕ とベクトルポテンシャル $\boldsymbol{A}$ がそれぞれ (5.13) と (9.5) の

$$\phi(\boldsymbol{r}) = \frac{1}{4\pi\varepsilon_0}\int_{\mathrm{V}} \frac{\rho(\boldsymbol{r}')\,dV'}{|\boldsymbol{r}-\boldsymbol{r}'|}, \qquad \boldsymbol{A}(\boldsymbol{r}) = \frac{1}{4\pi\varepsilon_0 c^2}\int_{\mathrm{V}} \frac{\boldsymbol{j}(\boldsymbol{r}')}{|\boldsymbol{r}-\boldsymbol{r}'|}dV'$$

で与えられることを示した．これらの式は，ある位置 $\boldsymbol{r}$ の ϕ(または $\boldsymbol{A}$) が，空間のあらゆる場所の ρ(または $\boldsymbol{j}$) からの寄与によって生じることを示している．

前節までに得た知見から，位置 $\boldsymbol{r}'$ の ρ(または $\boldsymbol{j}$) の寄与が位置 $\boldsymbol{r}$ に伝達するためには，時間 $|\boldsymbol{r}-\boldsymbol{r}'|/c$ を要するはずである．したがって，時刻 t の $\phi(\boldsymbol{r}, t)$ (または $\boldsymbol{A}(\boldsymbol{r}, t)$) を得るために，同時刻 t の $\rho(\boldsymbol{r}', t)$ (または $\boldsymbol{j}(\boldsymbol{r}', t)$) の寄与を加え合わせてはいけない．位置 $\boldsymbol{r}'$ に応じて，伝達時間 $|\boldsymbol{r}-\boldsymbol{r}'|/c$ だけさかのぼった過去の時刻，$t' = t - |\boldsymbol{r}-\boldsymbol{r}'|/c$ の値を用いる必要がある．すなわち，(5.13) と (9.5) に時間変化を取り入れて

$$\begin{cases} \phi(\boldsymbol{r}, t) = \dfrac{1}{4\pi\varepsilon_0}\displaystyle\int_{\mathrm{V}} \frac{\rho\left(\boldsymbol{r}', t - \dfrac{|\boldsymbol{r}-\boldsymbol{r}'|}{c}\right)}{|\boldsymbol{r}-\boldsymbol{r}'|}dV' \\ \boldsymbol{A}(\boldsymbol{r}, t) = \dfrac{1}{4\pi\varepsilon_0 c^2}\displaystyle\int_{\mathrm{V}} \frac{\boldsymbol{j}\left(\boldsymbol{r}', t - \dfrac{|\boldsymbol{r}-\boldsymbol{r}'|}{c}\right)}{|\boldsymbol{r}-\boldsymbol{r}'|}dV' \end{cases} \tag{13.22}$$

とするべきである．

(13.22) はあくまで推論の結果であり，静電気と静磁気から得られる式に，ρ と $\boldsymbol{j}$ の時間変化の影響が伝わるために時間を要することによる修正を加えただけである．ところが，幸運なことに，時間変化の項を含む完全なマクスウェル方程式①～④を一般的に解くことによって得られる正しい解が，

(13.22) に見事に一致するのである[5)]．特に

$$t' = t - \frac{|\boldsymbol{r} - \boldsymbol{r}'|}{c} \tag{13.23}$$

を**遅延時間**とよび，(13.22) は**遅延ポテンシャル**とよばれる．

電場 $\boldsymbol{E}$ と磁場 $\boldsymbol{B}$ は，(13.22) からそれぞれ (12.2)，(12.3) の

$$\boldsymbol{B} = \nabla \times \boldsymbol{A}, \qquad \boldsymbol{E} = -\nabla\phi - \frac{\partial \boldsymbol{A}}{\partial t}$$

を用いて導かれる．電場 $\boldsymbol{E}(\boldsymbol{r}, t)$ と磁場 $\boldsymbol{B}(\boldsymbol{r}, t)$ は，遅延ポテンシャルの座標 $\boldsymbol{r}$ による偏微分 (ローテーションとグラディエント) をとることによって，電荷 $\rho(\boldsymbol{r}', t')$ と電流密度 $\boldsymbol{j}(\boldsymbol{r}', t')$，および，それらの時間微分係数 $\partial\rho(\boldsymbol{r}', t')/\partial t$，$\partial\boldsymbol{j}(\boldsymbol{r}', t')/\partial t$ からの寄与を含むことになる．実際に計算すると，章末問題 13.4 と 13.5 に示すように，

$$\begin{aligned}
\boldsymbol{E}(\boldsymbol{r}, t) &= \frac{1}{4\pi\varepsilon_0}\int_{\mathrm{V}} \rho(\boldsymbol{r}', t')\frac{\boldsymbol{r} - \boldsymbol{r}'}{|\boldsymbol{r} - \boldsymbol{r}'|^3}dV' + \frac{1}{4\pi\varepsilon_0}\int_{\mathrm{V}} \frac{1}{c}\frac{\partial\rho(\boldsymbol{r}', t')}{\partial t}\frac{\boldsymbol{r} - \boldsymbol{r}'}{|\boldsymbol{r} - \boldsymbol{r}'|^2}dV' \\
&\quad - \frac{1}{4\pi\varepsilon_0}\int_{\mathrm{V}} \frac{1}{c^2}\frac{\partial\boldsymbol{j}(\boldsymbol{r}', t')}{\partial t}\frac{1}{|\boldsymbol{r} - \boldsymbol{r}'|}dV' \\
\boldsymbol{B}(\boldsymbol{r}, t) &= \frac{1}{4\pi\varepsilon_0 c^2}\int_{\mathrm{V}} \boldsymbol{j}(\boldsymbol{r}', t') \times \frac{\boldsymbol{r} - \boldsymbol{r}'}{|\boldsymbol{r} - \boldsymbol{r}'|^3}dV' \\
&\quad + \frac{1}{4\pi\varepsilon_0 c^2}\int_{\mathrm{V}} \frac{1}{c}\frac{\partial\boldsymbol{j}(\boldsymbol{r}', t')}{\partial t} \times \frac{\boldsymbol{r} - \boldsymbol{r}'}{|\boldsymbol{r} - \boldsymbol{r}'|^2}dV'
\end{aligned} \tag{13.24}$$

が得られる．(13.24) は**ジェフィメンコ方程式**とよばれる．

(13.24) は，電場と磁場がつくられる原因が，電荷と電流 (および，それらの時間微分係数) にあることを示している．ある場所に電荷や電流が存在すると，その周りに電場や磁場をつくるのだが，その影響は光速 c で空間を伝

---

5) 数学的に，ϕ と $\boldsymbol{A}$ は一意的に決まらず任意性がある．静磁気ではクーロンゲージ ($\nabla \cdot \boldsymbol{A} = 0$) を適用して任意性を減らしたが，時間変化のあるここでの場合は，ローレンツ条件とよばれる制約 $\nabla \cdot \boldsymbol{A} + \dfrac{1}{c^2}\dfrac{\partial\phi}{\partial t} = 0$ を課すことで，(13.22) が得られる．

播していき（これを近接相互作用という），あらゆる場所に，そこに辿り着くのに要した時間だけ遅れた時刻に，電場と磁場をつくるのである．

発展　変位電流は磁場をつくるのか？

本書では，「磁場が時間変化すると電場が生じる」とか「電場が時間変化すると磁場が生じる」といった説明をしてきた．第 2 章でのマクスウェル方程式の説明から始まり，第 11 章の変位電流，第 12 章の誘導起電力，本章の電磁波など，随所でそのように述べてきた．ところが，(13.22)，(13.24) によれば，電場や磁場が，電荷と電流（およびそれらの時間変化）以外の原因でつくりだされることはあり得ない．つまり，電場（磁場）が磁場（電場）の時間変化でつくりだされることはあり得ない．それは，静電気・静磁気・電磁誘導・電磁波のすべてにわたる，電磁気学全体の結論である．では，本書のいままでの説明は間違っていたのか，一体どういうことなのかを，ここできちんと理解しておこう．

これまでと同じく，マクスウェル方程式に立ち返って考えよう．「磁場が時間変化すると電場が生じる」と考える根拠はマクスウェル方程式 ② であり，積分形を時間の変数を含めて書けば

$$\oint_{\mathrm{C}} \boldsymbol{E}(\boldsymbol{r}_{\mathrm{C}},\, t) \cdot d\boldsymbol{r} = -\frac{d}{dt}\int_{\mathrm{S}} \boldsymbol{B}(\boldsymbol{r}_{\mathrm{S}},\, t) \cdot \boldsymbol{n}\, dS$$

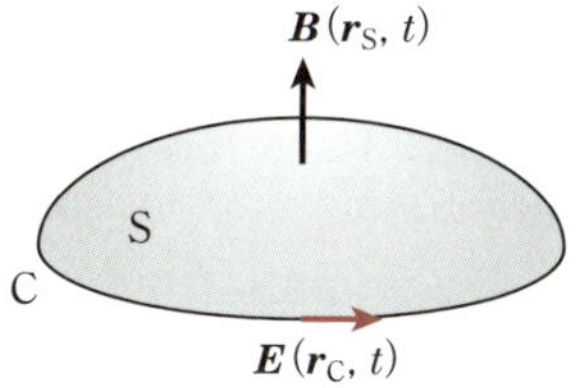

図 13.14　マクスウェル方程式 ②（積分形）に現れる $\boldsymbol{E}$ と $\boldsymbol{B}$

となる．これで問題点は明らかだろう．図 13.14 に示すように，左辺の $\boldsymbol{E}(\boldsymbol{r}_{\mathrm{C}},\, t)$ と右辺の $\boldsymbol{B}(\boldsymbol{r}_{\mathrm{S}},\, t)$ は，それぞれループ C 上と，面 S 上という，異なる場所の量であるにもかかわらず，同一時刻 t の値である．したがって，近接相互作用の観点から，一方が他方の原因であることはあり得ない（でなければ，信号が瞬時に（無限の速さで）空間に伝播する遠隔相互作用を仮定することになる）．

事実は，こうである．電場や磁場（および，それらの時間微分係数）は，(13.24) が示すとおり，過去に全空間に分布したすべての電荷と電流（および，それらの時間微分係数）によってつくられる．そのようにしてつくられた電場と磁場は，互いの間に厳密な相関が存在し，同一時刻で ② を計算すると，左辺と右辺が厳密に一致するのである．このように，マクスウェル方程式 ② は式に現れる物理量の間の相関関係を記述しているのである．因果関係を表しているのではない．

マクスウェル方程式 ④ の

$$c^2\oint_C \boldsymbol{B}(\boldsymbol{r}_C, t)\cdot d\boldsymbol{r} = \frac{1}{\varepsilon_0}\int_S \boldsymbol{j}(\boldsymbol{r}_S, t)\cdot\boldsymbol{n}\,dS + \frac{d}{dt}\int_S \boldsymbol{E}(\boldsymbol{r}_S, t)\cdot\boldsymbol{n}\,dS$$

も同様である．右辺第2項の電場の時間変化（変位電流）は，時刻 t の磁場の生成に寄与しない．ここで間違えてはいけないのは，第1項の時刻 t の電流でさえ，左辺の（ループCの位置の）時刻 t の磁場をつくっているわけではないことである．電流はいずれは磁場をつくるが，それは，ある時間経過した後である．さらに，左辺の磁場には，面S以外の，空間の他のあらゆる場所の電流（および，その時間微分係数）が寄与するのであり，面S上の電流はC上の磁場の原因の一部に過ぎない．

一方，第2項の変位電流に戻ると，どれだけ時間が経過しても，磁場の生成に寄与することは決してない．そのことは，磁場を表す(13.24)が示している．繰り返すが，このように，④は同一時刻の，磁場，電場，電流密度の間の相関を記述しているのであって，因果関係を述べているのではない．

マクスウェル方程式を微分形で考えたらどうだろう．②の

$$\nabla\times\boldsymbol{E}(\boldsymbol{r}, t) = -\frac{\partial\boldsymbol{B}(\boldsymbol{r}, t)}{\partial t}$$

は，同一場所，同一時刻の電場と磁場に関するので，この式こそ，磁場の時間微分係数が，その場所の同一時刻の電場（のローテーション）をつくる証拠であるようにみえるかも知れない．しかしそうではない．位置 $\boldsymbol{r}$，時刻 t に電場と磁場をつくるのは，過去に全空間に分布した電荷と電流（および，それらの時間微分係数）である．その結果として，同一場所，同一時刻に生じた電場と磁場の間の関係を調べると，常に②が成り立つのである．④の

$$c^2\nabla\times\boldsymbol{B}(\boldsymbol{r}, t) = \frac{\partial\boldsymbol{E}(\boldsymbol{r}, t)}{\partial t} + \frac{\boldsymbol{j}(\boldsymbol{r}, t)}{\varepsilon_0}$$

も同様である．真空中を伝播する電磁波は，過去の時点に源の電流によってつくられたものであり，電場と磁場は，互いの相関関係を保って伝播していくのである．

このように，変位電流は磁場をつくるのか，と問われれば，厳密な因果関係の観点からは答えは否である．電磁誘導での，磁場の時間変化が電場をつくるのか，という問に対する答えも否である．しかし，磁束が時間変化するときには必ず②に従って電場が存在し，電場が時間変化するときには必ず④に従って磁場が存在する，という意味で，確かな相関関係が成り立つのである．

物理学の厳密な記述は，本来，数式によるしかない．日常言語による説明は，理解を助けるための補助であり，明らかに誤った推論に導く場合以外は，厳密さの追求はほどほどがよい．そこで本書では，あえて厳密な因果関係にはこだわらず，磁場（電場）の時間変化が電場（磁場）をつくる，という記述を気兼ねなく用いた．

ただし，必要な場合は，常にマクスウェル方程式に戻って，正確な意味を把握し直すことが望ましいのはいうまでもない．

章末問題

13.1　(13.5) の $\psi = g_1(x - ct) + g_2(x + ct)$ が (13.4) の 1 次元の波動方程式 $\dfrac{\partial^2 \psi}{\partial x^2} = \dfrac{1}{c^2}\dfrac{\partial^2 \psi}{\partial t^2}$ の一般解であることを示せ．

13.2　$+z$ 方向に進行する平面電磁波（波数ベクトル $\boldsymbol{k} = (0, 0, k)$）を考える．

(1)　(13.9) における電場が $\boldsymbol{k}$ に垂直な ($z = 0$) 面上の直線上を振動することを示せ．このような振動は直線偏光とよばれる．

(2)　電場としてそれぞれ x 成分と y 成分だけをもち，位相が互いに $\pi/2$ ずれている 2 つの電磁波を考える．つまり，$z = 0$ 面上での電場がそれぞれ $\boldsymbol{E}_1(\boldsymbol{r}, t) = \boldsymbol{E}_{10}\, e^{i(\boldsymbol{k}\cdot\boldsymbol{r} - \omega t)}$（ただし $\boldsymbol{E}_{10} = (E_{0x}, 0, 0)$）および $\boldsymbol{E}_2(\boldsymbol{r}, t) = \boldsymbol{E}_{20}\, e^{i(\boldsymbol{k}\cdot\boldsymbol{r} - \omega t - \pi/2)}$（ただし $\boldsymbol{E}_{20} = (0, E_{0y}, 0)$）で与えられる．これらを重ね合わせた電磁波の電場 $\boldsymbol{E}(\boldsymbol{r}, t) = \boldsymbol{E}_1(\boldsymbol{r}, t) + \boldsymbol{E}_2(\boldsymbol{r}, t)$ が，x 軸を長軸または短軸とする楕円軌道（楕円偏光）を描くこと，特に $E_{0x} = E_{0y}$ の場合は円軌道（円偏光）となることを示せ．

13.3　スカラーポテンシャル ϕ とベクトルポテンシャル $\boldsymbol{A}$ によって電場と磁場が $\boldsymbol{E} = -\nabla\phi - \dfrac{\partial \boldsymbol{A}}{\partial t}$，$\boldsymbol{B} = \nabla \times \boldsymbol{A}$ と表せることを用いて，マクスウェル方程式①〜④を ϕ と $\boldsymbol{A}$ で書き直せ．そのことで，②，③が自動的に満たされること，また，①，④から

$$\nabla^2\phi - \frac{1}{c^2}\frac{\partial^2 \phi}{\partial t^2} = -\frac{\rho}{\varepsilon_0} \tag{a}$$

$$\nabla^2\boldsymbol{A} - \frac{1}{c^2}\frac{\partial^2 \boldsymbol{A}}{\partial t^2} = -\frac{\boldsymbol{j}}{\varepsilon_0 c^2} \tag{b}$$

が導かれることを示せ．ただし，ϕ と $\boldsymbol{A}$ が $\nabla\cdot\boldsymbol{A} + \dfrac{1}{c^2}\dfrac{\partial \phi}{\partial t} = 0$ を満たす条件で考えよ．（これを**ローレンツゲージ**とよぶ．9.2 節で述べたように，$\boldsymbol{A}$ の選び方の任意性を利用して，$\nabla\cdot\boldsymbol{A}$ を任意のスカラー関数に選べるため，一般性を失うことなく，この条件を課すことができる．）

(a), (b) はマクスウェル方程式①～④と等価であり，遅延ポテンシャル (13.22) は，この2つの方程式 (a), (b) の一般解である．また，真空中 ($\rho = 0$, $\boldsymbol{j} = \boldsymbol{0}$) では (a), (b) の右辺がゼロとなり，電場 $\boldsymbol{E}$, 磁場 $\boldsymbol{B}$ と同様に3次元の波動方程式 (13.3) を満たすことになる．

13.4 遅延ポテンシャル (13.22) から，$\boldsymbol{E} = -\nabla\phi - \dfrac{\partial \boldsymbol{A}}{\partial t}$ を用いて電場に対するジェフィメンコ方程式 (13.24) を導け．

13.5 遅延ポテンシャル (13.22) から，$\boldsymbol{B} = \nabla \times \boldsymbol{A}$ を用いて磁場に対するジェフィメンコ方程式 (13.24) を導け．

章末問題解答

第 1 章

1.1 $jS\cos\theta$

1.2 $\rho = nq$, $\boldsymbol{j} = \rho\boldsymbol{v} = nq\boldsymbol{v}$, $I = jS = vSnq$

1.3 $\boldsymbol{A}\times\boldsymbol{B} = (A, 0, 0)\times(B\cos\theta, B\sin\theta, 0) = (0, 0, AB\sin\theta)$

1.4 平行6面体の体積 V は，$\boldsymbol{B}$ と $\boldsymbol{C}$ がつくる平行四辺形の面積を S，$\boldsymbol{B}\times\boldsymbol{C}$ と $\boldsymbol{A}$ がなす角度を θ とすると，$V = SA\cos\theta$ と表される．ここで S は $S = |\boldsymbol{B}\times\boldsymbol{C}|$ と書けることより，$V = |\boldsymbol{B}\times\boldsymbol{C}|A\cos\theta = \boldsymbol{A}\cdot(\boldsymbol{B}\times\boldsymbol{C})$ となる．

1.5 略．ただし，(1)，(2)，(7) は前問より明らか．

第 2 章

2.1 (1) $d\boldsymbol{r} = (dx, 0, 0)$ より $4ka^2b$　(2) $d\boldsymbol{r} = (0, dy, 0)$ より $9kab^2$

2.2 (1) $2\pi Rh$　(2) $-2\pi Rh\cos\theta$

2.3 $\int_S \boldsymbol{h}\cdot\boldsymbol{n}\,dS = \int_S h\cos\theta\,dS = \pi R^2 h\cos\theta$

2.4 各面を内側から外側へと貫く流束を別々に計算して和をとる．例えば，$y = 0$ については，$\boldsymbol{h}\cdot\boldsymbol{n} = (2kxyz, kx^2z, kx^2y)\cdot(0, -1, 0) = -kx^2z$ より

$$\int_S \boldsymbol{h}\cdot\boldsymbol{n}\,dS = -\int_0^2\int_0^2 kx^2z\,dx\,dz = -\int_0^2\left[\frac{kx^3}{3}\right]_0^2 z\,dz = -\int_0^2\frac{8kz}{3}dz = -\frac{16k}{3}$$

同様に，各面の流束から $\int_S \boldsymbol{h}\cdot\boldsymbol{n}\,dS = 21k$ を得る．

2.5 経路 a, b, c, d で，それぞれ $d\boldsymbol{r} = (dx, 0, 0)$，$(0, dy, 0)$，$(-dx, 0, 0)$，$(0, -dy, 0)$ となるので，

$$\int_a \boldsymbol{h}\cdot d\boldsymbol{r} + \int_b \boldsymbol{h}\cdot d\boldsymbol{r} + \int_c \boldsymbol{h}\cdot d\boldsymbol{r} + \int_d \boldsymbol{h}\cdot d\boldsymbol{r} = 0 + \int_0^1 k\,dy + \int_0^1 -2kx\,dx + 0 = 0$$

となる．

2.6 $$\frac{\text{クーロン力}}{\text{万有引力}} = \frac{e^2}{4\pi\varepsilon_0 r^2}\Big/\frac{Gm^2}{r^2} = \frac{1}{4\pi\varepsilon_0 G}\left(\frac{e}{m}\right)^2 = 4.2\times10^{42}$$

第 3 章

3.1 $\nabla\cdot\boldsymbol{h} = x + y + z$，$\nabla\times\boldsymbol{h} = (1 - y, 1 - z, 1 - x)$

3.2 (1) $$\int_{(0,0,0)}^{(2,2,2)} \nabla T \cdot d\boldsymbol{r} = \underset{(経路\,a)}{\int_0^2 \frac{\partial T}{\partial x} dx} + \underset{(経路\,b)}{\int_0^2 \frac{\partial T}{\partial y} dy} + \underset{(経路\,c)}{\int_0^2 \frac{\partial T}{\partial z} dz}$$
$$= 0 + 0 + \int_0^2 8k\,dz = 16k$$

(2) $$\underset{(経路\,d)}{\int_{(0,0,0)}^{(2,2,2)}} \nabla T \cdot d\boldsymbol{r} = \int_0^2 kx^4\,dx + \int_0^2 \frac{ky^4}{2} dy + \int_0^2 2\sqrt{2}\,k\,z^{3/2}\,dz = 16k$$

3.3 (1) $x=0$ と $x=2$ の面を貫く流束は打ち消し合う．$y=0$ と $y=2$ の面，および，$z=0$ と $z=2$ の面についても同様．発散はゼロ．

(2) $\nabla \cdot \boldsymbol{h} = 0$. したがって，$\int_S \boldsymbol{h} \cdot \boldsymbol{n}\,dS = \int_V (\nabla \cdot \boldsymbol{h})\,dV = 0.$

3.4 $\nabla \cdot \boldsymbol{h} = 2kyz$. x について 0 から 2 まで積分した $\int_V \nabla \cdot \boldsymbol{h}\,dV = \iint 4kyz\,dy\,dz$ を左右の直方体 ($0 \leqq y \leqq 2,\ 0 \leqq z \leqq 2$ と，$2 \leqq y \leqq 3,\ 0 \leqq z \leqq 1$) に分けて計算し，

$$\int_0^2 \int_0^2 4kyz\,dy\,dz + \int_0^1 \int_2^3 4kyz\,dy\,dz = \int_0^2 \Big[2ky^2\Big]_0^2 z\,dz + \int_0^1 \Big[2ky^2\Big]_2^3 z\,dz = 21k$$

となる．

3.5 $\nabla \times \boldsymbol{h} = 0$ より直ちに，$\oint_C \boldsymbol{h} \cdot d\boldsymbol{r} = \int_S (\nabla \times \boldsymbol{h}) \cdot \boldsymbol{n}\,dS = 0$ となる．

3.6

(1) $$\nabla r = \nabla \sqrt{x^2+y^2+z^2}$$
$$= \left(\frac{\partial}{\partial x}\sqrt{x^2+y^2+z^2},\ \frac{\partial}{\partial y}\sqrt{x^2+y^2+z^2},\ \frac{\partial}{\partial z}\sqrt{x^2+y^2+z^2}\right)$$
$$= \left(\frac{x}{\sqrt{x^2+y^2+z^2}},\ \frac{y}{\sqrt{x^2+y^2+z^2}},\ \frac{z}{\sqrt{x^2+y^2+z^2}}\right) = \frac{\boldsymbol{r}}{r}$$

(2) $$\nabla r^n = \left(\frac{\partial}{\partial x}\sqrt{x^2+y^2+z^2}^{\,n},\ \frac{\partial}{\partial y}\sqrt{x^2+y^2+z^2}^{\,n},\ \frac{\partial}{\partial z}\sqrt{x^2+y^2+z^2}^{\,n}\right)$$
$$= \left(\frac{n\sqrt{x^2+y^2+z^2}^{\,n-1}x}{\sqrt{x^2+y^2+z^2}},\ \frac{n\sqrt{x^2+y^2+z^2}^{\,n-1}y}{\sqrt{x^2+y^2+z^2}},\ \frac{n\sqrt{x^2+y^2+z^2}^{\,n-1}z}{\sqrt{x^2+y^2+z^2}}\right)$$
$$= nr^{n-1}\frac{\boldsymbol{r}}{r} = nr^{n-2}\boldsymbol{r}$$

(3) $$\nabla(\boldsymbol{a}\cdot\boldsymbol{r}) = \left(\frac{\partial}{\partial x}(a_x x + a_y y + a_z z),\ \frac{\partial}{\partial y}(a_x x + a_y y + a_z z),\ \frac{\partial}{\partial z}(a_x x + a_y y + a_z z)\right)$$
$$= (a_x,\ a_y,\ a_z) = \boldsymbol{a}$$

第 4 章

4.1 略.（ヒント：原点から離れた場所 (x_0, y_0, z_0) を通って z 軸に平行な中心軸をもつ微小な円筒を考えると，原点に近い側から流入する流束と，遠い側から流出する $\boldsymbol{h}$ の流束にわずかに差がある.）

4.2

(1) $$\nabla(TU) = \begin{pmatrix} \dfrac{\partial}{\partial x}(TU) \\ \dfrac{\partial}{\partial y}(TU) \\ \dfrac{\partial}{\partial z}(TU) \end{pmatrix} = \begin{pmatrix} \dfrac{\partial T}{\partial x}U \\ \dfrac{\partial T}{\partial y}U \\ \dfrac{\partial T}{\partial z}U \end{pmatrix} + \begin{pmatrix} T\dfrac{\partial U}{\partial x} \\ T\dfrac{\partial U}{\partial y} \\ T\dfrac{\partial U}{\partial z} \end{pmatrix} = (\nabla T)U + T(\nabla U)$$

(2) $$\nabla\cdot(T\boldsymbol{h}) = \frac{\partial T}{\partial x}h_x + T\frac{\partial h_x}{\partial x} + \frac{\partial T}{\partial y}h_y + T\frac{\partial h_y}{\partial y} + \frac{\partial T}{\partial z}h_z + T\frac{\partial h_z}{\partial z}$$
$$= (\nabla T)\cdot\boldsymbol{h} + T(\nabla\cdot\boldsymbol{h})$$

(3)
$$\nabla\times(T\boldsymbol{h}) = \begin{pmatrix} \dfrac{\partial}{\partial y}(Th_z) - \dfrac{\partial}{\partial z}(Th_y) \\ \dfrac{\partial}{\partial z}(Th_x) - \dfrac{\partial}{\partial x}(Th_z) \\ \dfrac{\partial}{\partial x}(Th_y) - \dfrac{\partial}{\partial y}(Th_x) \end{pmatrix} = \begin{pmatrix} \dfrac{\partial T}{\partial x} \\ \dfrac{\partial T}{\partial y} \\ \dfrac{\partial T}{\partial z} \end{pmatrix} \times \begin{pmatrix} h_x \\ h_y \\ h_z \end{pmatrix} + T\begin{pmatrix} \dfrac{\partial}{\partial x} \\ \dfrac{\partial}{\partial y} \\ \dfrac{\partial}{\partial z} \end{pmatrix} \times \begin{pmatrix} h_x \\ h_y \\ h_z \end{pmatrix}$$
$$= (\nabla T)\times\boldsymbol{h} + T(\nabla\times\boldsymbol{h})$$

4.3 $$\nabla\cdot\frac{\boldsymbol{r}}{r^3} = \left(\nabla\frac{1}{r^3}\right)\cdot\boldsymbol{r} + \frac{1}{r^3}\nabla\cdot\boldsymbol{r} = \left(-\frac{3}{r^4}\frac{\boldsymbol{r}}{r}\right)\cdot\boldsymbol{r} + \frac{3}{r^3} = 0$$

4.4 $$\nabla\cdot(\boldsymbol{h}_1\times\boldsymbol{h}_2) = \frac{\partial}{\partial x}(h_{1y}h_{2z} - h_{1z}h_{2y}) + \frac{\partial}{\partial y}(h_{1z}h_{2x} - h_{1x}h_{2z}) + \frac{\partial}{\partial z}(h_{1x}h_{2y} - h_{1y}h_{2x})$$
$$= \left(h_{2x}\frac{\partial h_{1z}}{\partial y} - h_{2x}\frac{\partial h_{1y}}{\partial z} + h_{2y}\frac{\partial h_{1x}}{\partial z} - h_{2y}\frac{\partial h_{1z}}{\partial x} + h_{2z}\frac{\partial h_{1y}}{\partial x} - h_{2z}\frac{\partial h_{1x}}{\partial y}\right)$$
$$- \left(h_{1x}\frac{\partial h_{2z}}{\partial y} - h_{1x}\frac{\partial h_{2y}}{\partial z} + h_{1y}\frac{\partial h_{2x}}{\partial z} - h_{1y}\frac{\partial h_{2z}}{\partial x} + h_{1z}\frac{\partial h_{2y}}{\partial x} - h_{1z}\frac{\partial h_{2x}}{\partial y}\right)$$

$$\boldsymbol{h}_2\cdot(\nabla\times\boldsymbol{h}_1) = h_{2x}\frac{\partial h_{1z}}{\partial y} - h_{2x}\frac{\partial h_{1y}}{\partial z} + h_{2y}\frac{\partial h_{1x}}{\partial z} - h_{2y}\frac{\partial h_{1z}}{\partial x} + h_{2z}\frac{\partial h_{1y}}{\partial x} - h_{2z}\frac{\partial h_{1x}}{\partial y}$$

$$\boldsymbol{h}_1\cdot(\nabla\times\boldsymbol{h}_2) = h_{1x}\frac{\partial h_{2z}}{\partial y} - h_{1x}\frac{\partial h_{2y}}{\partial z} + h_{1y}\frac{\partial h_{2x}}{\partial z} - h_{1y}\frac{\partial h_{2z}}{\partial x} + h_{1z}\frac{\partial h_{2y}}{\partial x} - h_{1z}\frac{\partial h_{2x}}{\partial y}$$

より，$\nabla\cdot(\boldsymbol{h}_1\times\boldsymbol{h}_2) = \boldsymbol{h}_2\cdot(\nabla\times\boldsymbol{h}_1) - \boldsymbol{h}_1\cdot(\nabla\times\boldsymbol{h}_2)$ を示した.

4.5 略.（ヒント：$\boldsymbol{h}$ の大きさが原点 O から離れた点では大きく，近い点では小さいので，どの点の周りで 1 周しても接線成分が残る.）

4.6 (1) $\nabla T = (2axyz, ax^2z, ax^2y)$

(2) $\nabla \cdot (\nabla T) = 2ayz$, $\nabla \cdot (\nabla T) = \dfrac{\partial^2 T}{\partial x^2} + \dfrac{\partial^2 T}{\partial y^2} + \dfrac{\partial^2 T}{\partial z^2}$ を使ってもよい.

(3) $\nabla \times (\nabla T) = (ax^2 - ax^2, 2axy - 2axy, 2axz - 2axz) = \mathbf{0}$ または, 恒等式 $\nabla \times (\nabla T) = \mathbf{0}$ を使ってもよい.

第 5 章

5.1 円環の微小線分 dl の電荷 $\lambda\, dl$ は点 P に大きさ $dE = \dfrac{1}{4\pi\varepsilon_0} \dfrac{\lambda\, dl}{r^2 + h^2}$ の電場をつくる. z 成分と xy 面内の成分は因子 $\cos\theta = \dfrac{h}{\sqrt{r^2 + h^2}}$, $\sin\theta = \dfrac{r}{\sqrt{r^2 + h^2}}$ がかかるが, xy 面上の成分は対称性から消失して z 成分だけが残るので, $E_z = E = \dfrac{\lambda r h}{2\varepsilon_0 (r^2 + h^2)^{3/2}}$ を得る.

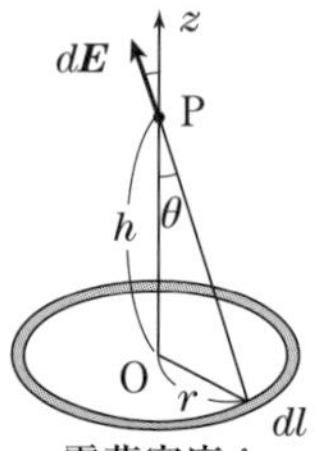

電荷密度 λ

5.2 面電荷シートを, 半径が $r = 0$ から $r \to \infty$ まで連続的に変化する円環状の線電荷の和とみなす. シート内の細長い幅 dr のひも状の領域は, 単位長さ当たり $\lambda = \sigma\, dr$ の線電荷密度をもつので, 章末問題 5.1 での λ を $\sigma\, dr$ でおきかえ, $r = 0$ から ∞ まで積分して

$$E = \int_0^\infty \frac{\sigma r h}{2\varepsilon_0 (r^2 + h^2)^{3/2}} dr = \left[-\frac{\sigma h}{2\varepsilon_0 (r^2 + h^2)^{1/2}} \right]_0^\infty = \frac{\sigma}{2\varepsilon_0}$$

となる.

5.3 微小線電荷 $\lambda \Delta z$ が距離 r の点につくる静電ポテンシャルは, 任意の点 r_0 を基準点として $\dfrac{\lambda\, dz}{4\pi\varepsilon_0}\left(\dfrac{1}{\sqrt{z^2 + r^2}} - \dfrac{1}{\sqrt{z^2 + r_0^2}} \right)$. z 軸に沿う積分から, $\phi(r) = \displaystyle\int_{-\infty}^{\infty} \frac{\lambda}{4\pi\varepsilon_0} \left(\frac{1}{\sqrt{z^2 + r^2}} - \frac{1}{\sqrt{z^2 + r_0^2}} \right) dz$. $1/\sqrt{z^2 + r^2}$ の原始関数 $\log|z + \sqrt{z^2 + r^2}|$ より,

$$\phi(r) = \frac{\lambda}{2\pi\varepsilon_0} \left[\log \frac{z + \sqrt{z^2 + r^2}}{z + \sqrt{z^2 + r_0^2}} \right]_0^\infty = -\frac{\lambda}{2\pi\varepsilon_0} \log \frac{r}{r_0}$$

を得る. ϕ が r だけの関数であるために $\boldsymbol{E}$ は放射状. 半径方向の成分は $\boldsymbol{E} = -\nabla\phi$ より $E_r = -\dfrac{d\phi}{dr} = \dfrac{\lambda}{2\pi\varepsilon_0 r}$. 第 5 章の例題 5.1 と同じ結果である.

5.4 yz 面上の電荷シート (面電荷密度 σ) を, z 方向に伸びた線電荷密度 $\lambda = \sigma\, dy$ の細長い幅 dy のひもの集りとみなす. シートに垂直方向 (x 方向) の電場は，例題 5.1 の結果で λ を $\sigma\,dy$ におきかえて $E_x(r) = \int_{-\infty}^{\infty} \frac{\sigma r}{2\pi\varepsilon_0(y^2 + r^2)}\,dy$.

$y = r\tan\theta$ より $E_x(r) = \int_{-\frac{\pi}{2}}^{\frac{\pi}{2}} \frac{\sigma r}{2\pi\varepsilon_0(r^2\tan^2\theta + r^2)} \frac{r}{\cos^2\theta}\,d\theta = \frac{\sigma}{2\varepsilon_0}$ となる.

5.5 電荷密度が x 座標だけの関数なので，ポアソン方程式は $\frac{\partial^2\phi}{\partial x^2} = -\frac{\rho(x)}{\varepsilon_0}$ となる．また，$x = 0$ に関して反対称なので，$x < 0$ の領域を考えれば十分である．領域 1：$x \leqq -a - w$，領域 2：$-a - w \leqq x \leqq -a$，領域 3：$-a \leqq x \leqq 0$ に分けての静電ポテンシャルをそれぞれ ϕ_1, ϕ_2, ϕ_3 とすれば，$\frac{\partial^2\phi_1}{\partial x^2} = 0$, $\frac{\partial^2\phi_2}{\partial x^2} = -\frac{\rho_0}{\varepsilon_0}$, $\frac{\partial^2\phi_3}{\partial x^2} = 0$. ϕ の基準点を $x = 0$（つまり $\phi_3(0) = 0$）とし，境界条件として無限遠方で ϕ が有限値をとるとして，$\phi_1(x) = C_1$，$\phi_2(x) = -\frac{\rho_0}{2\varepsilon_0}x^2 + C_2 x + C_3$, $\phi_3(x) = C_4 x$ を得る.

ここで，$\phi(x)$ および $\frac{\partial\phi(x)}{\partial x}$ の境界での連続条件から，係数 C_1〜C_4 が以下のとおり決まり，$\phi(x)$ と $E(x)$ が求まる．（ちなみに，$\frac{\partial\phi(x)}{\partial x}$ の連続性は，

$$\left(\frac{\partial\phi(x)}{\partial x}\right)_{x+\varDelta x} - \left(\frac{\partial\phi(x)}{\partial x}\right)_x = -\frac{1}{\varepsilon_0}\int_x^{x+\varDelta x} \rho(x)\,dx$$

と書ける一方，$\rho(x)$ が無限大となる特異点をもたないためにいえる.）

$\phi_1(x) = \frac{w(2a + w)}{2}\frac{\rho_0}{\varepsilon_0}$,　$E_1(x) = 0$,　$\phi_2(x) = \left\{-\frac{x^2}{2} - (a + w)x - \frac{a^2}{2}\right\}\frac{\rho_0}{\varepsilon_0}$,

$E_2(x) = (x + a + w)\frac{\rho_0}{\varepsilon_0}$,　$\phi_3(x) = -wx\frac{\rho_0}{\varepsilon_0}$,　$E_3(x) = w\frac{\rho_0}{\varepsilon_0}$.

$x > 0$ の領域も同様に求めればよく，図のようになる.

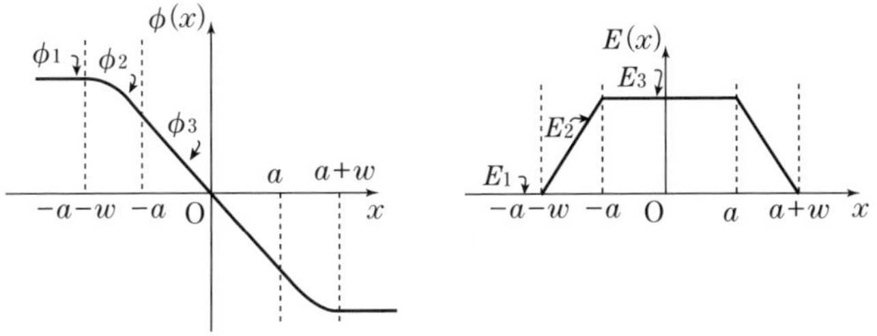

第 6 章

6.1 電子雲が中心から距離 d の位置につくる電場は (6.12) より $E_d = \dfrac{Q}{4\pi\varepsilon_0}\left(\dfrac{d}{R}\right)^3 \dfrac{1}{d^2} = \dfrac{Q}{4\pi\varepsilon_0 R^3} d$. したがって，原子核と電子には $F = \dfrac{Q^2}{4\pi\varepsilon_0 R^3} d$ の引力がはたらく．外部の電場 $\boldsymbol{E}$ により生じるずれは，外部の電場による力がこの引力 F とつり合うことで決まるので，$E = \dfrac{Q}{4\pi\varepsilon_0 R^3} d = \dfrac{p}{4\pi\varepsilon_0 R^3}$. つまり，$\alpha = 4\pi\varepsilon_0 R^3$ となる．

6.2 全誘起電荷は，

$$Q = \int_{z=0} \sigma(b)\, dS = \int_0^\infty \sigma(b) \cdot 2\pi b\, db = -q\int_0^\infty \frac{ab}{(a^2 + b^2)^{3/2}} db$$

$b = a\tan\theta$ とおいて $db = \dfrac{a}{\cos^2\theta} d\theta$ より，$Q = -q\displaystyle\int_0^{\pi/2} \sin\theta\, d\theta = -q$ となる．

6.3 P_1 と P_2 から球面への距離 r_1, r_2 の比はアポロニウス定理より一定であり，その値は $OP_2 = a^2/b$ より $r_2/r_1 = a/b$ となる．この比を用いると，球面上のポテンシャル $\phi = \dfrac{q}{4\pi\varepsilon_0 r_1} + \dfrac{q'}{4\pi\varepsilon_0 r_2}$ は $q' = -\dfrac{a}{b} q$ よりゼロとなる．したがって，導体球が存在する場合と同じである．

6.4 $r > R$ の球面 S にガウスの法則を適用する．$r = R$ が等ポテンシャル面をなすので，中心点 O を中心とする球対称をもつクーロン電場の解が可能であり，なおかつ，それが唯一の解である．

6.5 正電荷 $(i = 1, 2, \cdots, m)$ と負電荷 $(i = m+1, \cdots, n)$ のグループに分けると $Q = \sum_{i=1}^{m} q_i = -\sum_{i=m+1}^{n} q_i$ であり，正負電荷の中心は $\boldsymbol{r}_+ = \sum_{i=1}^{m} q_i \boldsymbol{r}_i / Q$, $\boldsymbol{r}_- = \sum_{i=m+1}^{n} q_i \boldsymbol{r}_i / (-Q)$ なので，$\boldsymbol{d} = \boldsymbol{r}_+ - \boldsymbol{r}_- = \dfrac{1}{Q} \sum_{i=1}^{n} q_i \boldsymbol{r}_i$ となる．

6.6 (1) $r < a$ では $E(r) = 0$, $\phi_2(r) = 0$, $a < r < b$ では $E(r) = \dfrac{\sigma a}{\varepsilon_0 r}$, $\phi(r) = -\dfrac{a\sigma}{\varepsilon_0} \log_e \dfrac{r}{a}$, $b < r$ では $E(r) = 0$, $\phi(r) = -\dfrac{a\sigma}{\varepsilon_0} \log_e \dfrac{b}{a}$ となる．

(2) 電位差は $V = \dfrac{a\sigma}{\varepsilon_0} \log_e \dfrac{b}{a}$ であり，単位長さ当たりの電荷は $Q = 2\pi a\sigma$ なので，$C = \dfrac{Q}{V} = \dfrac{2\pi a\sigma}{a\sigma/\varepsilon_0 \log_e(b/a)} = \dfrac{2\pi\varepsilon_0}{\log_e(b/a)}$ となる．

第 7 章

7.1 2つの球に分布する電荷の和 $Q = Q_1 + Q_2$ は一定だが，静電エネルギーの和 $U = U_1 + U_2$ を最小にするように Q_1，Q_2 の分配が決まる．静電エネルギーの表式 (7.7) の $U_1 = \dfrac{1}{2}\dfrac{Q_1{}^2}{4\pi\varepsilon_0 R_1}$，$U_2 = \dfrac{1}{2}\dfrac{Q_2{}^2}{4\pi\varepsilon_0 R_2}$ を使って，U を Q_1 で表した上，$\dfrac{\partial U}{\partial Q_1} = 0$ より $Q_1 = \dfrac{R_1}{R_1 + R_2}Q$ を得る（または $Q_2 = \dfrac{R_2}{R_1 + R_2}Q$）．$Q_1$，$Q_2$ が半径 R_1，R_2 に比例するので，表面電荷密度 σ_1，σ_2 は半径に反比例し，表面の電場は表面電荷密度に比例するので，$E_2/E_1 = R_1/R_2$.

7.2 全系のエネルギーを球体内部と外部に分けて

$$U = \frac{\varepsilon_0}{2}\int_0^R E(r)^2 \cdot 4\pi r^2 dr + \frac{\varepsilon_0}{2}\int_R^\infty E(r)^2 \cdot 4\pi r^2 dr$$

と書く．球体外部のエネルギーは，電場がガウスの法則より $E(r) = \dfrac{Q}{4\pi\varepsilon_0 r^2}$ となり，一定値をとる．したがって，球体内部のエネルギーを最小にすればよく，それは $r < R$ で $E(r) = 0$ となる．これは球殻上の電荷分布である．

7.3 (1) $V = \dfrac{C_1 V_1}{C_1 + C_2}$，エネルギー $= \dfrac{1}{2}C_1 V^2 + \dfrac{1}{2}C_2 V^2 = \dfrac{C_1{}^2 V_1^2}{2(C_1 + C_2)} < \dfrac{1}{2}C_1 V_1^2$

(2) スイッチを閉じた後，短時間に，電流による導線のジュール熱，および電流の急激な変化のために電磁波が放射されてエネルギーが失われ，かつ1周する回路の自己インダクタンス L のために電圧と電流が過渡的に振動する．時間が経つとすべてが減衰して (1) の状態に落ち着く．

7.4 $\boldsymbol{p} = q\boldsymbol{d}$ と $\boldsymbol{E}$ がなす角度を θ とすると，正負の電荷に逆方向の力（大きさ $F = qE$）がはたらくため，力のモーメントの大きさは $N = d/2 \times qE\sin\theta \times 2 = pE\sin\theta$ となり，向きは，$\boldsymbol{p}$ から $\boldsymbol{E}$ に右ネジを回したときにネジの進む向き．ベクトルで表せば，$\boldsymbol{N} = \boldsymbol{p} \times \boldsymbol{E}$.

7.5 球内は (6.12) より，

$$U_{r<R} = \frac{\varepsilon_0}{2}\int_0^R \left(\frac{Qr}{4\pi\varepsilon_0 R^3}\right)^2 \cdot 4\pi r^2 dr = \frac{Q^2}{40\pi\varepsilon_0 R}$$

球外は (6.13) より，

$$U_{r>R} = \frac{\varepsilon_0}{2}\int_R^\infty \left(\frac{Q}{4\pi\varepsilon_0 r^2}\right)^2 \cdot 4\pi r^2 dr = \frac{Q^2}{8\pi\varepsilon_0 R}$$

和は

$$U = U_{r<R} + U_{r>R} = \frac{3Q^2}{20\pi\varepsilon_0 R}$$

となり，(7.6) に等しい．

7.6　前問における球外の結果，(7.7) に等しい．

第 8 章

8.1　(1)　誘電体の上面と下面にそれぞれ $\pm\sigma_{\text{分極}} = \pm P$ の分極面電荷が生じ，これが $\boldsymbol{E}_{\text{反}} = -\boldsymbol{P}/\varepsilon_0$ をつくる．

(2)　誘電体が細長いので，分極電荷による反電場が無視できる．

(3)　球の一様な分極は，電荷密度 ρ, $-\rho$ で正負に帯電した球 1，2 の中心 $\boldsymbol{r}_1$, $\boldsymbol{r}_2$ が $\boldsymbol{P} = \rho\boldsymbol{d} = \rho(\boldsymbol{r}_1 - \boldsymbol{r}_2)$ で与えられる小さなずれをもつことと等価である．2 つの球がその内部の位置 $\boldsymbol{r}$ につくる電場を加えて，$\boldsymbol{E}_{\text{反}} = \rho(\boldsymbol{r} - \boldsymbol{r}_1)/3\varepsilon_0 - \rho(\boldsymbol{r} - \boldsymbol{r}_2)/3\varepsilon_0$ より与式を得る．

8.2　分極 $\boldsymbol{P}$ と電場 $\boldsymbol{E}$ の関係式 $\boldsymbol{P} = \chi\varepsilon_0\boldsymbol{E}$ において，$\boldsymbol{E} = \boldsymbol{E}_0 + \boldsymbol{E}_{\text{反}}$ の関係と，電気感受率 χ と比誘電率 κ の関係 $\kappa = 1 + \chi$ に注意すればよい．有効分極率 α は，電気双極子 $\boldsymbol{p}$ が分極 $\boldsymbol{P}$ に誘電体の体積を掛けて得られる ($\boldsymbol{p} = $ 体積 $\times \boldsymbol{P}$) ことに注意．

8.3　章末問題 8.1 とは逆符号の分極面電荷が生じる．

8.4　誘電体 1，2 の境界で $D_1 = D_2$ なので $D_1 = \varepsilon_1 E_1 = D_2 = \varepsilon_2 E_2$．さらに $E_1 d_1 + E_2 d_2 = V$ より，

$$E_1 = \frac{\varepsilon_2 V}{\varepsilon_2 d_1 + \varepsilon_1 d_2}, \quad E_2 = \frac{\varepsilon_1 V}{\varepsilon_2 d_1 + \varepsilon_1 d_2}, \quad D_1 = D_2 = \frac{\varepsilon_1\varepsilon_2 V}{\varepsilon_2 d_1 + \varepsilon_1 d_2}$$

さらに，$\boldsymbol{D} = \varepsilon_0\boldsymbol{E} + \boldsymbol{P}$ より $P_1 = \dfrac{\varepsilon_2(\varepsilon_1 - \varepsilon_0)V}{\varepsilon_2 d_1 + \varepsilon_1 d_2}$，$P_2 = \dfrac{\varepsilon_1(\varepsilon_2 - \varepsilon_0)V}{\varepsilon_2 d_1 + \varepsilon_1 d_2}$．

8.5　球対称性より設問のすべてで $\boldsymbol{E}$，$\boldsymbol{D}$，$\boldsymbol{P}$ は放射状．

(1)　$\nabla\cdot\boldsymbol{E} = \dfrac{\rho}{\varepsilon_0}$ より $E = \dfrac{q}{4\pi\varepsilon_0 r^2}$．

(2)　$\nabla\cdot\boldsymbol{D} = \rho_{\text{自由}}$ より $D = \dfrac{q}{4\pi r^2}$，$E = \dfrac{q}{4\pi\varepsilon r^2}$．また，例題 8.1 の (1) と同様に $P = \left(1 - \dfrac{\varepsilon_0}{\varepsilon}\right)\dfrac{q}{4\pi r^2}$．

(3)　$\nabla\cdot\boldsymbol{E} = \dfrac{\rho}{\varepsilon_0}$ より $E = \dfrac{q}{4\pi\varepsilon_0 r^2}$．

(4)　$\rho_{\text{分極}} = 0$．$\sigma_1 = -\left(1 - \dfrac{\varepsilon_0}{\varepsilon}\right)\dfrac{q}{4\pi R_1{}^2}$，$\sigma_2 = \left(1 - \dfrac{\varepsilon_0}{\varepsilon}\right)\dfrac{q}{4\pi R_2{}^2}$．$P = \left(1 - \dfrac{\varepsilon_0}{\varepsilon}\right)\dfrac{q}{4\pi r^2}$ を考慮．

8.6 誘電体（誘電率 ε，または電気感受率 χ）には電場 $\boldsymbol{E}$ によって分極 $\boldsymbol{P}=\chi\varepsilon_0\boldsymbol{E}$ が誘起され，微小体積 $\mathit{\Delta}V$ は電気双極子 $\boldsymbol{p}=\mathit{\Delta}V\boldsymbol{P}$ をもつ．$\boldsymbol{p}$ が受ける力 $\boldsymbol{F}$ は，エネルギー $U=-\boldsymbol{p}\cdot\boldsymbol{E}=-\mathit{\Delta}V\chi\varepsilon_0E^2$ より

$$\boldsymbol{F}=-\nabla U=(\mathit{\Delta}V\chi\varepsilon_0)\nabla(E^2)$$

となる．つまり，E が一定なら力を受けないが，勾配があれば，電場の強い方向に力を受ける．

8.7 (1) 極板の端付近で電場が勾配をもつため，端付近の誘電体の各場所の微小体積 $\mathit{\Delta}V$ にそれぞれ力

$$\boldsymbol{F}=-\nabla U=(\mathit{\Delta}V\chi\varepsilon_0)\nabla(E^2)$$

がはたらく．力の向きは電場の強い方向（引き込まれる方向）である．

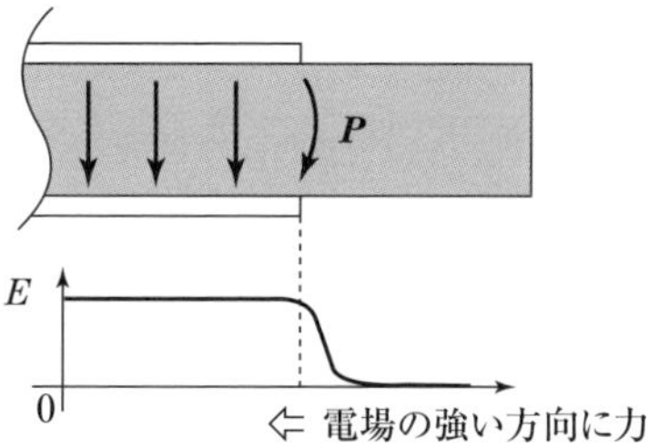

(2) 誘電体を引き抜くとコンデンサーの容量 C が小さくなるので，静電エネルギー $U=CV^2/2$ は小さくなる．

(3) 外からの仕事と静電エネルギーの減少分を加えたエネルギーが，V を与える電源に戻される．つまり，誘電体を引き抜くことで極板の電荷 Q が減少し，減少分の電荷 $\mathit{\Delta}Q$ が電源に戻されて電源のエネルギーが増加する．

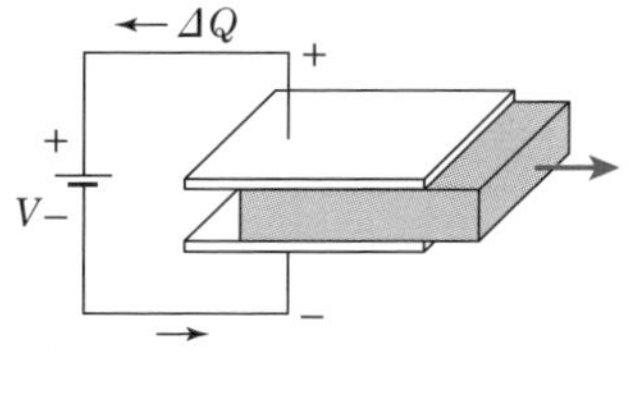

第 9 章

9.1 導線の電流素片 $I\varDelta\boldsymbol{l}$ が点 P につくる磁場 $\varDelta\boldsymbol{B}$ の大きさは，(9.10) より $\varDelta B = \dfrac{I}{4\pi\varepsilon_0 c^2(z^2+a^2)}\varDelta l$. $\varDelta\boldsymbol{B}$ は z 方向の成分 $\varDelta B_{/\!/}$ と xy 平面内の成分 $\varDelta B_{\perp}$ をもつが，対称性から $\varDelta B_{/\!/}$ だけを考慮すればよい．ベクトル $\boldsymbol{r}-\boldsymbol{r}'$ が xy 平面となす角を θ とすれば $\varDelta B_{/\!/} = \varDelta B\cos\theta$ となり，円周に沿って積分して $B = \dfrac{Ia^2}{2\varepsilon_0 c^2(z^2+a^2)^{3/2}}$ を得る．

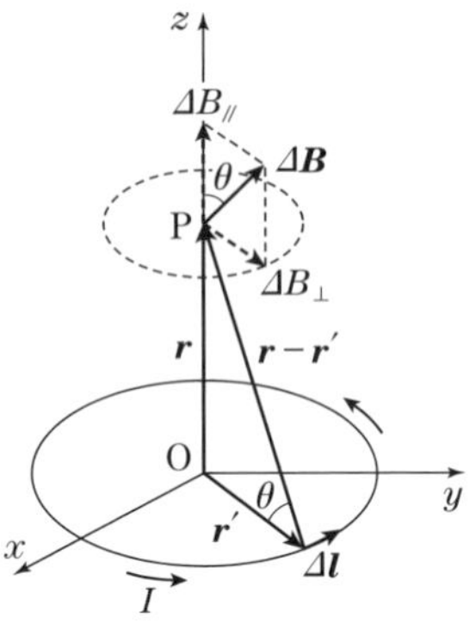

9.2 (1) 位置 x の電流素片 $I\varDelta x$ が点 P につくる磁場の大きさは，(9.10) より $\varDelta B = \dfrac{I}{4\pi\varepsilon_0 c^2}\dfrac{\sin\theta\,\varDelta x}{(r/\sin\theta)^2}$ で，向きは $+z$ 方向．A から C までの積分 $B = \dfrac{I}{4\pi\varepsilon_0 c^2}\displaystyle\int_{x_A}^{x_B}\dfrac{\sin^3\theta}{r^2}dx$ を求める．$(x_0 - x)\tan\theta = r$ より $dx = \dfrac{r}{\sin^2\theta}d\theta$ となるので，

$$B = \frac{I}{4\pi\varepsilon_0 c^2 r}\int_{\theta_1}^{\theta_2}\sin\theta\, d\theta = \frac{I}{4\pi\varepsilon_0 c^2 r}(\cos\theta_1 - \cos\theta_2)$$

を得る．

(2) 前問で $\theta_1 = 0$，$\theta_2 = \pi$ とすることで $B = \dfrac{I}{2\pi\varepsilon_0 c^2 r}$.

9.3 (1) $\dfrac{I}{4\pi\varepsilon_0 c^2 r}\left(\cos\dfrac{\pi}{4} - \cos\dfrac{3\pi}{4}\right)\times 4 = \dfrac{2\sqrt{2}I}{\pi\varepsilon_0 c^2 L}$ $\left(\because\quad r = \dfrac{L}{2}\right)$

紙面奥から手前の向き．

(2) $\dfrac{I}{4\pi\varepsilon_0 c^2}\left\{\dfrac{1}{L}\left(\cos 0 - \cos\dfrac{5\pi}{6}\right) + \dfrac{1}{\sqrt{3}L}\left(\cos\dfrac{\pi}{3} - \cos\pi\right)\right\} = \dfrac{(1+\sqrt{3})I}{4\pi\varepsilon_0 c^2 L}$

紙面奥から手前の向き．

9.4 (1) 磁場：中心軸を中心とする半径 r の円周に $c^2\displaystyle\oint_C \boldsymbol{B}\cdot d\boldsymbol{r} = \dfrac{1}{\varepsilon_0}\int_S \boldsymbol{j}\cdot\boldsymbol{n}\,dS$ を適用する．$a<r<b$ では $B = \dfrac{I_0}{2\pi\varepsilon_0 c^2 r}$. 問題の右図のように，円周方向で向きは中心導体の電流が右ネジの進む向きに一致する向き，$r>b$ では $B = 0$.

電場：中心軸を中心とする半径 r の円筒にガウスの法則を適用する．$a<r<b$ では中心の線電荷密度を λ として $E = \dfrac{\lambda}{2\pi\varepsilon_0 r}$. 一方，$V_0 = \displaystyle\int_a^b E\,dr$ より $\lambda =$

$\dfrac{2\pi\varepsilon_0 V_0}{\log_e(b/a)}$ なので $E = \dfrac{V_0}{\log_e(b/a)}\dfrac{1}{r}$.（別解：円筒コンデンサーの電気容量 C を用いてもよい.）E の向きは放射状．$r > b$ では中心導体と外側導体の電荷が打ち消し合うので $E = 0$.

(2) 同軸線の長さ Δl に蓄えられる電場と磁場による電磁場のエネルギーは，それぞれ，

$$U_E = \frac{\varepsilon_0}{2}\int E^2 dV = \frac{\varepsilon_0}{2}\left\{\frac{V_0}{\log_e(b/a)}\right\}^2 \Delta l \int_a^b \frac{1}{r^2} 2\pi r\, dr$$

$$U_B = \frac{\varepsilon_0 c^2}{2}\int B^2 dV = \frac{\varepsilon_0 c^2}{2}\left(\frac{I_0}{2\pi\varepsilon_0 c^2}\right)^2 \Delta l \int_a^b \frac{1}{r^2} 2\pi r\, dr$$

単位長さ当たりの値は，積分を実行して Δl で割り，

$$\frac{U_E}{\Delta l} = \frac{\pi\varepsilon_0 V_0^2}{\log_e(b/a)}, \qquad \frac{U_B}{\Delta l} = \frac{I_0^2}{4\pi\varepsilon_0 c^2}\log_e\left(\frac{b}{a}\right)$$

9.5 速度 $\boldsymbol{v} = (v_x, v_y, v_z)$ に対して，力は $\boldsymbol{F} = q\boldsymbol{v} \times \boldsymbol{B} = (qv_yB, -qv_xB, 0)$ となるので，運動方程式は $m\dot{v}_x = qv_yB$，$m\dot{v}_y = -qv_xB$，$m\dot{v}_z = 0$ となる．v_z が一定値をとることは明らか．$m\dot{v}_x = qv_yB$ の両辺を時間で微分して $\dot{v}_y$ を消去することで $m\ddot{v}_x = -\dfrac{q^2B^2}{m}v_x$ が得られる．この線形微分方程式の一般解が $v_x = v_0 \sin(\omega_C t + \theta_0)$ で与えられ，もとの式に代入して $v_y = v_0 \cos(\omega_C t + \theta_0)$ も得られる．ただし，v_0 と θ_0 は初速の大きさと初期位相（任意パラメータ）．$\omega_C = \dfrac{qB}{m}$ は**サイクロトロン角振動数**とよばれる．

第 10 章

10.1 マクスウェル方程式③，④$_{\text{m-s}}$ に着目し，$\boldsymbol{H} = -\nabla\phi_{\text{m}}$ を③に代入する．

10.2 ϕ_{m} に対して前問で導いたポアソン方程式 $\nabla^2\phi_{\text{m}} = \nabla\cdot\boldsymbol{M}$ を考慮し，一般解(5.13)に対して $-\rho/\varepsilon_0 \Rightarrow \nabla\cdot\boldsymbol{M}$ のおきかえをする．

10.3 章末問題 8.1 の結果を参照．

10.4 $\boldsymbol{M}$ と $\boldsymbol{H}$ の関係式 $\boldsymbol{M} = \chi_{\text{m}}\boldsymbol{H}$ において，$\boldsymbol{H} = \boldsymbol{H}_0 + \boldsymbol{H}_{\text{反}}$ と，帯磁率 χ_{m} と比透磁率 κ_{m} の関係 $\kappa_{\text{m}} = 1 + \chi_{\text{m}}$ を考慮して得られる．章末問題 8.2 の結果を用いてもよい．

10.5 章末問題 8.3 の結果で $\boldsymbol{E} \Leftrightarrow \boldsymbol{H}$，$\boldsymbol{M} \Leftrightarrow \boldsymbol{P}/\varepsilon_0$ の対応関係を用いる．

10.6 $\nabla\cdot\boldsymbol{B} = 0$ より，磁場の法線成分が等しい．$\nabla \times \boldsymbol{H} = \boldsymbol{0}$ より，磁場 $\boldsymbol{H}$ の接線成分が等しい．

第 11 章

11.1 $F = \dfrac{q_1 q_2}{4\pi\varepsilon r^2}$

11.2 $B = \dfrac{\mu I}{2\pi r}$

11.3 $B = \mu n I,\quad H = nI,\quad M = \{(\mu/\mu_0) - 1\}nI$

理由：いたるところ透磁率μの磁性体で満たされた空間中のソレノイドの磁場は，9.1 節 (b) の真空中のソレノイドに対する結果$B = nI/\varepsilon_0 c^2$において，$\mu_0 = 1/\varepsilon_0 c^2$を$\mu$でおきかえて得られる．さらに，9.1 節 (b) の議論は，ソレノイド外の空間の透磁率による影響を受けないので，ソレノイドの外は真空でも結果は変わらない．

11.4 (1)，(2) は例題 11.1 で示した結果を積分形で表したものであり，任意の閉曲面 S (領域 V) に対して成り立つ．(1) は，導線に沿う電流によって流入した電荷が極板中に自由電荷として蓄えられることを意味する．(2) は誘電体表面に誘起される表面分極電荷$\sigma_{\text{分極}}$が，誘電体中の分極電流によって生じることを意味する．

11.5 抵抗体内の電場と電流密度の大きさが$E = V/L$と$j_{\text{伝導}} = I/S$で与えられることから，$\sigma = L/SR$．

11.6 $E(t) = E_0 e^{i\omega t}$，$j_{\text{伝導}}(t) = j_0 e^{i(\omega t+\alpha)}$，$P(t) = P_0 e^{i(\omega t+\beta)}$に対して，$j_{\text{伝導}}(t) = \sigma E(t)$と$P(t) = \chi\varepsilon_0 E(t)$の関係を満たす．

11.7 前問の$P(t) = P_0 e^{i(\omega t+\beta)}$より$j_{\text{分極}}(t) = \partial P/\partial t = i\omega P(t)$．ここで，$P(t) = \chi\varepsilon_0 E(t)$に注意すればよい．

第 12 章

12.1 極板の電荷$\pm Q$がつくる電場は，$\nabla \times \boldsymbol{E} = \boldsymbol{0}$のために任意の閉曲線に沿う周回積分が必ずゼロとなる．つまり，電荷$\pm Q$による静電場は，極板の間だけでなく，コイルとコンデンサーの回路に沿っても存在し (図の黒色の矢印のように，コンデンサーとコイルをつなぐ導線中には存在せず，コイルの導線中のみ)，

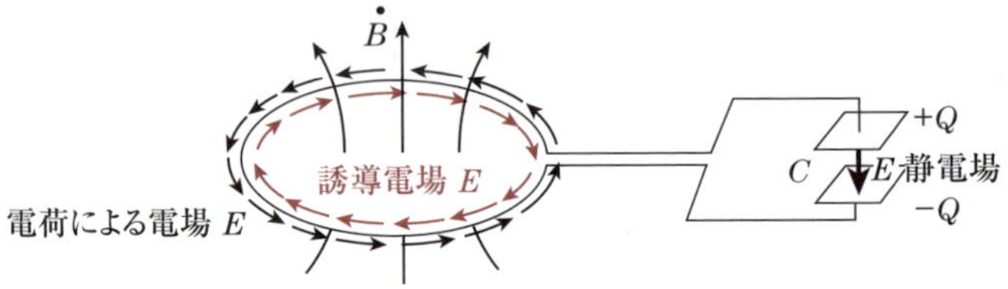

その向きはコンデンサー内とは逆向きで，周回積分するとゼロになる．その結果，コイルの誘導起電力の分だけが残る．

なお，コイルの導線に沿う逆向きの静電場は，導線内にわずかな電荷分布の偏りが生じることで発生する．

12.2 電流 I が満たす方程式は $V_0 - RI - L\dfrac{dI}{dt} = 0$ である．線形微分方程式の解法にならい，初期条件 $I(0) = 0$ を考慮して，$I = \dfrac{V_0}{R}\left(1 - e^{-\frac{R}{L}t}\right)$ を得る．

12.3 内部に生じる磁場は $B = \mu nI$，磁束 $\Phi = nlBS$．したがって $\Phi = \mu n^2 lSI$ となり，自己インダクタンスは $L = \mu n^2 lS$ である．つまり，L は μ/μ_0 倍になる．

12.4 それぞれのコイルの線路上の点に張る位置ベクトルを $\boldsymbol{r}_i$，$\boldsymbol{r}_j$ とする．i 番目のコイルを貫く磁束はストークスの定理により，C_i に沿うベクトルポテンシャル $\boldsymbol{A}$ の循環 $\Phi_i(t) = \int_{\mathrm{S}_i} \boldsymbol{B} \cdot \boldsymbol{n}\, dS = \oint_{\mathrm{C}_i} \boldsymbol{A}(\boldsymbol{r}_i) \cdot d\boldsymbol{r}_i$ で表せる．j 番目のコイルに流れる電流 I_j が位置 $\boldsymbol{r}_i$ につくるベクトルポテンシャル $\boldsymbol{A}(\boldsymbol{r}_i)$ は，(9.6) により $\boldsymbol{A}(\boldsymbol{r}_i) = \dfrac{1}{4\pi\varepsilon_0 c^2}\oint_{\mathrm{C}_i} \dfrac{I_j\, d\boldsymbol{r}_j}{|\boldsymbol{r}_i - \boldsymbol{r}_j|}$．したがって，$j$ 番目のコイルの電流 I_j による i 番目のコイルの磁束への寄与は $\Phi_i(t) = \dfrac{I_j}{4\pi\varepsilon_0 c^2}\oint_{\mathrm{C}_i}\oint_{\mathrm{C}_j} \dfrac{d\boldsymbol{r}_i \cdot d\boldsymbol{r}_j}{|\boldsymbol{r}_i - \boldsymbol{r}_j|}$ となり，相互インダクタンス $M_{ij} = \dfrac{1}{4\pi\varepsilon_0 c^2}\oint_{\mathrm{C}_i}\oint_{\mathrm{C}_j} \dfrac{d\boldsymbol{r}_i \cdot d\boldsymbol{r}_j}{|\boldsymbol{r}_i - \boldsymbol{r}_j|}$ を得る．この表式は i と j を交換しても不変なので，$M_{ij} = M_{ji}$ である．

12.5 中心導体（半径 a）と外側導体（半径 b）の間の空間に，円周方向の磁場 $B = \dfrac{I}{2\pi\varepsilon_0 c^2 r}$ と，それに直交する放射状の電場 $E = \dfrac{V}{\log_e(b/a)}\dfrac{1}{r}$ が生じる．

(1) ポインティングベクトル $\boldsymbol{S} = \varepsilon_0 c^2 \boldsymbol{E} \times \boldsymbol{B}$ は同軸線に平行で，問題の図のように電源から負荷（紙面奥から手前）へ向かう向き．

(2) $S = \dfrac{IV}{2\pi \log_e(b/a)}\dfrac{1}{r^2}$ を同軸線の断面で積分して $\int_a^b S \cdot 2\pi r\, dr = IV$ となる．

12.6 図は平板導線路の断面での電場 $\boldsymbol{E}$，磁場 $\boldsymbol{B}$，ポインティングベクトル $\boldsymbol{S}$ の向きを示す．導体平板の上と下に付した ⊙，⊗ の記号は，導体平板を流れる電流の向きを表す．

導体平板で挟まれた空間でのそれぞれの大きさは $E = V/d$，$B = I/wc^2\varepsilon_0$，$S = \varepsilon_0 c^2 EB = \varepsilon_0 c^2 \dfrac{V}{d} \cdot \dfrac{I}{wc^2\varepsilon_0} = \dfrac{IV}{wd}$．それ以外の空間では，$d \ll w$ のために無視できる．S を断面で積分すると $Swd = IV$ となり，電源から供給される電力（単位

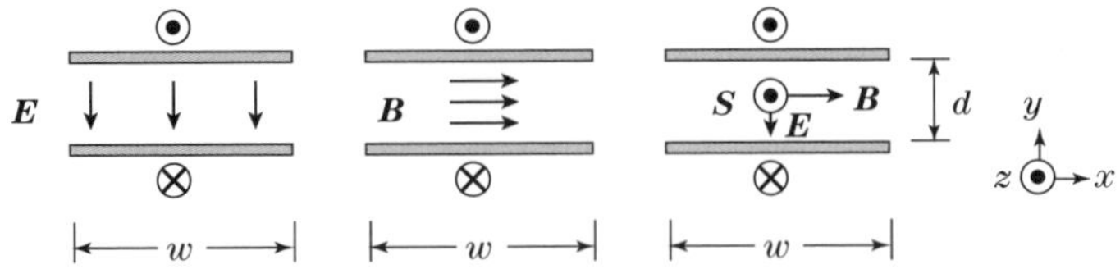

時間当たりのエネルギー）に等しい．

12.7 コイルを貫く磁束は $\Phi = NBS\cos\theta$（ただし，初期位相を θ_0 として $\theta = \omega t + \theta_0$）となるので，誘導起電力 $\mathcal{E} = -\dfrac{d\Phi}{dt} = NBS\omega\sin(\omega t + \theta_0)$ となる．

第 13 章

13.1 $\psi = g_1(x - ct) + g_2(x + ct)$ が解であることは本文で示した．以下では，$\dfrac{\partial^2\psi}{\partial x^2} = \dfrac{1}{c^2}\dfrac{\partial^2\psi}{\partial t^2}$ の任意の解が必ず $\psi = g_1(x - ct) + g_2(x + ct)$ の形に書けることを示す．

ある解 $\psi = \psi(x, t)$ が得られたとすれば，必ず変数を $\gamma = x - ct$, $\tau = x + ct$ に変換して，$\psi(x, t) = \xi(\gamma, \tau)$ のように書き直すことができる．$\dfrac{\partial\gamma}{\partial x} = 1$, $\dfrac{\partial\tau}{\partial x} = 1$, $\dfrac{\partial\gamma}{\partial t} = -c$, $\dfrac{\partial\tau}{\partial t} = c$ なので $\dfrac{\partial\xi}{\partial x} = \dfrac{\partial\xi}{\partial\gamma}\dfrac{\partial\gamma}{\partial x} + \dfrac{\partial\xi}{\partial\tau}\dfrac{\partial\tau}{\partial x} = \dfrac{\partial\xi}{\partial\gamma} + \dfrac{\partial\xi}{\partial\tau}$, $\dfrac{\partial\xi}{\partial t} = \dfrac{\partial\xi}{\partial\gamma}\dfrac{\partial\gamma}{\partial t} + \dfrac{\partial\xi}{\partial\tau}\dfrac{\partial\tau}{\partial t} = -c\dfrac{\partial\xi}{\partial\gamma} + c\dfrac{\partial\xi}{\partial\tau}$ となり，さらに $\dfrac{\partial^2\xi}{\partial x^2} = \dfrac{\partial}{\partial x}\left(\dfrac{\partial\xi}{\partial\gamma}\right) + \dfrac{\partial}{\partial x}\left(\dfrac{\partial\xi}{\partial\tau}\right) = \dfrac{\partial^2\xi}{\partial\gamma^2} + 2\dfrac{\partial^2\xi}{\partial\tau\,\partial\gamma} + \dfrac{\partial^2\xi}{\partial\tau^2}$, $\dfrac{\partial^2\xi}{\partial t^2} = -c\dfrac{\partial}{\partial t}\left(\dfrac{\partial\xi}{\partial\gamma}\right) + c\dfrac{\partial}{\partial t}\left(\dfrac{\partial\xi}{\partial\tau}\right) = c^2\dfrac{\partial^2\xi}{\partial\gamma^2} - 2c^2\dfrac{\partial^2\xi}{\partial\tau\,\partial\gamma} + c^2\dfrac{\partial^2\xi}{\partial\tau^2}$ を得る．ここで，$\dfrac{\partial^2\xi}{\partial x^2} = \dfrac{1}{c^2}\dfrac{\partial^2\xi}{\partial t^2}$ が満たされることから $\dfrac{\partial^2\xi}{\partial\tau\,\partial\gamma} = 0$ を得る．この式を τ で積分すると，γ の任意の関数 $C(\gamma)$ を用いて $\dfrac{\partial\xi}{\partial\gamma} = C(\gamma)$ と書け，さらに γ で積分すると，$D(\tau)$ を τ の関数として $\xi = \int C(\gamma)d\gamma + D(\tau)$ となる．$\int C(\gamma)d\gamma$ は γ の関数なので $F(\gamma)$ と書くと，$\xi = F(\gamma) + D(\tau)$ となる．つまり，どんな解 $\psi(x, t)$ でも，$\psi = g_1(x - ct) + g_2(x + ct)$ の形に書けることが示された．

13.2 (1) (13.11) より電場の z 成分はゼロなので $\boldsymbol{E}_0 = (E_{0x}, E_{0y}, 0)$ となり，$z = 0$ で $E_x(t) = E_{0x}\cos\omega t$, $E_y(t) = E_{0y}\cos\omega t$ より $E_y(t)/E_x(t) = E_{0y}/E_{0x}$.

電場は x 軸から角度 α ($\tan\alpha = E_{0y}/E_{0x}$) 傾いた直線上を振動する．

(2)　$E_x(t) = E_{0x}\cos\omega t$，$E_y(t) = -E_{0y}\sin\omega t$ より，明らか．

13.3　②，③は略．①より $-\nabla^2\phi - \dfrac{\partial}{\partial t}\left(\nabla\cdot\boldsymbol{A}\right) = \dfrac{\rho}{\varepsilon_0}$ となり，ローレンツゲージより与式 (a) を得る．④より $c^2\nabla\times(\nabla\times\boldsymbol{A}) = -\dfrac{\partial}{\partial t}(\nabla\phi) - \dfrac{\partial^2\boldsymbol{A}}{\partial t^2} + \dfrac{\boldsymbol{j}}{\varepsilon_0}$ となり，ベクトルの恒等式 $\nabla\times(\nabla\times\boldsymbol{A}) = \nabla(\nabla\cdot\boldsymbol{A}) - \nabla^2\boldsymbol{A}$ (4.4 節の例題 4.3 を参照) とローレンツゲージより与式 (b) を得る．

13.4　$\boldsymbol{E} = -\nabla\phi - \partial\boldsymbol{A}/\partial t$ の第 1 項目の $-\nabla\phi$ は (13.22) より

$$-\nabla\phi = -\frac{1}{4\pi\varepsilon_0}\left\{\int_{\mathrm{V}}\left(\nabla\frac{1}{|\boldsymbol{r}-\boldsymbol{r}'|}\right)\rho(\boldsymbol{r}',\boldsymbol{t}')\,dV' + \int_{\mathrm{V}}\frac{\nabla\rho(\boldsymbol{r}',t')}{|\boldsymbol{r}-\boldsymbol{r}'|}dV'\right\}$$

と書けるが，右辺 1 項目の被積分関数の $\nabla\dfrac{1}{|\boldsymbol{r}-\boldsymbol{r}'|}$ の部分が $\nabla\dfrac{1}{|\boldsymbol{r}-\boldsymbol{r}'|} = -\dfrac{\boldsymbol{r}-\boldsymbol{r}'}{|\boldsymbol{r}-\boldsymbol{r}'|^3}$ となること，および，2 項目の被積分関数の $\nabla\rho(\boldsymbol{r}',t')$ の部分が

$$\nabla\rho(\boldsymbol{r}',t') = \frac{\partial\rho}{\partial t'}\nabla t' = \frac{\partial\rho}{\partial t}\nabla\left(t - \frac{|\boldsymbol{r}-\boldsymbol{r}'|}{c}\right) = -\frac{1}{c}\frac{\partial\rho}{\partial t}\frac{\boldsymbol{r}-\boldsymbol{r}'}{|\boldsymbol{r}-\boldsymbol{r}'|}$$

となることから

$$-\nabla\phi = \frac{1}{4\pi\varepsilon_0}\left\{\int_{\mathrm{V}}\rho(\boldsymbol{r}',t')\frac{\boldsymbol{r}-\boldsymbol{r}'}{|\boldsymbol{r}-\boldsymbol{r}'|^3}dV' + \int_{\mathrm{V}}\frac{1}{c}\frac{\partial\rho}{\partial t}\frac{\boldsymbol{r}-\boldsymbol{r}'}{|\boldsymbol{r}-\boldsymbol{r}'|^2}dV'\right\}$$

を得る．このことと $-\dfrac{\partial\boldsymbol{A}}{\partial t} = -\dfrac{1}{4\pi\varepsilon_0}\displaystyle\int_{\mathrm{V}}\frac{1}{c^2}\frac{\partial\boldsymbol{j}}{\partial t}\frac{1}{|\boldsymbol{r}-\boldsymbol{r}'|}dV'$ より，電場に対する (13.24) が導かれる．

13.5　磁場 $\boldsymbol{B} = \dfrac{1}{4\pi\varepsilon_0 c^2}\displaystyle\int_{\mathrm{V}}\nabla\times\frac{\boldsymbol{j}(\boldsymbol{r}',t')}{|\boldsymbol{r}-\boldsymbol{r}'|}dV'$ の座標成分を考える．x 成分は

$$\begin{aligned}B_x &= \frac{1}{4\pi\varepsilon_0 c^2}\int_{\mathrm{V}}\left\{\frac{\partial}{\partial y}\frac{j_z(\boldsymbol{r}',t')}{|\boldsymbol{r}-\boldsymbol{r}'|} - \frac{\partial}{\partial z}\frac{j_y(\boldsymbol{r}',t')}{|\boldsymbol{r}-\boldsymbol{r}'|}\right\}dV' \\ &= \frac{1}{4\pi\varepsilon_0 c^2}\int_{\mathrm{V}}\left\{j_z\frac{\partial}{\partial y}\frac{1}{|\boldsymbol{r}-\boldsymbol{r}'|} - j_y\frac{\partial}{\partial z}\frac{1}{|\boldsymbol{r}-\boldsymbol{r}'|} + \frac{1}{|\boldsymbol{r}-\boldsymbol{r}'|}\left(\frac{\partial j_z}{\partial y} - \frac{\partial j_y}{\partial z}\right)\right\}dV'\end{aligned}$$

となる．2 行目の被積分関数の 1，2 項目は 9.3 節でビオ - サバールの法則を導出した際の項と同様で，$\dfrac{1}{4\pi\varepsilon_0 c^2}\displaystyle\int_{\mathrm{V}}\boldsymbol{j}(\boldsymbol{r}',t')\times\frac{\boldsymbol{r}-\boldsymbol{r}'}{|\boldsymbol{r}-\boldsymbol{r}'|^3}dV'$ の x 成分を与える．3 項目は $\dfrac{\partial j_z(\boldsymbol{r}',t')}{\partial y} = \dfrac{\partial j_z}{\partial t'}\dfrac{\partial t'}{\partial y} = -\dfrac{1}{c}\dfrac{\partial j_z}{\partial t'}\dfrac{y-y'}{|\boldsymbol{r}-\boldsymbol{r}'|}$，$\dfrac{\partial j_y(\boldsymbol{r}',t')}{\partial z} = -\dfrac{1}{c}\dfrac{\partial j_y}{\partial t'}\dfrac{z-z'}{|\boldsymbol{r}-\boldsymbol{r}'|}$ なので，$\dfrac{1}{4\pi\varepsilon_0 c^2}\displaystyle\int_{\mathrm{V}}\frac{1}{c}\frac{j(\boldsymbol{r}',t')}{\partial t}\times\frac{\boldsymbol{r}-\boldsymbol{r}'}{|\boldsymbol{r}-\boldsymbol{r}'|^2}dV'$ の x 成分を与える．$\boldsymbol{B}$ の y 成分，z 成分についても同様に導出され，磁場に対して (13.24) が導かれる．

索　　引

コ

サ

シ

ス

セ

ソ

タ

チ

テ

著者略歴

小宮山(こみやま)　進(すすむ)

1947年　東京都出身．東京大学教養学部基礎科学科卒．同大学院理学系研究科相関理化学専門課程修了．ハンブルグ大学応用物理学科助手，東京大学教養学部助教授，同教授，東京大学大学院総合文化研究科教授を経て，現在，東京大学名誉教授，東京大学大学院総合文化研究科広域科学専攻複雑系生命システム研究センター特任研究員，熊本大学工学部客員教授，中国科学院上海技術物理研究所外国人招聘客員教授．理学博士．

著書：「大学生のための　力学入門」（共著，裳華房）

竹川(たけかわ)　敦(あつし)

2004年　東京大学教養学部広域科学科卒業．
2006年　東京大学大学院総合文化研究科広域科学専攻修士課程修了．
　　　　修士（学術）．専攻は非平衡統計力学．
2007年　高等学校教諭専修免許状取得．

著書：「講義がわかる　力学」（裳華房）
　　　「大学生のための　力学入門」（共著，裳華房）

マクスウェル方程式から始める　**電磁気学**

2015年11月25日　第1版1刷発行
2022年8月5日　第6版1刷発行

検印
省略

定価はカバーに表示してあります．

著作者	小宮山　進
	竹川　敦
発行者	吉野和浩
発行所	東京都千代田区四番町8-1 電話　03-3262-9166（代） 郵便番号　102-0081 株式会社　裳華房
印刷所	三報社印刷株式会社
製本所	株式会社　松岳社

一般社団法人
自然科学書協会会員

ISBN 978-4-7853-2249-6

マクスウェル方程式（積分形）

① $\int_S \boldsymbol{E}\cdot\boldsymbol{n}\,dS = \frac{1}{\varepsilon_0}\int_V \rho\,dV$

② $\oint_C \boldsymbol{E}\cdot d\boldsymbol{r} = -\frac{d}{dt}\int_S \boldsymbol{B}\cdot\boldsymbol{n}\,dS$

③ $\int_S \boldsymbol{B}\cdot\boldsymbol{n}\,dS = 0$

④ $c^2\oint_C \boldsymbol{B}\cdot d\boldsymbol{r} = \frac{1}{\varepsilon_0}\int_S \boldsymbol{j}\cdot\boldsymbol{n}\,dS + \frac{d}{dt}\int_S \boldsymbol{E}\cdot\boldsymbol{n}\,dS$

時間変化しない場合 → static

$$\begin{cases} \int_S \boldsymbol{E}\cdot\boldsymbol{n}\,dS = \frac{1}{\varepsilon_0}\int_V \rho\,dV \\ \oint_C \boldsymbol{E}\cdot d\boldsymbol{r} = 0 \\ \int_S \boldsymbol{B}\cdot\boldsymbol{n}\,dS = 0 \\ c^2\oint_C \boldsymbol{B}\cdot d\boldsymbol{r} = \frac{1}{\varepsilon_0}\int_S \boldsymbol{j}\cdot\boldsymbol{n}\,dS \end{cases}$$

真空の場合 → vacuum

$$\begin{cases} \int_S \boldsymbol{E}\cdot\boldsymbol{n}\,dS = 0 \\ \oint_C \boldsymbol{E}\cdot d\boldsymbol{r} = -\frac{d}{dt}\int_S \boldsymbol{B}\cdot\boldsymbol{n}\,dS \\ \int_S \boldsymbol{B}\cdot\boldsymbol{n}\,dS = 0 \\ c^2\oint_C \boldsymbol{B}\cdot d\boldsymbol{r} = \frac{d}{dt}\int_S \boldsymbol{E}\cdot\boldsymbol{n}\,dS \end{cases}$$

物質中の場合 → material

$$\begin{cases} \int_S \boldsymbol{D}\cdot\boldsymbol{n}\,dS = \int_V \rho_{\text{自由}}\,dV \\ \oint_C \boldsymbol{E}\cdot d\boldsymbol{r} = -\frac{d}{dt}\int_S \boldsymbol{B}\cdot\boldsymbol{n}\,dS \\ \int_S \boldsymbol{B}\cdot\boldsymbol{n}\,dS = 0 \\ \oint_C \boldsymbol{H}\cdot d\boldsymbol{r} = \int_S \boldsymbol{j}_{\text{伝導}}\cdot\boldsymbol{n}\,dS + \frac{d}{dt}\int_S \boldsymbol{D}\cdot\boldsymbol{n}\,dS \end{cases}$$

マクスウェル方程式（微分形）

① $\nabla \cdot \boldsymbol{E} = \dfrac{\rho}{\varepsilon_0}$

② $\nabla \times \boldsymbol{E} = -\dfrac{\partial \boldsymbol{B}}{\partial t}$

③ $\nabla \cdot \boldsymbol{B} = 0$

④ $c^2 \nabla \times \boldsymbol{B} = \dfrac{\boldsymbol{j}}{\varepsilon_0} + \dfrac{\partial \boldsymbol{E}}{\partial t}$

時間変化しない場合 → static

$$\begin{cases} \nabla \cdot \boldsymbol{E} = \dfrac{\rho}{\varepsilon_0} \\ \nabla \times \boldsymbol{E} = \boldsymbol{0} \\ \nabla \cdot \boldsymbol{B} = 0 \\ c^2 \nabla \times \boldsymbol{B} = \dfrac{\boldsymbol{j}}{\varepsilon_0} \end{cases}$$

真空の場合 → vacuum

$$\begin{cases} \nabla \cdot \boldsymbol{E} = 0 \\ \nabla \times \boldsymbol{E} = -\dfrac{\partial \boldsymbol{B}}{\partial t} \\ \nabla \cdot \boldsymbol{B} = 0 \\ c^2 \nabla \times \boldsymbol{B} = \dfrac{\partial \boldsymbol{E}}{\partial t} \end{cases}$$

物質中の場合 → material

$$\begin{cases} \nabla \cdot \boldsymbol{D} = \rho_{\text{自由}} \\ \nabla \times \boldsymbol{E} = -\dfrac{\partial \boldsymbol{B}}{\partial t} \\ \nabla \cdot \boldsymbol{B} = 0 \\ \nabla \times \boldsymbol{H} = \boldsymbol{j}_{\text{伝導}} + \dfrac{\partial \boldsymbol{D}}{\partial t} \end{cases}$$